Unternehmensnetzwerke

Olaf N. Rank

Unternehmensnetzwerke

Erfassung, Analyse und erfolgreiche Nutzung

Springer Gabler

Olaf N. Rank
Betriebswirtschaftliches Seminar III
Lehrstuhl f. Organisation u. Personal
Albert-Ludwigs-Universität Freiburg
Freiburg
Deutschland

ISBN 978-3-658-09315-0 ISBN 978-3-658-09316-7 (eBook)
DOI 10.1007/978-3-658-09316-7

Die Deutsche Nationalbibliothek verzeichnet diese Publikation in der Deutschen Nationalbibliografie; detaillierte bibliografische Daten sind im Internet über http://dnb.d-nb.de abrufbar.

Springer Gabler

Gedruckt auf säurefreiem und chlorfrei gebleichtem Papier

Springer Fachmedien Wiesbaden ist Teil der Fachverlagsgruppe Springer Science+Business Media
(www.springer.com)

Vorwort

Netzwerke und Vernetzung sind in den vergangenen Jahren zu einem immer bedeutsameren Thema geworden, sowohl im persönlichen Bereich als auch für Organisationen. Dementsprechend widmen auch Unternehmen dem Aspekt der Netzwerkstrukturen eine immer stärkere Beachtung. Typische Fragestellungen sind dabei, wie die informellen Netzwerke zwischen den Mitarbeitern funktionieren und ob sie die Unternehmensinteressen unterstützen oder ihnen entgegenstehen. Gleichermaßen ist von Bedeutung, ob die Position, die das Unternehmen innerhalb seines Netzwerks externer Kooperationsbeziehungen mit anderen Unternehmen einnimmt, vorteilhaft ist und ob diese Position möglicherweise Grundlage für die Generierung von Wettbewerbsvorteilen sein kann. Trotz der Wichtigkeit solcher Fragestellungen besteht insbesondere in der Unternehmenspraxis häufig eine gewisse Unsicherheit im Umgang mit Netzwerkstrukturen. Meist fehlt es an Erfahrungen, wie solche Netzwerke erhoben und dargestellt werden können, welche genauen Auswirkungen von netzwerkartigen Strukturen zu erwarten sind und mit Hilfe welcher Instrumente und Maßnahmen diese Strukturen gegebenenfalls so beeinflusst werden können, dass sie den Zielsetzungen des Unternehmens verstärkt Rechnung tragen. In der Folge wird zwar die Bedeutung von Netzwerkstrukturen vielfach anerkannt, der Umgang mit ihnen ist aber häufig eher von Intuition denn von gezieltem Management geprägt.

Dieses Buch will einen Einstieg in das Thema Netzwerkstrukturen in und zwischen Unternehmen geben. Es richtet sich gleichermaßen an Wissenschaftler, die sich möglicherweise erstmals mit Fragen der Netzwerkanalyse beschäftigen, sowie an Manager, die eine fundierte Erfassung, Analyse und Nutzung der Netzwerke ihres eigenen Unternehmens anstreben. Schritt für Schritt werden inhaltliche und methodische Aspekte diskutiert, die sich im Zusammenhang mit der Durchführung netzwerkanalytischer Untersuchungen ergeben. Des Weiteren werden jeweils vier Fallstudien zu Netzwerkstrukturen innerhalb und zwischen Unternehmen vorgestellt. Diese stammen aus verschiedenen Forschungsprojekten der vergangenen Jahre und beinhalten ein breites Spektrum von unternehmenspraktischen Problemstellungen. Neben der Beschreibung der Forschungsfragen und des jeweiligen methodischen Vorgehens werden für alle Fälle ausführlich die Lösungsansätze dokumentiert, die auf der Basis der netzwerkanalytischen Erkenntnisse implementiert wurden.

Die Erstellung eines solchen Buchs wäre ohne die zahlreichen wertvollen Hinweise anderer nicht möglich. Es ist mir daher ein großes Anliegen, all jenen zu danken, deren Rat und Unterstützung zum Gelingen dieses Projektes beigetragen haben. Zunächst möchte ich meinen Kollegen Prof. Dr. Artur Baldauf, Prof. Bernd Fitzenberger, Ph.D., StB Prof. Dr. Wolfgang Kessler und Prof. Dr. Stephan Lengsfeld danken, die einzelne Passagen des Buchs inhaltlich kritisch gegengelesen und wo nötig korrigierend eingegriffen haben. Des Weiteren danke ich den Mitarbeitern meines Lehrstuhls, Natalie David, M.Sc., Oliver Rossmannek, M.Sc. und Melanie Ruf sowie den studentischen Mitarbeitern Clarissa Goertz, Lara Köhring und Georg Wolff. Sie haben das Manuskript aufmerksam auf inhaltliche, logische und orthografische Fehler hin geprüft. Besonderer Dank gebührt schließlich meiner Frau Charlotte, die über viele Jahre hinweg immer wieder ein kompetenter Ansprechpartner war, wenn es um die Implementierung von Veränderungsmaßnahmen in den verschiedenen Unternehmen ging.

Freiburg, im Februar 2015 Prof. Dr. Olaf Rank

Inhaltsverzeichnis

Abbildungsverzeichnis

Tabellenverzeichnis

Einführung und Problemstellung 1

Zusammenfassung

Das einleitende Kapitel geht zunächst der Frage nach, weshalb Netzwerke in der jüngeren Zeit zu einem solch populären Thema geworden sind, und grenzt Unternehmensnetzwerke von anderen Netzwerkarten ab. Aus konzeptioneller Sicht werden Unternehmensnetzwerke ihrerseits differenziert in Netzwerkstrukturen innerhalb der Grenzen eines Unternehmens (intraorganisationale Netzwerke) und Netzwerke zwischen Unternehmen (interorganisationale Unternehmensnetzwerke). Ausführlich werden die Unterschiede diskutiert, die sich zwischen der Behandlung von Netzwerkthemen in der Managementliteratur einerseits und wissenschaftlichen Erkenntnissen und Veröffentlichungen andererseits ergeben. Während für zahlreiche managementorientierte Veröffentlichung ein fast schon enthusiastischer Umgang mit den Themen „Netzwerke" und „Vernetzung" festgestellt werden kann, insbesondere was den Grad der Vernetzung betrifft, liegen sehr viel differenziertere wissenschaftliche Ergebnisse vor, aus denen sich jedoch vielfältige Erkenntnisse auch für den unternehmenspraktischen Umgang mit Unternehmensnetzwerken ableiten lassen. Schließlich werden die Zielsetzungen sowie der inhaltliche Aufbau des Buchs vorgestellt.

1.1 Unternehmensnetzwerke

Netzwerke haben sich in den vergangenen Jahren zu einem vielbeachteten Thema entwickelt. Wenngleich es sich bei netzwerkartigen Strukturen keinesfalls um ein neues Phänomen handelt, weil Menschen im Grunde schon immer Beziehungen der unterschiedlichsten Art zueinander aufgebaut und sich dadurch „vernetzt" haben, so ist doch spätestens im Zuge der Verbreitung digitaler Medien und der damit verbundenen Entstehung sozia-

O. N. Rank, *Unternehmensnetzwerke,* DOI 10.1007/978-3-658-09316-7_1

ler Netzwerke wie Facebook, Xing oder Twitter das Thema der Vernetzung auch in der breiten Öffentlichkeit in ein verstärktes Bewusstsein gerückt. Auch wenn sich Menschen mit hoher Wahrscheinlichkeit in den meisten Fällen keine bewussten Gedanken über die Entstehung netzwerkartiger Strukturen gemacht haben, so waren sie im Grunde seit jeher Mitglieder der unterschiedlichsten Netzwerke. Beispielhaft lassen sich hier kooperative Beziehungen zur gemeinsamen Jagd in der Urgeschichte (Valjavec 2001; Runciman 2005) oder die durch eine Eheschließung bedingte Mitgliedschaft in einem Familienclan wie den Medici (Padgett und Ansell 1993) anführen. Erst in den letzten Jahren ist eine intensivere Auseinandersetzung mit dem Thema hinsichtlich einer bewussten Nutzung solcher Strukturen zu beobachten. Tenor ist dabei, dass Menschen nicht nur einfach Mitglieder verschiedener Netzwerke sind, sondern dass sie diese Netzwerke bewusst für die Erreichung ihrer Ziele nutzen können.

Grundlegend lassen sich Netzwerke immer auf dasselbe zugrunde liegende Phänomen zurückführen, wonach Akteure über Beziehungen miteinander verbunden sind. Dennoch soll im Rahmen dieses Buchs keine allumfassende Abhandlung zum Thema Netzwerke und Netzwerkstrukturen erfolgen. Trotz der gemeinsamen konstituierenden Elemente Akteure und Beziehungen, auf die Netzwerke jeglicher Art aufbauen, erscheinen die im Zusammenhang mit verschiedenen Netzwerkarten stehenden Fragestellungen zu unterschiedlich, als dass deren gemeinsame Darstellung und Diskussion sinnvoll erscheint. Beispielsweise sind Probleme und Fragen im Rahmen der Installierung von Computernetzwerken (Abd-El-Barr und Gebali 2014; Lin und Huang 2014) gänzlich andere als die Themen, die beim Aufbau und Management von Airline-Netzwerken zu behandeln sind (Herkenhoener und Wald 2012; Baumgarten et al. 2014; Lordan et al. 2014). Wiederum spezifische Fragestellungen ergeben sich mit Blick auf die Untersuchung von Netzwerkstrukturen, die zwischen Drogenkonsumenten entstehen (Hopfer et al. 2014; Sapra et al. 2013), der Analyse von Terrornetzwerken (Enders und Jindapon 2010; Helfstein und Wright 2011; Raghavan und Balasubramaniyan 2012), der netzwerkartigen Verbreitung infektiöser Krankheiten wie beispielsweise HIV (Schneider et al. 2013; Zaba et al. 2013) oder der durch Freundschaftsnetzwerke induzierten Veränderung des Rauch- und Trinkverhaltens bei Jugendlichen (Cobb et al. 2010; Kreager und Haynie 2011; Schaefer et al. 2012).

Vor dem Hintergrund dieser Heterogenität erfolgt im Rahmen des vorliegenden Buchs eine Konzentration auf Netzwerkstrukturen, die in oder zwischen Unternehmen existieren, also auf intra- und interorganisationale Netzwerke. Wie die weiteren Ausführungen zeigen werden, ist das Spektrum der möglichen Themen selbst bei einer solchen thematischen Eingrenzung noch immer breit und die damit verbundenen Fragen und Problemstellungen heterogen. Intraorganisationale Unternehmensnetzwerke umfassen sowohl Beziehungsstrukturen zwischen Personen als auch zwischen Organisationseinheiten wie Teams oder Abteilungen, wohingegen interorganisationale Netzwerke Beziehungen zwischen selbstständigen Unternehmen betreffen. Zu den grundlegenden Annahmen bezüglich solcher Unternehmensnetzwerke gehört, dass Netzwerkbeziehungen für die Erreichung der Ziele von Individuen, Abteilungen oder auch Unternehmen nützlich sein können, Netzwerke im Wesentlichen nicht rein zufällig entstehen und dass Akteure unterschiedlich erfolgreich sind mit Blick auf das Einnehmen vorteilhafter Netzwerkpositionen und damit der Erreichung ihrer Ziele. Dementsprechend lassen sich die existierenden Arbeiten zu Unternehmensnetzwerken in vier thematische Gruppen fassen: 1) Studien zur Struktur bzw. den strukturellen Eigenschaften von Netzwerken (z. B. Rank et al. 2010; Ahuja und Carley 1999; Allen et al. 2007; Faraj und Johnson 2011; Rank 2008), 2) Arbeiten, die sich mit den Determinanten von Unternehmensnetzwerken beschäftigen (z. B. Paier und Scherngell 2011; Lhuillery und Pfister 2011; Grandori und Soda 1995; Rank und Tuschke 2010), 3) Untersuchungen zu den Folgen netzwerkartiger Strukturen (z. B. Al-Laham und Souitaris 2008; Swaminathan und Moorman 2009; Ma et al. 2009; Boso et al. 2013)[1] sowie 4) Studien zur Entwicklung von Netzwerken im Zeitverlauf (z. B. Zaheer und Soda 2009; Koka et al. 2006; Powell et al. 2005; Hite und Hesterly 2001).

Während sich die Wissenschaft sehr differenziert mit dem Thema Unternehmensnetzwerke auseinandersetzt, lässt sich für die Mehrzahl der praxisorientierten Arbeiten geradezu ein „Netzwerkenthusiasmus" konstatieren. Netzwerke werden mit vielfältigen Vorteilen für die Akteure in Verbindung gebracht, und häufig gehen die Autoren – zumindest implizit – davon aus, dass ein Mehr an Netzwerk auch ein Mehr an Vorteilen mit sich bringt: Je umfangreicher ein Akteur Beziehungen zu anderen Akteuren aufbaut und unterhält, umso erfolgreicher ist er. Dieser „more is better"-Philosophie (Raz und Gloor 2007) soll im Rahmen dieses Buches ausdrücklich nicht gefolgt werden. Stattdessen wird mit Hilfe von jeweils vier Fallstudien zu intra- und interorganisationalen Netzwerken das Spektrum an relevanten Fragestellungen verdeutlicht und aufgezeigt, wie differenziert Unternehmen im Umgang mit ihren unternehmensinternen und -externen Netzwerkstrukturen umgehen sollten, wenn sie diese für die Erreichung ihre Zielsetzungen nutzen wollen. Die Fallstudien werden deutlich machen, wie wichtig es für Unternehmen ist, sich ein Bild ihrer Netzwerkstrukturen zu machen und wie schwerwiegend die Folgen einer falschen Einschätzung der Netzwerke sein können.

1.2 Netzwerke in der Managementliteratur

In der Managementliteratur existiert eine breite Debatte über Netzwerke. Beispielsweise werden persönliche Netzwerke als unerlässlich für den beruflichen Fortschritt betrachtet. Während die Nutzung persönlicher Beziehungen zur Verfolgung von Karrierezielen noch vor einigen Jahren durchaus mit einem kritischen Unterton thematisiert wurde – Netzwerke wurden häufig mit Seilschaften gleichgesetzt (Stern 2003; Wirtschaftswoche 2008) – scheinen derartige Vorbehalte in jüngerer Zeit an Bedeutung zu verlieren. Zitate wie „Ohne funktionierendes Netzwerk lässt sich kaum Karriere machen" (Dinter 2012) oder „Die Erfahrungen gestandener CEOs belegen: Der Aufstieg gelingt nur mithilfe eines Netzwerks von Unterstützern" (Hewlett et al. 2012) machen deutlich, dass die Nutzung

[1] Einige Arbeiten betrachten simultan Determinanten und Konsequenzen von Unternehmensnetzwerken (z. B. Balkundi et al. 2007; Hallen 2008).

persönlicher Netzwerke heute meist als legitimes Instrument betrachtet wird. Das Spektrum an Ratschlägen, welche Arten von Netzwerken in welcher Weise genutzt werden können oder sollen, ist dabei breit, es reicht von der Nutzung persönlicher Kontakte zum Finden neuer Stellen am Arbeitsmarkt (Kerkmann 2009) bis hin zur Nutzung des Karnevals als Business Netzwerk: „Wie der Golfclub oder die Zigarrenraucherrunde bieten die Karnevalsgesellschaften eine Plattform, um berufliche Ziele zu verfolgen. [...] So bescheinigt eine Studie der Unternehmensberatung ‚Boston Consulting Group' zum Kölner Karneval der fünften Jahreszeit eine ‚hervorgehobene Netzwerkfunktion'" (Gürsel 2013).

Netzwerke in Unternehmen, sogenannte intraorganisationale Netzwerke, stellen einen zweiten Anwendungsbezug dar. Gelegentlich wird dabei von einer Dualität formaler Unternehmensstrukturen und informeller Netzwerke ausgegangen, wobei beiden Strukturelementen unterschiedliche Funktionen und Aufgaben zugeschrieben werden. „[...] the successful organization of the future will have two organizational structures: a hierarchy, and a more teaming, egalitarian, and adaptive network. [...] While the hierarchy is as important as it has always been for optimizing work, the network is where big change happens" (Kotter 2011). Andere Veröffentlichungen hingegen sehen informelle Netzwerke nicht mehr lediglich als komplementäres Strukturelement, welches die Unternehmenshierarchie ergänzt, Netzwerke werden selbst als zukunftsfähige Organisationsform betrachtet, welche traditionelle formale Strukturen ablösen (McDermott und Archibald 2010). Dementsprechend werden selbstorganisierende Netzwerke als „favorisiertes Zukunftsmodell" für Unternehmen betrachtet (Seebach 2014) und als „die wahren Machtstrukturen jeder Organisation" bezeichnet (Schüller 2014). Die weitestgehend positive Einschätzung von Netzwerken in Unternehmen fußt erstens auf der Annahme, dass Unternehmen Netzwerke im Gegensatz zu ihren formalen Strukturen nicht extra aufbauen müssen. Weil Netzwerkstrukturen ohnehin in jedem Unternehmen vorhanden sind (Schüller 2014), geht es letztlich nur noch um deren möglichst effektive Nutzung. Zweitens wird davon ausgegangen, dass Netzwerke – im Gegensatz zu formalen Organisationsstrukturen – eine Kooperation auch über Abteilungs- oder Unternehmensgrenzen hinweg fördern, dadurch die Lösung interdisziplinärer Probleme ermöglichen (McDermott und Archibald 2010) und damit letztlich zu einer Steigerung der Unternehmensproduktivität beitragen (Kerkmann 2009).

Schließlich werden Netzwerkstrukturen zwischen Unternehmen, also interorganisationale Netzwerke, thematisiert. Auch von einer Vernetzung ganzer Unternehmen werden vielfältige positive Effekte erwartet, wie die Generierung unternehmensübergreifender Innovationen und damit verbunden die gemeinsame Entwicklung neuer Absatzmärkte (Gorholt 2014; Coleman 2013), die Erschließung von Auslandsmärkten („Ohne ein Netzwerk, ohne Kontakte, läuft in China nichts", Brinkmann et al. 2014) oder die Optimierung von Beschaffungsvorgängen im Rahmen eines erfolgreichen Supply Chain Managements (Brinkhoff et al. 2012; Imwinkelried 2014). Letztlich werden von einer Beteiligung an Netzwerken positive Auswirkungen auf den Unternehmenserfolg erwartet (Gorholt 2014). Interessanterweise werden Netzwerke vielfach als ein Instrument betrachtet, welches das scheinbare Spannungsfeld zwischen Globalisierung und Regionalisierung überbrücken kann (Kauschke 2014). Angesichts der vielfältigen positiven Wirkungen, die der unternehmensübergreifenden Vernetzung zugeschrieben wird, kommt eine Studie des Instituts der deutschen Wirtschaft Köln zu dem Ergebnis, dass sowohl nationale als auch internationale Netzwerke für die meisten Unternehmen in kommenden Jahren noch weiter an Bedeutung gewinnen wird (Lichtblau und Kempermann 2012).

Die Ausführungen machen deutlich, dass Netzwerke in der praxisorientierten Literatur eine weitestgehend positive Einschätzung erfahren. Sowohl der Vernetzung von individuellen Personen als auch Netzwerkstrukturen in und zwischen Unternehmen werden so vielfältige förderliche Effekte zugeschrieben, dass die Herausbildung, Teilnahme und Nutzung von Netzwerken eines der vorrangigsten Ziele von Managern und Unternehmen sein sollte. Überraschenderweise lassen sich kaum Hinweise identifizieren, auf welche Weise Individuen und Unternehmen einen Nutzen aus ihren Beziehungen ziehen sollen. Ein großer Teil der Veröffentlichungen scheint zumindest implizit davon auszugehen, dass Netzwerke ohnehin existieren und Intuition und der Wille der handelnden Akteure ausreichen, um die positiven Effekte auch tatsächlich realisieren zu können. Die wenigen Arbeiten, die der Frage nachgehen, wie sich Netzwerke tatsächlich nutzen lassen, kommen zu vergleichsweise pauschalen Einschätzungen und Strategien. „Erfolg hängt in hohem Maße davon ab, wie wir an unsere Interaktionen mit anderen Menschen herangehen. Jedes Mal, wenn wir bei der Arbeit mit einer anderen Person interagieren, müssen wir eine Entscheidung treffen: Versuchen wir, so viel wie möglich für uns herauszuholen, oder investieren wir, ohne uns Gedanken darüber zu machen, was wir dafür bekommen?" (Wirtschaftswoche 2013, online). Ein zweiter Beleg findet sich mit Blick auf das Verhalten von Führungskräften: „So quälen sich viele Führungskräfte mit der Frage, wann genau sie Entscheider sein sollen – und wann nur Moderator, ein geschickter Nutzer von Netzwerken und Schwarmintelligenz" (Niejahr und Rohrbeck 2014, online). Wie hilfreich solche Hinweise für Manager und Unternehmen sind und wie gut sie sich in konkreten Entscheidungssituationen umsetzen lassen, mag der Leser selbst beurteilen. Die weiteren Ausführungen dieses Buchs werden jedoch deutlich machen, dass die überwiegend enthusiastische Sichtweise auf Unternehmensnetzwerke dem vielschichtigen und komplexen Phänomen „Netzwerk" nicht gerecht wird. Hierfür gibt es mehrere Gründe. Erstens existieren auch informelle Netzwerkbeziehungen nicht ohnehin. Ihr Aufbau und Unterhalt ist typischerweise mit Kosten verbunden, die einem möglichen Nutzen gegenübergestellt werden müssen. Zweitens gibt es nicht „das Netzwerk" an sich. Stattdessen handelt es sich bei Unternehmensnetzwerken um komplexe Gebilde, die sich aus Beziehungen sehr unterschiedlicher Art (z. B. Kooperationsbeziehungen, Beziehungen der Wissensweitergabe, Konkurrenzbeziehungen) und auf unterschiedlichen Ebenen (z. B. zwischen Personen, Teams oder Abteilungen) zusammensetzen. Hieraus ergeben sich strukturelle Eigenschaften, die sich einerseits von Netzwerk zu Netzwerk stark unterscheiden und die andererseits die Möglichkeiten einer Nutzung von Netzwerken beeinflussen können. Somit ergibt sich der Nutzen von Netzwerken viel weniger allgemein und pauschal, als in vielen praxisbezogenen Veröffentlichungen suggeriert wird. Ob die Erreichung individueller Ziele oder der Unternehmensziele tatsächlich durch Netzwerkstrukturen unterstützt wird, dürfte sich damit viel eher von Fall zu Fall beurteilen lassen. Drittens versetzen derartige pauschale Einschätzungen weder Individuen noch Unternehmen in die Lage, die Frage zu beantworten, was zu tun ist, wenn sich der Nutzen aus Netzwerken nicht wie erwartet einstellt. Wie lässt sich eine möglichst günstige Position in Netzwerken erreichen? Wie kann eine existierende Beziehungsstruktur verändert bzw. optimiert werden? Lassen sich erfolgreiche Netzwerkstrategien erlernen oder ist eine günstige Netzwerkposition letztlich Glückssache? Wenngleich diese Fragen auch mit Hilfe wissenschaftlicher Methoden nicht ohne Weiteres beantwortet werden können, so ist zu deren Klärung doch zumindest eine detaillierte Kenntnis der strukturellen Charakteristika von Netzwerken und deren Funktionsweise notwendig. Hierbei kann die Anwendung wissenschaftlicher Methoden wertvolle Hinweise geben.

1.3 Netzwerke in der wissenschaftlichen Literatur

In der Wissenschaft wird dem Netzwerkthema schon sehr viel länger Beachtung geschenkt. Frühe Arbeiten wurden bereits in der ersten Hälfte des vergangenen Jahrhunderts publiziert (Moreno und Jennings 1938; Moreno 1934, 1946; Forsyth und Katz 1946), wenngleich angemerkt werden muss, dass sich diese nicht spezifisch mit Unternehmensnetzwerken auseinandersetzen. Seitdem hat die Zahl der Publikationen kontinuierlich zugenommen. Etwa seit dem Jahr 2000, also ungefähr zu dem Zeitpunkt, an dem das Thema Netzwerke auch in der breiten Öffentlichkeit eine zunehmende Aufmerksamkeit auf sich gezogen hat, hat sich die Zahl der wissenschaftlichen Arbeiten vervielfacht, ihr Anstieg hat geradezu einen exponentiellen Verlauf angenommen (Borgatti und Halgin 2011). Mit Blick auf Unternehmensnetzwerke im Besonderen ist das Spektrum der untersuchten Themenstellungen breit, es reicht von Fragen zur Struktur dieser Netzwerke bis hin zu Determinanten und (meist erfolgsbezogenen) Konsequenzen (Aarstad et al. 2010; Balkundi und Harrison 2004) netzwerkartiger Strukturen. Mit Blick auf die Analyseebene lassen sich zunächst Arbeiten zu Netzwerken innerhalb von Unternehmen, sogenannten intraorganisationalen Netzwerken (Hansen 2002; Labianca und Brass 2006; Milton und Westphal 2005; Paruchuri 2010; Powell et al. 2005; Tsai 2001) sowie interorganisationale Studien zur Vernetzung ganzer Unternehmen (Goerzen und Beamish 2005; Gulati 1998; Koka und Prescott 2008; Provan et al. 2007) unterscheiden.

Darüber hinaus ist festzustellen, dass das Netzwerkkonzept in unterschiedliche Disziplinen der Betriebswirtschaftslehre Eingang gefunden hat. Wichtige Teildisziplinen sind Management und Unternehmensführung (z. B. Barney 1985; Beckman und Haunschild 2002; Echols und Tsai 2005; Fjeldstad et al. 2004), Entrepreneurship (z. B. Baum et al. 2000; Kirkels und Duysters 2010; Mazzanti und Zoboli 2009), Organisation (z. B. Ibarra et al. 2005; Singh 2005; Yang und Tang 2004; Zwijze-Koning und de Jong 2005) und HR-Management (z. B. Balkundi und Harrison 2004; Bono und Anderson 2005; Gibbons 2004; Han 1996) zu nennen. Des Weiteren lassen sich Studien identifizieren in Forschung und Entwicklung (z. B. Berends et al. 2011; Gilsing et al. 2008; Hagedoorn 1995; Johannisson 1987; Jost 2005), Marketing (z. B. Ahearne et al. 2013; Ansari et al. 2011; Achrol und Kotler 1999; Iacobucci und Hopkins 1992; Swaminathan und Moorman 2009), Produktion (z. B. Loeser 1999; Ferdows 1989; Lomi und Pattison 2006) sowie Aus- und Weiterbildung (z. B. Barnett et al. 2010). Einige Studien untersuchen explizit den Zusammenhang zwischen Netzwerkbeziehungen und der geografischen Distanz zwischen Akteuren (z. B. Bell und Zaheer 2007; Presutti et al. 2013). Andere Arbeiten konzentrieren sich in ihrer Analyse auf Netzwerkstrukturen in einzelnen Ländern bzw. auf ländervergleichende Forschungsfragen (z. B. Batjargal 2007; Edwards und Samimi 1997; Gerlach 1992; Kogut und Walker 2001; Ramachandran und Ramnarayan 1993). Mit Blick auf unterschiedliche Arten von Netzwerken existiert eine Vielzahl von Arbeiten zu Kommunikationsnetzwerken (z. B. Bolton und Dewatripont 1994; Faraj und Johnson 2011; Monge und Contractor 2003; Oberg und Walgenbach 2008), Karrierenetzwerken (z. B. Bozionelos 2003; Katz et al. 1995; O'Hara et al. 1994; Seibert et al. 2001) und Elitenetzwerken (z. B. McDonald et al. 2008; Moore 1979; Windolf 2002; Taylor 2000; Westphal et al. 2006).

Dieser kurze Überblick verdeutlicht bereits den breiten Anwendungsbezug von Unternehmensnetzwerken mit Blick auf das Spektrum unternehmenspraktischer Fragestellungen. Allerdings soll an dieser Stelle erst gar nicht der Versuch unternommen werden, die Forschungserkenntnisse aller wissenschaftlichen Studien zu Unternehmensnetzwerken zusammenzufassen. Einerseits deshalb, weil ein solcher Versuch angesichts der großen Heterogenität der Fragestellungen und Ergebnisse nahezu zwangsläufig zum Scheitern verurteilt wäre und andererseits, weil die für die in diesem Buch diskutierten Themen und Zusammenhänge relevanten Grundlagen in den weiteren Kapiteln ausführlich dargelegt werden. Festzuhalten ist allerdings, dass bereits vielfältige Erkenntnisse zu unterschiedlichen Teilaspekten von Unternehmensnetzwerken vorliegen, die einen Ansatz für die Lösung unternehmenspraktischer Probleme bieten können.

1.4 Zielsetzung und Aufbau des Buchs

Trotz der dargestellten umfassenden akademischen Forschungsbemühungen im Bereich der intra- und interorganisationalen Unternehmensnetzwerken und der vielfältigen bereits generierten Erkenntnisse besteht noch immer erheblicher Klärungsbedarf bezüglich einer Reihe von Fragen, die neben dem wissenschaftlichen Erkenntnisinteresse insbesondere auch aus unternehmenspraktischer Sicht relevant sind. Für intraorganisationale Netzwerke gehört dazu beispielsweise die Frage, wie Mitarbeiter solche Netzwerkpositionen identifizieren und erreichen können, die sie bei der Erreichung ihrer Ziele unterstützen. Ebenso bestehen bislang nur wenige Erkenntnisse darüber, ob Netzwerke in Unternehmen für einzelne Mitarbeiter und das Unternehmen insgesamt gleichermaßen nützlich sein können oder ob eine individuelle Nutzung von Netzwerkbeziehungen möglicherweise zu Lasten des kollektiven Systems geht. Schließlich stellt sich aus der Perspektive des Unternehmens das Problem, interne Netzwerke nicht nur zu erfassen, sichtbar zu machen und im Hinblick auf ihre unternehmensbezogenen Wirkungen zu analysieren, sondern diese Beziehungsstrukturen gegebenenfalls auch so verändern zu können, dass sie stärker auf die Erreichung der Unternehmensziele ausgerichtet sind.

Auch für interorganisationale Netzwerke besteht noch immer ein erheblicher Erkenntnisbedarf. Aus unternehmenspraktischer Sicht stellt sich dabei die Frage, wie Unternehmenskooperationen unter Berücksichtigung aller direkten und indirekten Unternehmensverbindungen optimiert werden können. Ebenso ist bislang weitgehend unklar, welche Zusammenhänge zwischen Netzwerken auf unterschiedlichen Ebenen, also zwischen unternehmensübergreifenden persönlichen Beziehungen zwischen Managern und formalisierten Unternehmenskooperationen und strategischen Allianzen bestehen. Es stellt sich somit die Frage, inwiefern der Aufbau persönlicher Beziehungen zwischen Managern tatsächlich auch einen Nutzen für ihre Unternehmen entfaltet. Mit anderen Worten, Manager müssen entscheiden, ob eine Beteiligung am vielbeschworenen „Networking" wirklich lohnend ist oder ob der damit verbundene zeitliche und finanzielle Aufwand möglicherweise gar nicht gerechtfertigt erscheint. Schließlich stellt sich auch auf der Unternehmensebene das Problem, welche Wirkungen von einer Vernetzung tatsächlich auf die einzelnen Dimensionen des Unternehmenserfolgs ausgehen, wie sich eine günstige Netzwerkposition in unternehmensübergreifenden Beziehungsstrukturen definiert und was Unternehmen tun können, um solche Netzwerkpositionen zu erreichen.

Mit Hilfe der in den Kap. 3 und 4 dargestellten Fallstudien sollen diese Fragen adressiert werden. Bereits an dieser Stelle sei betont, dass die dabei gefundenen Ergebnisse keine allgemeingültigen Vorgehensweisen oder gar Patentlösungen bieten. Zwar wurden die Resultate in allen Fällen mit Hilfe wissenschaftlicher Verfahren – insbesondere dem Methodenarsenal der sozialen Netzwerkanalyse – erarbeitet, dennoch reflektieren sie zunächst Lösungen für den Einzelfall. Die Vorgehensweise im Rahmen der einzelnen Fragestellungen soll jedoch konkrete Anhaltspunkte liefern, was Unternehmen tun können, die sich vergleichbaren Fragen und Problemen entgegengestellt sehen. Insgesamt werden die Ausführungen deutlich machen, dass sich Netzwerkstrukturen mit Hilfe der geeigneten Methoden nicht nur erfassen und analysieren lassen, sondern dass es aus Unternehmens- bzw. Managementsicht zahlreiche Möglichkeiten gibt, Netzwerkstrukturen mit Blick auf die Unterstützung der Unternehmensziele zu beeinflussen.

Das Buch ist wie folgt aufgebaut: Das auf die Einleitung folgende zweite Kapitel beinhaltet eine Darstellung derjenigen theoretischen und methodischen Grundlagen zu intra- und interorganisationalen Unternehmensnetzwerken, die für das Verständnis der Fallstudien relevant sind. Neben einer Diskussion der konzeptionellen Grundlagen von Unternehmensnetzwerken (2.1) wird in Abschn. 2.2 der Frage nachgegangen, welche Nutzenformen mit Beziehungen in und zwischen Unternehmen einhergehen können und welche Arten von Kosten im Rahmen des Aufbaus und Unterhalts solcher Beziehungen entstehen. Dies führt im Weiteren zu einer Beurteilung von Netzwerkstrukturen unter simultaner Berücksichtigung von Nutzen und Kosten (Kap. 2.3). Ferner werden in Abschn. 2.4 Möglichkeiten und Ansätze zur Gestaltung von Netzwerkstrukturen diskutiert und anschließend methodische Ansätze zur Untersuchung von Unternehmensnetzwerken vorgestellt (Kap. 2.5). Im letzten Abschn. 2.6 dieses Kapitels erfolgt eine grundlegende Darstellung der in den Fallstudien angewendeten Methoden der Netzwerkanalyse, wobei sowohl grafische als auch analytisch-statistische Verfahren vorgestellt werden.

Das dritte Kapitel beinhaltet die Darstellung von vier Fallstudien zu unterschiedlichen Fragestellungen im Zusammenhang mit intraorganisationalen Netzwerkstrukturen. Im Rahmen des ersten Falls wird untersucht, welcher Beitrag von informellen Netzwerkstrukturen zwischen den Führungskräften großer Unternehmen auf den Erfolg im Rahmen des konzernweiten Strategieprozesses ausgeht (3.1). Der zweite Fall in Abschn. 3.2 stellt die nachlassende Leistungsfähigkeit eines unternehmensinternen IT-Dienstleisters als Folge abteilungsübergreifender informeller Interaktionsprozesse dar. Die Studie zeigt, wie der Versuch des Managements scheitern kann, diese informellen Kooperationsbeziehungen im Sinne des Unternehmens zu beeinflussen, wenn nicht ausreichende Erkenntnisse über die Gesamtstruktur des Netzwerks vorliegen. Der dritte Fall (3.3) thematisiert Unterschiede in der Leistungsfähigkeit von Teams als Folge eines unterschiedlichen Kooperationsverhaltens der Teammitglieder und damit verbunden einer unterschiedlichen strukturellen Logik der Interaktionsstrukturen innerhalb der Teams. In paarweisen Vergleichen von erfolgreichen und weniger erfolgreichen Vertriebsteams mehrerer Unternehmen konnte gezeigt werden, dass „gute" teaminterne Kooperationsnetzwerke eine Mehrleistung von bis zu 20 % bewirken können. Im vierten Fall in Abschn. 3.4 werden Herausforderungen diskutiert, die sich aus dem Zusammenhang zwischen formalen Unternehmensstrukturen und informellen Kooperationsstrukturen zwischen Mitarbeitern auf unterschiedlichen Managementebenen ergeben. Insbesondere geht es bei dieser Fallstudie um die Resistenz informeller Netzwerke gegenüber Veränderungen nach einer durchgeführten Reorganisation und damit einhergehend der bewussten Veränderung der formalen Organisationsstrukturen. Dieser Fall verdeutlicht, wie wichtig die simultane Berücksichtigung von formalen und informellen Strukturen im Rahmen von Change Management Prozessen ist, wenn Reorganisationsmaßnahmen erfolgreich implementiert werden sollen.

In Kap. 4 erfolgt eine Behandlung von vier Fallstudien zu interorganisationalen Unternehmensnetzwerken. Die erste Studie (4.1) untersucht, wie die informelle und unternehmensübergreifende Vernetzung der Führungskräfte von Biotechnologieunternehmen nicht nur zum Erfolg sondern sogar zum langfristigen Fortbestand ihrer Unternehmen beitragen können. Im zweiten Fall in Abschn. 4.2 wird der Frage nachgegangen, von welchen Voraussetzungen es abhängt, ob Unternehmen eine für sie günstige Position innerhalb von Kooperationsnetzwerken mit externen Partnern einnehmen. Dabei wird insbesondere die Bedeutung einer unternehmerischen Orientierung für den Aufbau nützlicher Netzwerkstrukturen aufgezeigt, die sich aus der Bereitschaft, geschäftsbezogene Risiken einzugehen, einem proaktiven Verhalten des Managements sowie einer ausgeprägten Innovationsneigung zusammensetzt. Die Ergebnisse dieser Untersuchung verdeutlichen, dass alle drei Dimensionen gleichermaßen dazu beitragen, netzwerkartige Kooperationsbeziehungen mit externen Partnern erfolgreich nutzen zu können. Der dritte Fall (4.3) analysiert den Zusammenhang zwischen Netzwerkbeziehungen auf verschiedenen Ebenen. Dabei wird untersucht, inwiefern unternehmensübergreifende persönliche Beziehungen zwischen Managern verschiedener Hightechunternehmen eine formale Kooperation dieser Unternehmen befördern. Letztlich geht es in diesem Fall also um die Frage, ob der Aufbau persönlicher Beziehungen von Managern auch für ihre Unternehmen nützlich ist oder ob es sich bei Networking möglicherweise eher um eine Fehlallokation von Zeit und Ressourcen handelt. Dem letzten Fall im Abschn. 4.4 kommt gewissermaßen eine gesamtwirtschaftliche Bedeutung zu. Hierin wird untersucht, welche strukturellen Grundmuster sogenannte Governance-Netzwerke aufweisen, die aus der Entsendung von Führungskräften in die Aufsichtsräte anderer Unternehmen entstehen. Neben der Frage nach der dem Netzwerk deutscher Großunternehmen zugrundliegenden strukturellen Logik wird insbesondere untersucht, von welchen Determinanten die Berufung von Managern abhängt.

Kapitel 5 diskutiert einige praxisbezogene Implikationen, die sich im Rahmen der Anwendung von Netzwerkanalysen in Unternehmen ergeben. Zunächst wird in Abschn. 5.1 der Frage nachgegangen, warum auf netzwerkanalytischen Verfahren aufbauende Strukturanalysen in der Praxis trotz der zahlreichen Vorteile bislang so selten angewandt werden. Hierauf aufbauend werden im zweiten Abschnitt des Kapitels einige ethische Aspekte der Durchführung von Strukturanalysen im Allgemeinen und netzwerkanalytischer Verfahren im Besonderen thematisiert. Schließlich wird in Kap. 5.3 ein vierstufiges Modell vorgestellt, das eine idealtypische Anwendung netzwerkanalytischer Strukturuntersuchungen vorstellt. Das vierstufige Modell thematisiert nicht nur einzelne Aspekte und Fragestellungen, die sich im Zusammenhang mit der Erhebung, Analyse und Nutzung netzwerkanalytischer Beziehungsdaten ergeben. Es propagiert vielmehr das kontinuierliche Monitoring der Veränderungen von Beziehungsstrukturen in und zwischen Unternehmen im Zeitverlauf und verdeutlicht die damit einhergehenden Möglichkeiten und Vorteile für Unternehmen.

Das abschließende sechste Kapitel beinhaltet eine Schlussbetrachtung und ein Fazit. Dabei werden insbesondere die zentralen Stärken netzwerkanalytischer Strukturuntersuchungen aufgezeigt, aber auch deren Grenzen thematisiert.

Literatur

Aarstad, J., Haugland, S. A., & Greve, A. (2010). Performance spillover effects in entrepreneurial networks: Assessing a dyadic theory of social capital. *Entrepreneurship: Theory & Practice, 34*(5), 1003–1019.

Abd-El-Barr, M., & Gebali, F. (2014). Reliability analysis and fault tolerance for hypercube multicomputer networks. *Information Sciences, 276,* 295–318.

Achrol, R. S., & Kotler, P. (1999). Marketing in the network economy. *Journal of Marketing, 63*(4), 146–163.

Ahearne, M., Lam, S. K., Hayati, B., & Kraus, F. (2013). Intrafunctional competitive intelligence and sales performance: A social network perspective. *Journal of Marketing, 77*(5), 37–56.

Ahuja, M. K., & Carley, K. M. (1999). Network structure in virtual organizations. *Organization Science, 10*(6), 741–757.

Al-Laham, A., & Souitaris, V. (2008). Network embeddedness and new-venture internationalization: Analyzing international linkages in the German biotech industry. *Journal of Business Venturing, 23,* 567–586.

Allen, J., James, A. D., & Gamlen, P. (2007). Formal versus informal knowledge networks in R&D: A case study using social network analysis. *R&D Management, 37*(3), 179–196.

Ansari, A., Koenigsberg, O., & Stahl, F. (2011). Modeling multiple relationships in social networks. *Journal of Marketing Research, 48*(4), 713–728.

Balkundi, P., & Harrison, D. A. (2004). Networks, leaders, teams, and time: Connections to viability and performance. *Academy of Management Proceedings,* J1–J6.

Balkundi, P., Kilduff, M., Barsness, Z. I., & Michael, J. H. (2007). Demographic antecedents and performance consequences of structural holes in work teams. *Journal of Organizational Behavior, 28*(2), 241–260.

Barnett, G. A., Danowski, J. A., Feeley, T. H., & Stalker, J. (2010). Measuring quality in communication doctoral education using network analysis of faculty-hiring patterns. *Journal of Communication, 60*(2), 388–411.

Barney, J. B. (1985). Dimensions of informal social network structure: Toward a contingency theory of informal relations in organizations. *Social Networks, 7,* 1–46.

Batjargal, B. (2007). Comparative social capital: Networks of entrepreneurs and venture capitalists in China and Russia. *Management & Organization Review, 3*(3), 397–419.

Baum, J. A. C., Calabrese, T., & Silverman, B. S. (2000). Don't go it alone: Alliance network composition and startups' performance in Canadian biotechnology. *Strategic Management Journal, 21*(3), 267.

Baumgarten, P., Malina, R., & Lange, A. (2014). The impact of hubbing concentration on flight delays within airline networks: An empirical analysis of the US domestic market. *Transportation Research: Part E, 66,* 103–114.

Beckman, C. M., & Haunschild, P. R. (2002). Network learning: The effects of partners' heterogeneity of experience on corporate acquisitions. *Administrative Science Quarterly, 47*(1), 92–124.

Bell, G. G., & Zaheer, A. (2007). Geography, networks, and knowledge flow. *Organization Science, 18*(6), 955–972.

Berends, H., van Burg, E., & van Raaij, E. M. (2011). Contacts and contracts: Cross-level network dynamics in the development of an aircraft material. *Organization Science, 22*(4), 940–960.

Bolton, P., & Dewatripont, M. (1994). The firm as a communication network. *Quarterly Journal of Economics, 109*(4), 809–839.

Bono, J. E., & Anderson, M. H. (2005). The advice and influence networks of transformational leaders. *Journal of Applied Psychology, 90*(6), 1306–1314.

Borgatti, S. P., & Halgin, D. S. (2011). On network theory. *Organization Science, 22*(5), 457–474.

Boso, N., Story, V. M., & Cadogan, J. W. (2013). Entrepreneurial orientation, market orientation, network ties, and performance: Study of entrepreneurial firms in a developing economy. *Journal of Business Venturing, 28*(6), 708–727.

Bozionelos, N. (2003). Intra-organizational network resources: Relation to career success and personality. *International Journal of Organizational Analysis, 11*(1), 41–66.

Brinkhoff, A., Großpietsch, J., Rexhausen, D., & Sänger, F. (2012). Supply Chain – gemeinsam planen, doppelt profitieren. *Akzente, 3/2012,* 30–35.

Brinkmann, B., Giesen, C., Obermaier, F., Obermaier, B., & Plattner, T. (2014). Banken helfen dem roten Adel. Süddeutsche Zeitung online, Ausgabe vom 22.01.2014. http://www.sueddeutsche.de/wirtschaft/offshore-leaks-banken-helfen-dem-roten-adel-1.1868712. Zugegriffen: 27. Okt. 2014.

Cobb, N. K., Graham, A. L., & Abrams, D. B. (2010). Social network structure of a large online community for smoking cessation. *American Journal of Public Health, 100*(7), 1282–1289.

Coleman, A. (2013). Targeted networking and social media: How to win new business efficiently. *The Guardian* online, Ausgabe 27.11.2013. http://www.theguardian.com/small-business-network/2013/nov/27/targeted-networking-social-media-business. Zugegriffen: 24. Okt. 2014.

Dinter, M. (2012). Wie Sie Ihr Netzwerk erfolgreich nutzen. Handelsblatt online, Ausgabe 23.02.2012. http://www.handelsblatt.com/unternehmen/buero-special/ratgeber-wie-sie-ihr-netzwerk-erfolgreich-nutzen/6235606.html. Zugegriffen: 24. Okt. 2014.

Echols, A., & Tsai, W. (2005). Niche and performance: The moderating role of network embeddedness. *Strategic Management Journal, 26*(3), 219.

Edwards, C. T., & Samimi, R. (1997). Japanese interfirm networks: Exploring the seminal sources of their success. *Journal of Management Studies, 34*(4), 489–510.

Enders, W., & Jindapon, P. (2010). Network externalities and the structure of terror networks. *Journal of Conflict Resolution, 54*(2), 262–280.

Faraj, S., & Johnson, S. L. (2011). Network exchange patterns in online communities. *Organization Science, 22*(6), 1464–1480.

Ferdows, K. (1989). Mapping international factory networks. In K. Ferdows (Hrsg.), *Managing international manufacturing* (S. 3–21). Amsterdam: Elsevier.

Fjeldstad, Ø. D., Becerra, M., & Narayanan, S. (2004). Strategic action in network industries: An empirical analysis of the European mobile phone industry. *Scandinavian Journal of Management, 20*(1/2), 173.

Forsyth, E., & Katz, L. (1946). A matrix approach to the analysis of sociometric data: Preliminary report. *Sociometry, 9*(4), 340–347.

Gerlach, M. L. (1992). The Japanese corporate network: A blockmodel analysis. *Administrative Science Quarterly, 37*(1), 105–139.

Gibbons, D. E. (2004). Friendship and advice networks in the context of changing professional values. *Administrative Science Quarterly, 49*(2), 238–262.

Gilsing, V., Nooteboom, B., Vanhaverbeke, W., Duysters, G., & van den Oord, A. (2008). Network embeddedness and the exploration of novel technologies: Technological distance, betweenness centrality and density. *Research Policy, 37*(10), 1717–1731.

Goerzen, A., & Beamish, P. W. (2005). The effect of alliance network diversity on multinational enterprise performance. *Strategic Management Journal, 26*(4), 333–354.

Gorholt, A. (2014). Netzwerke werden Bedingung für erfolgreiche Innovationen. PWC online. http://www.pwc.de/de/prozessoptimierung/netzwerke-werden-bedingung-fuer-erfolgreiche-innovationen.jhtml. Zugegriffen: 24. Okt. 2014.

Grandori, A., & Soda, G. (1995). Inter-firm networks: Antecedents, mechanisms and forms. *Organization Studies, 16*(2), 183.

Gulati, R. (1998). Alliances and networks. *Strategic Management Journal, 19*(4), 293.

Gürsel, E. (2013). Karriereklüngel im Narrenkostum. Handelsblatt online, Ausgabe 07.02.2013. http://www.manager-magazin.de/unternehmen/it/a-609864.html. Zugegriffen: 23. Okt. 2014.

Hagedoorn, J. (1995). Strategic technology partnering during the 1980s: Trends, networks, and corporate patterns in non-core technologies. *Research Policy, 24,* 207–231.

Hallen, B. L. (2008). The causes and consequences of the initial network positions of new organizations: From whom do entrepreneurs receive investments? *Administrative Science Quarterly, 53*(4), 685–718.

Han, S.-K. (1996). Structuring relations in on-the-job network. *Social Networks, 18,* 47–67.

Hansen, M. T. (2002). Knowledge networks: Explaining effective knowledge sharing in multiunit companies. *Organization Science, 13*(3), 232–248.

Helfstein, S., & Wright, D. (2011). Covert or convenient? Evolution of terror attack networks. *Journal of Conflict Resolution, 55*(5), 785–813.

Herkenhoener, S., & Wald, A. (2012). Analyzing route networks in air transportation: Methodological and conceptual foundations. *International Journal of Aviation Management, 1*(4), 271–292.

Hewlett, S. A., Marshall, M., & Sherbin, L. (2012). Die wichtigste Beziehung. *Harvard Business Manager* (1/2012).

Hite, J. M., & Hesterly, W. S. (2001). The evolution of firm networks: From emergence to early growth of the firm. *Strategic Management Journal, 22*(3), 275–286.

Hopfer, S., Xianming, T., & Wylie, J. L. (2014). A social network-informed latent class analysis of patterns of substance use, sexual behavior, and mental health: Social network study III, Winnipeg, Manitoba, Canada. *American Journal of Public Health, 104*(5), 834–839.

Iacobucci, D., & Hopkins, N. (1992). Modeling dyadic interactions and networks in marketing. *Journal of Marketing Research, 29*(1), 5–17.

Ibarra, H., Kilduff, M., & Tsai, W. (2005). Zooming in and out: Connecting individuals and collectivities at the frontiers of organizational network research. *Organization Science, 16*(4), 359–371.

Imwinkelried, D. (2014). Neue Seilschaften im Einkauf: Wir sind doch nicht blöd. Neue Zürcher Zeitung online, Ausgabe vom 20.03.2014. http://www.nzz.ch/wirtschaft/wirtschafts-und-finanz-portal/neue-seilschaften-im-einkauf-1.18266598. Zugegriffen: 27. Okt. 2014.

Johannisson, B. (1987). Beyond process and structure: Social exchange networks. *International Studies of Management & Organization, 17*(1), 3.

Jost, P.-J. (2005). The limits of networking: The case of R&D-cooperations. *Discussion Paper Series in Economics and Management*. German Economic Association of Business Administration – GEABA.

Katz, R., Tushman, M., & Allen, T. J. (1995). The influence of supervisory promotion and network location on subordinate careers in a dual ladder R&D setting. *Management Science, 41*(5), 848–863.

Kauschke, P. (2014). Globalisierung ist nicht umkehrbar, aber regionale Netzwerke gewinnen an Bedeutung. PWC online. http://www.pwc.de/de/transport-und-logistik/globalisierung-ist-nicht-umkehrbar-aber-regionale-netzwerke-gewinnen-an-bedeutung.jhtml. Zugegriffen: 24. Okt. 2014.

Kerkmann, C. (2009). Die Kraft der losen Verbindung. Manager Magazin online, Ausgabe vom 26.02.2009. http://www.manager-magazin.de/unternehmen/it/a-609864.html. Zugegriffen: 24. Okt. 2014.

Kirkels, Y., & Duysters, G. (2010). Brokerage in SME networks. *Research Policy, 39*(3), 375–385.

Kogut, B., & Walker, G. (2001). The small world of Germany and the durability of national networks. *American Sociological Review, 66*(3), 317–335.

Koka, B. R., & Prescott, J. E. (2008). Designing alliance networks: The influence of network position, environmental change, and strategy on firm performance. *Strategic Management Journal, 29*(6), 639–661.

Koka, B. R., Madhavan, R., & Prescott, J. E. (2006). The evolution of interfirm networks: Environmental effects on patterns of network change. *Academy of Management Review, 31*(3), 721–737.

Kotter, J. (2011). Hierarchy and network: Two structures, one organization. Forbes online, Ausgabe 06.01.2011. http://www.forbes.com/sites/johnkotter/2011/06/01/hierarchy-and-network-two-structures-one-organization/. Zugegriffen: 27. Okt. 2014.

Kreager, D. A., & Haynie, D. L. (2011). Dangerous liaisons? Dating and drinking diffusion in adolescent peer networks. *American Sociological Review, 76*(5), 737–763.

Labianca, G., & Brass, D. J. (2006). Exploring the social ledger: Negative relationships and negative asymmetry in social networks in organizations. *Academy of Management Review, 31*(3), 596–614.

Lhuillery, S., & Pfister, E. (2011). Do firms know the scope of their R&D network? An empirical investigation of the determinants of network awareness on French survey data. *Industry & Innovation, 18*(1), 105–130.

Lichtblau, K., & Kempermann, H. (2012). Wertschöpfungsketten und Netzwerkstrukturen in der deutschen Industrie – welche Veränderungen sind zu erwarten? In I. d. d. W. Köln (Hrsg.), *Endbericht der IW Consult GmbH im Auftrag der Verbände VCI, VDMA und WV Stahl.*

Lin, Y.-K., & Huang, C.-F. (2014). Reliability evaluation subject to assured accuracy rate and time for stochastic unreliable-node computer networks. *Journal of Statistical Computation & Simulation, 84*(7), 1530–1542.

Loeser, B. O. (1999). How to set up a cooperation network in the production industry. *Industrial Marketing Management, 28*(5), 453–465.

Lomi, A., & Pattison, P. (2006). Manufacturing relations: An empirical study of the organization of production across multiple networks. *Organization Science, 17*(3), 313–332.

Lordan, O., Sallan, J. M., & Simo, P. (2014). Study of the topology and robustness of airline route networks from the complex network approach: A survey and research agenda. *Journal of Transport Geography, 37,* 112–120.

Ma, X., Yao, X., & Xi, Y. (2009). How do interorganizational and interpersonal networks affect a firm's strategic adaptive capability in a transition economy? *Journal of Business Research, 62*(11), 1087–1095.

Mazzanti, M., & Zoboli, R. (2009). Embedding environmental innovation in local production systems: SME strategies, networking and industrial relations: Evidence on innovation drivers in industrial districts. *International Review of Applied Economics, 23*(2), 169–195.

McDermott, R., & Archibald, D. (2010). Die Kraft informeller Netzwerke. *Harvard Business Manager* (August 2010), 58–66.

McDonald, M. L., Khanna, P., & Westphal, J. D. (2008). Getting them to think outside the circle: Corporate governance, CEOs' external advice networks, and firm performance. *Academy of Management Journal, 51*(3), 453–475.

Milton, L. P., & Westphal, J. D. (2005). Identity confirmation networks and cooperation in work groups. *Academy of Management Journal, 48*(2), 191–212.

Monge, P. R., & Contractor, N. S. (2003). *Theories of communication networks*. New York: Oxford University Press.

Moore, G. (1979). The structure of a national elite network. *American Sociological Review, 44*(5), 673–692.

Moreno, J. L. (1934). *Who shall survive? A new approach to the problem of human interrelations.* Washington, D.C.: Nervous and Mental Disease Publishing.

Moreno, J. L. (1946). Sociogram and sociomatrix: A note to the paper by Forsyth and Katz. *Sociometry, 9*(4), 348–349.

Moreno, J. L., & Jennings, H. H. (1938). Statistics of social configurations. *Sociometry, 1*(3/4), 342–374.

Niejahr, E., & Rohrbeck, F. (2014). macht euch locker! Die Zeit online, Ausgabe vom 17.10.2014. http://www.zeit.de/2014/41/manager-studie-hierarchie. Zugegriffen: 24. Okt. 2014.

Oberg, A., & Walgenbach, P. (2008). Hierarchical structures of communication in a network organization. *Scandinavian Journal of Management, 24*(3), 183–198.

O'Hara, K. B., Beehr, T. A., & Colarelli, S. M. (1994). Organizational centrality: A third dimension of intraorganizational career movement. *Journal of Applied Behavioral Science, 30*(2), 198–216.

Padgett, J. F., & Ansell, C. K. (1993). Robust actions and the rise of the Medici, 1400–1434. *American Journal of Sociology, 98*(6), 1259.

Paier, M., & Scherngell, T. (2011). Determinants of collaboration in European R&D networks: Empirical evidence from a discrete choice model. *Industry & Innovation, 18*(1), 89–104.

Paruchuri, S. (2010). Intraorganizational networks, interorganizational networks, and the impact of central inventors: A longitudinal study of pharmaceutical firms. *Organization Science, 21*(1), 63–80.

Powell, W. W., White, D. R., Koput, K. W., & Owen-Smith, J. (2005). Network dynamics and field evolution: The growth of interorganizational collaboration in the life sciences. *American Journal of Sociology, 110*(4), 1132–1205.

Presutti, M., Boari, C., & Majocchi, A. (2013). Inter-organizational geographical proximity and local start-ups' knowledge acquisition: A contingency approach. *Entrepreneurship & Regional Development, 25*(5/6), 446–467.

Provan, K. G., Fish, A., & Sydow, J. (2007). Interorganizational networks at the network level: A review of the empirical literature on whole networks. *Journal of Management, 33*(3), 479–516.

Raghavan, S. V., & Balasubramaniyan, V. (2012). Financial facilitators: An important component of terror networks. *Journal of Money Laundering Control, 15*(3), 294–303.

Ramachandran, K., & Ramnarayan, S. (1993). Entrepreneurial orientation and networking: Some Indian evidence. *Journal of Business Venturing, 8*(6), 513.

Rank, O. N. (2008). Formal structures and informal networks: Structural analysis in organizations. *Scandinavian Journal of Management, 24*(2), 145–161.

Rank, O. N., & Tuschke, A. (2010). Perceived influence and friendship as antecedents of cooperation in top management teams: A network approach. *Business Research, 3*(2), 151–171.

Rank, O. N., Robins, G. L., & Pattison, P. E. (2010). Structural logic of intraorganizational networks. *Organization Science, 21*(3), 745–764.

Raz, O., & Gloor, P. A. (2007). Size really matters – New insights for start-ups' survival. *Management Science, 53*(2), 169–177.

Runciman, W. G. (2005). Stone age sociology. *The Journal of the Royal Anthropological Institute, 11*(1), 129–142.

Sapra, K., Crawford, N., Rudolph, A., Jones, K., Benjamin, E., & Fuller, C. (2013). Social network members' roles and use of mental health services among drug users in New York City. *The Journal of Behavioral Health Services & Research, 40,* 476–487. (Springer Science & Business Media B. V.).

Schaefer, D. R., Haas, S. A., & Bishop, N. J. (2012). A dynamic model of US adolescents' smoking and friendship networks. *American Journal of Public Health, 102*(6), e12–e18.

Schneider, J. A., Cornwell, B., Ostrow, D., Michaels, S., Schümm, P., Laumann, E. O., et al. (2013). Network mixing and network influences most linked to HIV infection and risk behavior in the HIV epidemic among black men who have sex with men. *American Journal of Public Health, 103*(1), e28–e36.

Schüller, A. M. (2014). New Work: So viel Hierarchie wie nötig. Agitano – Wirtschaftsforum Mittelstand online, Ausgabe 23.06.2014. http://www.agitano.com/new-work-so-viel-hierarchie-wie-noetig/75229. Zugegriffen: 23. Okt. 2014.

Seebach, J. (2014). Warum aus Spezialisten keine guten Manager werden. Wirtschaftswoche online, Ausgabe 08.10.2014. http://www.wiwo.de/erfolg/management/generalisten-gesucht-warum-aus-spezialisten-keine-guten-manager-werden/10805256.html. Zugegriffen: 23. Okt. 2014.

Seibert, S. E., Kraimer, M. L., & Liden, R. C. (2001). A social capital theory of career success. *Academy of Management Journal, 44*(2), 219–237.

Singh, J. (2005). Collaborative networks as determinants of knowledge diffusion patterns. *Management Science, 51*(5), 756–770.

Stern. (2003). Seilschaften bringen mehr als Überstunden. Stern online, Ausgabe 10.12.2003. http://www.stern.de/wirtschaft/arbeit-karriere/karriere/aufstiegschancen-seilschaften-bringen-mehr-als-ueberstunden-517183.html. Zugegriffen: 27. Okt. 2014.

Swaminathan, V., & Moorman, C. (2009). Marketing alliances, firm networks, and firm value creation. *Journal of Marketing, 73*(5), 52–69.

Taylor, C. R. (2000). The old-boy network and the young-gun effect. *International Economic Review, 41*(4), 871–891.

Tsai, W. (2001). Knowledge transfer in intraorganizational networks: Effects of network position and absorptive capacity on business unit innovation and performance. *Academy of Management Journal, 44*(5), 996–1004.

Valjavec, F. (2001). Seßhafte Jäger, akkulturierte Sammler. Zur Cambridge-Enzyklopädie zeitgenössischer Wildbeuter. *Anthropos, 96*(1), 207–217.

Westphal, J. D., Boivie, S., & Chng, D. H. M. (2006). The strategic impetus for social network ties: Reconstituting broken CEO friendship ties. *Strategic Management Journal, 27*(5), 425–445.

Windolf, P. (2002). *Corporate networks in Europe and the United States*. Oxford: Oxford University Press.

Wirtschaftswoche. (2008). Weibliche Seilschaften. Wirtschaftswoche online, Ausgabe 07.01.2008. http://www.wiwo.de/erfolg/karriere-weibliche-seilschaften-/5336724.html. Zugegriffen: 24. Okt. 2014.

Wirtschaftswoche. (2013). Wer Wissen weitergibt, gewinnt. Wirtschaftswoche online, Ausgabe vom 02.10.2013. http://www.wiwo.de/erfolg/beruf/strategie-wer-wissen-weitergibt-gewinnt/8855870.html. Zugegriffen: 27. Okt. 2014.

Yang, H.-L., & Tang, J.-H. (2004). Team structure and team performance in IS development: A social network perspective. *Information & Management, 41*(3), 335–349.

Zaba, B., Calvert, C., Marston, M., Isingo, R., Nakiyingi-Miiro, J., Lutalo, T., et al. (2013). Effect of HIV infection on pregnancy-related mortality in sub-Saharan Africa: Secondary analyses of pooled community-based data from the network for Analysing Longitudinal Population-based HIV/AIDS data on Africa (ALPHA). *Lancet, 381*(9879), 1763–1771.

Zaheer, A., & Soda, G. (2009). Network evolution: The origins of structural holes. *Administrative Science Quarterly, 54*(1), 1–31.

Zwijze-Koning, K. H., & de Jong, M. D. T. (2005). Auditing information structures in organizations: A review of data collection techniques for network analysis. *Organizational Research Methods, 8,* 429–453.

Theoretische und methodische Konzepte zu Netzwerkstrukturen in und zwischen Unternehmen

2

Zusammenfassung

Das zweite Kapitel beinhaltet eine Darstellung theoretischer und methodischer Grundlagen zu intra- und interorganisationalen Unternehmensnetzwerken. Neben einer Diskussion der konzeptionellen Grundlagen von Unternehmensnetzwerken (2.1) wird in Abschn. 2.2 der Frage nachgegangen, welche Nutzenformen mit Beziehungen in und zwischen Unternehmen einhergehen können und welche Arten von Kosten im Rahmen des Aufbaus und Unterhalts solcher Beziehungen entstehen. Dies führt im Weiteren zu einer Beurteilung von Netzwerkstrukturen unter simultaner Berücksichtigung von Nutzen und Kosten (Kap. 2.3). Ferner werden in Abschn. 2.4 Möglichkeiten und Ansätze zur Gestaltung von Netzwerkstrukturen diskutiert und anschließend methodische Ansätze zur Untersuchung von Unternehmensnetzwerken vorgestellt (Kap. 2.5). Im letzten Abschn. 2.6 dieses Kapitels erfolgt eine grundlegende Darstellung der in den Fallstudien angewendeten Methoden der Netzwerkanalyse, wobei sowohl grafische als auch analytisch-statistische Verfahren vorgestellt werden.

2.1 Konzeptionelle Grundlagen von Unternehmensnetzwerken

2.1.1 Knoten und Kanten als konstituierende Elemente von Netzwerken

Allgemein bestehen Netzwerke aus Knoten und Kanten. Die Knoten repräsentieren die Akteure des Netzwerks, die Kanten die sie verbindenden Beziehungen (Jansen 2006; Wasserman und Faust 1994). In Abhängigkeit von der Art des Netzwerks können sowohl Knoten als auch Kanten sehr unterschiedlich definiert werden. Eine entsprechende Darstellung soll im Rahmen dieses Grundlagenkapitels erfolgen, allerdings mit einer Einschränkung auf die in diesem Buch interessierenden Unternehmensnetzwerke.

Vorab ist es allerdings notwendig, Unternehmensnetzwerke ihrerseits nochmals zu unterscheiden. Dies geschieht in Abhängigkeit von der Frage, ob das betrachtete Netzwerk innerhalb der Grenzen eines Unternehmens besteht oder ob das Netzwerk Beziehungen

O. N. Rank, *Unternehmensnetzwerke*, DOI 10.1007/978-3-658-09316-7_2

umfasst, die über die Unternehmensgrenzen hinweg reichen. Dementsprechend wird meist zwischen intra- und interorganisationalen Netzwerkstrukturen unterschieden (Tidd 1995; Paruchuri 2010). Im Fall intraorganisationaler Unternehmensnetzwerke bestehen die Akteure entweder aus individuellen Mitarbeitern oder aus Personengruppen wie Teams, Abteilung, Divisionen oder Tochtergesellschaften (Rank et al. 2010; Tsai 2001, 2002; Raider und Krackhardt 2001). Demgegenüber umfasst das Akteurset in interorganisationalen Netzwerken entweder selbständige Unternehmen oder Managern und Mitarbeitern verschiedener Unternehmen (Hardy et al. 2003; Provan et al. 2007; Gulati und Nickerson 2008). Wenngleich diese Systematisierung vielen Netzwerkstudien zugrunde gelegt wird, zeigt sich bei näherer Betrachtung, dass eine Unterscheidung in intra- und interorganisationale Netzwerke nicht notwendigerweise eine trennscharfe Differenzierung erlaubt. Dies liegt vor allem daran, dass sich der Begriff des „selbständigen Unternehmens" nicht hinreichend definieren lässt bzw. dass nicht klar zwischen selbständigen und nicht-selbständigen Unternehmen unterschieden werden kann. Tatsächlich lassen sich selbständige und nicht-selbständige Unternehmen als Endpunkte eines Kontinuums, entlang dessen zahlreiche Zwischenformen existieren. Dies sei an einigen Beispielen illustriert. Ein Netzwerk unter den (hundertprozentigen) Tochtergesellschaften eines Konzerns wird typischerweise als intraorganisationales Netzwerk definiert. Dies erscheint insofern gerechtfertigt, weil die Besitzverhältnisse zahlreiche wirtschaftliche Abhängigkeiten sowohl zwischen Mutter- und Tochtergesellschaften als auch zwischen den Tochtergesellschaften untereinander erwarten lassen. Aus einer rein formal-rechtlichen Betrachtung allerdings stellen auch hundertprozentige Tochtergesellschaften Unternehmen mit einer eigenständigen Rechtspersönlichkeit dar. Am entgegengesetzten Ende des Kontinuums lassen sich Unternehmen verorten, zwischen denen keinerlei Eigentumsverhältnisse bestehen. Wenngleich auch zwischen solchen Unternehmen möglicherweise enge wirtschaftliche Verflechtungen bestehen können, lassen sie sich aus einer rechtlichen Perspektive eindeutig als selbständige Unternehmen definiert. Zwischen diesen beiden Enden des Kontinuums bewegen sich alle anderen denkbaren Besitzverhältnisse. Diese beinhalten Mehrheits- und Minderheitsbeteiligungen eines Unternehmens an einem anderen, wobei der Anteil der gehaltenen Kapitalanteile theoretisch jeden Wert zwischen null und einhundert Prozent annehmen kann.

Diese Systematik zeigt, dass eine eindeutige Unterscheidung zwischen intra- und interorganisationalen Netzwerken nicht immer möglich ist. Für die weiteren Ausführungen ist dies jedoch von nachrangiger Bedeutung. Die in den späteren Kapiteln dargestellten Fallstudien sind so gewählt, dass sie sich eindeutig den Bereichen intra- oder interorganisationaler Netzwerke zuordnen lassen. Auch aus einer empirischen Sicht ist die Unterscheidung in vielen Fällen nachrangig, weil es möglich ist, eventuell zwischen Unternehmen bestehende Kapitalbeteiligungen im Rahmen des methodischen Vorgehens entsprechend zu berücksichtigen.

Neben den Akteuren stellen die sie verbindenden Beziehungen das andere konstituierende Element von Netzwerken dar. Netzwerkbeziehungen lassen sich in mehrerlei Hinsicht systematisieren (für eine ausführliche Darstellung vgl. Rank 2003). Eine erste Möglichkeit steht im Zusammenhang mit der Frage, um welche Art von Akteuren es sich in dem betrachteten Netzwerk handelt. Dementsprechend existieren einerseits persönliche

Beziehungen, also Beziehungen, die einzelne Individuen miteinander verbinden (Rank und Tuschke 2010; Gargiulo et al. 2009) sowie andererseits Beziehungen zwischen korporativen Akteuren, bei denen es sich um Verbindungen zwischen Personengruppen wie Teams, Abteilungen oder ganzen Unternehmen handelt (Reagans und Zuckerman 2001; Stuart 1998; Koka und Prescott 2002).

Ein zweites Systematisierungskriterium ist durch den Beziehungsinhalt gegeben. Beispiele für verschiedene Beziehungsinhalte auf der Ebene korporativer Akteure sind Kooperationsstrukturen zwischen Teams (Beersma et al. 2003), Beziehungen der Leistungsverflechtung zwischen den Tochtergesellschaften eines Konzerns (Schmid und Schurig 2003; Tang und Beamish 2006; Andersson et al. 2002), Zuliefer- und Abnehmerbeziehungen zwischen selbständigen Unternehmen (Ounnar et al. 2007), Kapitalbeteiligungen zwischen Unternehmen (Rank 2005, 2006) oder auch personelle Entsendungen, bei denen ein Unternehmen ein Mitglied seines Vorstands in den Aufsichtsrat eines anderen Unternehmens entsendet (Geletkanycz et al. 2001; Robins und Malcolm 2004; Burris 2005). Für persönliche Beziehungen lassen sich Beziehungen danach unterscheiden, ob sie instrumenteller oder affektiver Natur sind (Umphress et al. 2003). Beispiele für instrumentelle Beziehungen in Unternehmen sind die Weitergabe von Wissen und Lernen zwischen den Mitarbeitern (Borgatti und Cross 2003; Anderson 2008; Davern und Hachen 2006) sowie der Informationstransfer unter den Mitgliedern von Neuproduktentwicklungsteams (Braha und Bar-Yam 2004; Tidd 1995). Affektive Beziehungen können beispielsweise die Bitte um Rat und Hilfe in schwierigen Situationen darstellen, aber auch Freundschafts- oder möglicherweise sogar Liebesbeziehungen zwischen Kollegen (Rank und Tuschke 2010; Ingram und Roberts 2000; Gibbons 2004; Riordan und Griffeth 1995).

Drittens können positive und negative Beziehungsinhalte unterschieden werden. Beziehungen des Informationsaustauschs, Freundschaftsbeziehungen oder Ratsuche werden typischerweise als positive Beziehungen betrachtet (Rank et al. 2010; Zhao und Rank 2013; Agneessens und Wittek 2012), wohingegen Rivalitätsverhältnisse, Konkurrenzbeziehungen oder gar Abneigung und Hass negative Beziehungsinhalte darstellen (Labianca und Brass 2006; Labianca et al. 1998).

Viertens lassen sich Beziehungen danach differenzieren, ob sie formal angelegt und damit bewusst geschafften wurden, oder ob sie ohne konkreten Anlass im Zeitverlauf zwischen den Akteuren entstanden sind und somit auf einer informellen Basis bestehen (Rank 2008; Allen et al. 2007; Kratzer et al. 2008; Wald 2005). Formale Beziehungen auf einer individuellen Ebene stellen beispielsweise die in der Unternehmenshierarchie dokumentierten Weisungsbefugnisse und Berichtspflichten dar (Jablin 1987; Conell und Voss 1990), wohingegen die Bitte eines Kollegen um Rat oder Hilfe informeller Natur ist (Athanassiou und Roth 2006; McDonald und Westphal 2003). Auch für interorganisationale Netzwerke kann zwischen formalen und informellen Beziehungen unterschieden werden. Erstere bestehen beispielsweise aus strategischen Allianzen, die bewusst geschaffene Formen der Zusammenarbeit zwischen Unternehmen reflektieren und welche typischerweise als Ergebnis eines Verhandlungsprozesses sowie eines Vertragsschlusses zwischen zwei (oder mehr) Partnern entstehen (Brouthers et al. 2014; Das und Teng 2001, 2000). Demgegenüber kann ein kooperativer Austausch zwischen Unternehmen auch dadurch entstehen, dass zwei Manager der Unternehmen auf einer informellen Ebene Informationen austauschen, beispielsweise weil sie sich beim gemeinsamen Studium oder im Rahmen einer Veranstaltung kennengelernt haben (Pina-Stranger und Lazega 2011; Ma et al. 2009). Dieses Beispiel macht deutlich, dass Wechselwirkungen zwischen einer individuellen und korporativen Ebene in der Regel schon deswegen bestehen, weil auch Unternehmenseinheiten oder ganze Unternehmen durch die persönlichen Beziehungen ihrer Manager miteinander verbunden sein können.

Fünftens kann unterschieden werden, ob Akteure ausschließlich durch Beziehungen eines einzigen Typs miteinander verbunden sind (sogenannte uniplexe Beziehungen), also beispielsweise nur durch Informationsbeziehungen, oder ob die Verbindungen zwischen den Akteuren mehrere Beziehungsarten simultan umfassen. Ein Beispiel für solche multiplexen Beziehungen auf der individuellen Ebene ist das gleichzeitige Bestehen einer Informations- und einer Freundschaftsbeziehung zwischen zwei Mitarbeitern (Lazega und Pattison 1999). Auf einer Unternehmensebene könnte die multiplexe Beziehung beispielsweise aufgrund einer Kapitalbeteiligung und einer personellen Entsendung zwischen Unternehmen existieren (Rank 2005).

Sechstens sind Beziehungen danach zu differenzieren, ob sie eine Richtung aufweisen oder nicht (Jansen 2006). Im Fall einer Informationsbeziehung kann typischerweise zwischen einem Informationssender und einem Informationsempfänger unterschieden werden. Die Information fließt also eindeutig von einer Person *i* zu einer anderen Person *j*. Dies gilt auch dann, wenn gleichzeitig eine entgegengerichtete Informationsbeziehung von *j* zu *i* besteht. Der Sachverhalt wechselseitiger Beziehungen wird als reziproke Beziehung bezeichnet und wird an späterer Stelle noch ausführlich diskutiert (vgl. hierzu Kap. 2.5.2). Demgegenüber wird Freundschaft zwischen zwei Personen typischerweise als ungerichtete Beziehung definiert, weil *i* nicht mit *j* befreundet sein kann, wenn *j* nicht auch mit *i* befreundet ist.[1] Noch offensichtlicher ist dies für die in einem Unternehmenskontext allerdings weniger relevanten Verwandtschaftsbeziehungen.

Schließlich lassen sich Beziehungen nach ihrer Stärke unterscheiden. Dabei kann sich die Beziehungsstärke als eine Funktion der Häufigkeit bzw. des Zeitaufwands, der emotionalen Intensität der Interaktion sowie der Intimität zwischen den beiden Beziehungspartnern darstellen (Granovetter 1973).[2] Während diese Kriterien direkt auf persönliche

---

[1] Ergänzend ist an dieser Stelle anzumerken, dass in einigen Studien das Augenmerk nicht primär auf tatsächlich existierende Freundschaftsbeziehungen gerichtet ist, bei dem die beiden Partner in ihrer Beurteilung der Freundschaft übereinstimmen. Stattdessen wird die Wahrnehmung von Freundschaft im Sinne eines „Friendship Seeking" untersucht, bei dem es sich typischerweise um gerichtete Beziehungen handelt (Rank und Tuschke 2010; Lazega und Pattison 1999).

[2] Granovetter definiert als vierte Dimension der Beziehungsstärke die Wechselseitigkeit der Beiträge beider Beziehungspartner. Allerdings betrachtet er in seiner Arbeit lediglich ungerichtete (also symmetrische) Beziehungen. Bei gerichteten Beziehungen stellt die Wechselseitigkeit (Reziprozität) ein strukturelles Charakteristikum dar, welches nicht notwendigerweise Einfluss auf die Stärke der Beziehung hat.

Beziehungen zwischen Individuen zutreffen, sind sie im Falle von Beziehungen zwischen Personengruppen, also beispielsweise zwischen Teams oder Unternehmen, zumindest teilweise zu adaptieren. In vielen Untersuchungen wird idealtypisch zwischen starken und schwachen Beziehungen differenziert (z. B. McFadyen et al. 2009; Friedkin 1981; Levin und Cross 2004). Allerdings dürfte es sich in der Realität bei der Beziehungsstärke eher um ein Kontinuum handeln als um eine dichotome Unterscheidung in starke und schwache Beziehungen, weil sich weder bezüglich der Häufigkeit noch der Intensität oder Intimität ein diskreter Punkt definieren lässt, der die beiden Ausprägungen trennscharf unterscheidet.

In der Praxis lässt sich die Stärke zumindest theoretisch für viele Beziehungsarten bestimmen. So kann auf einer persönlichen Ebene die Informationsweitergabe zwischen zwei Mitarbeitern eines Unternehmens beispielsweise zwischen „sehr selten" bis hin zu „sehr intensiv" variieren. Freundschaftsbeziehungen können von losen Bekanntschaften über gute Freundschaften bis hin zu Liebesbeziehungen reichen. Gleiches gilt für Interorganisationsbeziehungen, bei denen die Stärke einer Zulieferbeziehung beispielsweise an der Häufigkeit der Lieferung oder an ihrem wertmäßigen Umfang bestimmt werden kann. Aus empirischer Sicht stellt die Erhebung der Beziehungsstärke allerdings häufig ein Problem dar, weil Menschen insbesondere im Falle großer Netzwerke mit vielen (potenziellen) Beziehungspartnern häufig nicht in der Lage sind, die Stärke all ihrer Beziehungen konsistent einzuschätzen. Aus diesem Grund werden in vielen empirischen Untersuchungen Beziehungen dichotom operationalisiert (z. B. Mehra et al. 2006; Pina-Stranger und Lazega 2011; Rodan und Galunic 2004; Sparrowe und Liden 2005; Zaheer und Bell 2005). Mit anderen Worten, es wird lediglich der binäre Fall unterschieden, ob die Beziehung eines bestimmten Typs zwischen zwei Akteuren vorhanden ist oder nicht. Dieser Ansatz liegt auch den empirischen Untersuchungen der in den späteren Kapiteln dargestellten Fallstudien zugrunde.

2.1.2 Arten von Netzwerken und Datenstruktur

Im Gegensatz zu attributsbezogenen Daten (auch psychometrische Daten genannt), bei denen eine Reihe von Fällen (z. B. Personen oder Unternehmen) anhand verschiedener Eigenschaften (Alter, Geschlecht, Ausbildungshintergrund oder Größe, Umsatz, Gewinn) charakterisiert werden, stehen bei Netzwerken die Beziehungen zwischen den Akteuren im Vordergrund. Zwar lassen sich, wie die weiteren Ausführungen zeigen werden, durchaus auch Eigenschaften der Akteure in netzwerkanalytischen Untersuchungen berücksichtigen, den Kern der Netzwerkanalyse bilden jedoch die Beziehungsstrukturen, in welche die Akteure einbettet sind. Bei Beziehungsdaten handelt es sich um relationale Daten, welche die beiden an der Beziehung beteiligten Akteure sowie die Beziehung selbst beinhalten (Scott 2000). Die relationale Datenstruktur ist somit gewissermaßen das methodische Kernelement von Netzwerkanalysen.

In Abhängigkeit der Art der Beziehungen, welche die Akteure eines Netzwerks miteinander verbinden, können verschiedene Netzwerkarten definiert werden. Nach der Art des Netzwerks richtet sich dann auch der Aufbau der Datenstruktur (Jansen 2006; Wasserman und Faust 1994). Der grundlegende Fall, auf den auch die meisten der Beispiele in diesem Kapitel aufgebaut sind, beschreibt ein Netzwerk, in dem Akteure einer Art (z. B. Mitarbeiter eines Unternehmens) durch Beziehungen miteinander verbunden sind. Die Grundannahme besteht dabei darin, dass Netzwerkbeziehungen Kanäle darstellen, durch die Ressourcen unterschiedlicher Art (ökonomische Dimension) oder Commitments (symbolische oder moralische Dimension) an Beziehungspartner weitergegeben werden (Lazega 2003, 2009). Ressourcen können materiell sein (z. B. Zulieferbeziehungen oder Finanzströme zwischen Unternehmen) oder immaterieller Art (z. B. Informationen und Wissen). Daneben können sie die Evaluierung von Akteuren beispielsweise im Sinne von Freundschaft, Vertrauen oder Respekt beinhalten. Schließlich können Beziehungen aufgrund formaler Über- und Unterordnungsbeziehungen einer Unternehmenshierarchie oder vor dem Hintergrund von Beteiligungsverhältnissen zwischen den Gesellschaften eines Konzerns bestehen.[3] Netzwerke lassen sich weiterhin danach unterscheiden, ob sie lediglich Beziehungen einer bestimmten Art umfassen (sogenannte univariate Netzwerke) oder ob das Netzwerk aus mehreren verschiedenen Beziehungsarten besteht (multivariate Netzwerke) (Wasserman und Pattison 1996; Pattison und Wasserman 1999). Beispielsweise ließe sich innerhalb eines Unternehmens nur das Informationsnetzwerk zwischen den Mitarbeitern betrachten, oder es könnten simultan auch formale Berichtsbeziehungen und informelle Freundschaftsbeziehungen berücksichtigt werden. Die Daten der Netzwerkbeziehungen werden typischerweise in sogenannten Soziomatrizen erfasst. Weil sich die Akteure durch die zwischen ihnen bestehenden Beziehungen gewissermaßen berühren, werden die Matrizen auch als Adjazenzmatrizen bezeichnet (Trappmann et al. 2011). Bei diesen handelt es sich um quadratische Matrizen, in denen die Akteure des Netzwerks sowohl in den Zeilen als auch in den Spalten eingetragen werden. In die einzelnen Zellen der Matrix werden die Beziehungen eingetragen. Dies kann wie dargestellt binär erfolgen (also 1 für eine existierende Beziehung und 0 für eine nicht-existierende Beziehung) oder durch den der Beziehung zugrunde liegenden Wert im Falle bewerteter Beziehungen (beispielsweise einer Häufigkeit oder einem monetären Wert).

Von solchen Adjazenznetzwerken sind Affiliationsnetzwerke abzugrenzen. Bei diesen handelt es sich um Netzwerke, die aus zwei verschiedenen Arten von Akteuren A und B bestehen (Jansen 2006; Wasserman und Faust 1994). Ein Beispiel hierfür sind Mitarbeiter und Unternehmen. Die Beziehungen verlaufen jeweils zwischen den beiden Akteurssets. Für Unternehmen und ihre Mitarbeiter wäre eine Beziehung beispielsweise durch ein Angestelltenverhältnis definiert. Affiliationsmatrizen sind daher in der Regel nicht quadratisch (es sei denn, die beiden Sets A und B beinhalten zufällig eine identische Anzahl an Akteuren). Die Akteure des einen Sets werden in den Zeilen der Matrix, die Akteure des

[3] Darüber hinaus existieren durchaus weitere Beziehungsarten, die aber für die Zwecke dieses Buchs von nachrangiger Bedeutung sind (Wasserman und Faust 1994; Jansen 2006).

anderen Sets in den Spalten abgebildet. Die Beziehungen in den einzelnen Zellen markieren entsprechend die Zugehörigkeit der Akteure des Sets *A* zu den Akteuren des Sets *B*.

Ein dritter Typ von Netzwerken stellt letztlich eine Kombination der beiden erstgenannten Arten dar. Mehrebenennetzwerke bestehen aus mindestens zwei Adjazenznetzwerken auf verschiedenen Ebenen sowie einem die beiden Ebenen verbindenden Affiliationsnetzwerk (Wang et al. 2013b; Lazega et al. 2008). Als Beispiel seien hier wiederum Mitarbeiter und ihre Unternehmen angeführt. Im Gegensatz zum reinen Affiliationsnetzwerk beinhalten solche Mehrebenennetzwerke neben der Zugehörigkeit der Mitarbeiter zu den Unternehmen (Meso-Ebene) ein Netzwerk persönlicher Beziehungen, die beispielsweise aus dem informellen Wissensaustausch zwischen Individuen besteht (Mikro-Ebene) und einem interorganisationalen Unternehmensnetzwerk, welches strategische Allianzen zwischen den Unternehmen beinhalten könnte (Makro-Ebene).

Welche Art von Netzwerk Gegenstand einer Untersuchung ist bzw. auf welche Weise eine Netzwerkstruktur idealerweise für die empirische Analyse operationalisiert werden sollte, hängt von den im Einzelfall zu untersuchenden Forschungsfragen ab. Dabei erfolgt die Konzeptualisierung typischerweise im Spannungsfeld zwischen einer möglichst umfassenden Berücksichtigung aller relevanten Sachverhalte und forschungsökonomischen Interessen nach einem vertretbaren zeitlichen und finanziellen Aufwand zur Generierung aussagekräftiger Ergebnisse. Zu berücksichtigen ist dabei insbesondere, dass die Komplexität in multivariaten Strukturen und Mehrebenennetzwerken und damit einhergehend die Anzahl der zu berücksichtigenden Sachverhalte enorm ansteigt.

2.2 Nutzen und Kosten von Netzwerkstrukturen

Beziehungen in Netzwerken werden wie dargestellt vielfach als Beziehungen des Ressourcentransfers betrachtet. Die Grundannahme dabei ist, dass Netzwerkbeziehungen Kanäle darstellen, durch die Ressourcen unterschiedlicher Art zwischen den Akteuren weitergegeben werden (Lazega 2009; Jansen 2006). In Unternehmensnetzwerken kommt dabei instrumentellen Ressourcen wie Informationen und Wissen oder Produkten bzw. Produktkomponenten eine große Bedeutung zu, weil sie sich letztlich direkt aus dem Prinzip der Arbeitsteilung ableiten lassen. Wird eine Aufgabe zwischen zwei oder mehreren Akteuren verteilt, erfordert die erfolgreiche Erreichung des Gesamtziels eine entsprechende Koordination dieser Akteure und damit deren Kooperation in Form der Weitergabe der einzelnen Beiträge (Adler 1995; Tsai 2002). Auf einer persönlichen Ebene spielen sowohl in als auch zwischen Unternehmen aber auch affektive Beziehungsinhalte eine Rolle. Mitarbeiter sind miteinander befreundet, entwickeln gegenseitiges Vertrauen und bitten sich um Rat oder Hilfe. In all diesen Fällen geht von solchen Ressourcentransfers ein Nutzen für die Akteure aus, weil diese mit Hilfe ihrer Beziehungen Ressourcen akquirieren können, über die sie nicht selbst verfügen. Beispielsweise können Mitarbeiter ihre arbeitsbezogenen Ziele deshalb besser erreichen, weil sie vom Wissen und den Informationen ihrer Kollegen profitieren. In ähnlicher Weise ermöglichen kooperative Beziehungen auf Unternehmensebene eine Konzentration der einzelnen Unternehmen auf ihre jeweiligen Kernkompetenzen (vgl. grundlegend Prahalad und Hamel 1990), weil sich die entsprechend benötigten komplementären Ressourcen über Zuliefer- und Abnehmerbeziehungen von den Partnern akquirieren lassen (Ritala und Ellonen 2010). Wie hoch der Nutzen solcher Austauschbeziehung ist, hängt von vielen Aspekten ab und dürfte sich kaum allgemeingültig bestimmen lassen. Einflussfaktoren sind neben anderen, wie groß der Bedarf des empfangenden Akteurs an der entsprechenden Ressource ist, über wie viele alternative Bezugsquellen er möglicherweise verfügt, wie sehr sich eine bestimmte Ressource durch ähnliche Ressourcen substituieren lassen und wie zuverlässig und pünktlich die Ressourcenlieferung ist.

Vor diesem Hintergrund könnte man nun die Annahme treffen, dass möglichst viele Ressourcenbeziehungen nützlich sind. Einer solchen „more is better"-Perspektive (Raz und Gloor 2007, S. 170) liegt die Sichtweise zugrunde, dass viele Beziehungen vor allem ein Mehr an verfügbaren Ressourcen für die Akteure implizieren und zusätzliche Austauschbeziehungen im Zweifelsfall mit einem zusätzlichen Nutzen verbunden sind. Wenngleich diese Annahme nicht dem Grunde nach falsch ist, weil beispielsweise zusätzlich verfügbares Wissen sicherlich nicht „schadet", so ist die Betrachtung dennoch unvollständig. Dies hängt damit zusammen, dass Austauschbeziehungen und damit letztlich die durch sie implizierten Möglichkeiten der Ressourcenakquisition nicht umsonst sind. Aus einer transaktionskostentheoretischen Perspektive lassen sich Kosten des Beziehungsaufbaus (ex-ante Kosten) sowie Kosten des Beziehungsunterhalts (ex-post Kosten) unterscheiden (Husted 1994; Williamson 1985; Ebers und Gotsch 2014). Diesen Sachverhalt hat Hansen (1999) als „search-transfer-problem" in Netzwerken bezeichnet.

Dem Transaktionskostenansatz folgend beinhalten ex-ante Kosten zunächst die Kosten der Suche nach geeigneten Beziehungspartnern. Die Eignung eines (potenziellen) Partners hängt einerseits von den Ressourcen ab, die er in die Beziehung einbringen kann, andererseits von seiner Verfügbarkeit, welche wiederum eine Funktion seiner anderen Beziehungen ist. Für persönliche Beziehungen in Unternehmen lassen sich zahlreiche Beispiele finden. Beispielsweise hat ein Produktionsmitarbeiter technische Probleme mit einer Maschine und ist auf der Suche nach einem Kollegen, der ein solches oder zumindest ein ähnlich gelagertes Problem schon einmal gelöst hat. Oder ein Vertriebsmitarbeiter versucht, einen neuen Kunden für ein bestimmtes Produkt zu akquirieren und sucht nach Vertriebskollegen, die aus früheren Geschäftsbeziehungen bereits über Erfahrungen mit diesem Kunden verfügen. Oder eine Führungskraft hat ein Problem mit einem Mitarbeiter und sucht unter seinen Kollegen jemanden, der ihm in dieser Situation einen Rat geben kann, wie mit dem Mitarbeiter zu verfahren ist. Zwar dürften auch in einem Unternehmenszusammenhang nicht alle bestehenden persönlichen Beziehungen das Ergebnis eines bewussten Suchprozesses sein, weil sich einige Austauschbeziehungen möglicherweise von selbst im Laufe der Zeit entwickeln. Aber selbst diese Beziehungen dürften ein gewisses Mindestmaß an gegenseitiger Abstimmung und Koordination erfordern, bevor Ressourcen ausgetauscht werden können. Auch interorganisationale Beziehungen sind typischerweise mit Suchkosten verbunden. Beispielsweise erfordert die Auswahl eines geeigneten Lieferanten ebenso eine vorhergehende Marktanalyse wie der Aufbau einer strategischen Allianz im Bereich der Forschung und Entwicklung.

Ist der richtige Partner gefunden, fallen Kosten des Beziehungsaufbaus an. Für formale Beziehungen in einem interorganisationalen Zusammenhang bestehen diese beispielsweise aus Verhandlungskosten sowie Kosten der Vertragsvereinbarung. Auch persönliche Beziehungen implizieren möglicherweise gewisse Investitionen in den Beziehungsaufbau, wobei die Höhe dieser Investitionen mit der Art der Ressourcen zusammenhängen dürfte, die innerhalb der Beziehung transferiert werden sollen. Handelt es sich dabei um die vergleichsweise einfache Weitergabe von Informationen, so verlangt die Etablierung der Beziehung wahrscheinlich keine großen Anstrengungen. Soll hingegen sehr wichtiges Wissen weitergegeben werden oder handelt es sich dabei um implizites Wissen, das nur schwer kodifizierbar ist, so setzt der Ressourcentransfer in der Regel ein gewisses Maß an Vertrauen zwischen den Partnern voraus, das vorab aufgebaut werden muss. Intuitiv nachvollziehbar sind diese Beziehungsinvestitionen im Falle affektiver Beziehungen, weil sich Aspekte wie Freundschaft (oder gar Liebe) zwischen Individuen meist erst im Laufe der Zeit und als Ergebnis mehrerer Interaktionen entwickeln.

Die ex-post Kosten, welche den Unterhalt bereits etablierter Beziehungen betreffen, können für formale Beziehungen wiederum direkt aus dem Transaktionskostenansatz abgeleitet werden. Hierbei lassen sich drei Aspekte unterscheiden. Erstens fallen Überwachungskosten immer dann an, wenn sich die Beiträge des Beziehungspartners in Form der Ressourcenlieferung nicht unmittelbar beobachten lassen. Im Fall persönlicher Beziehungen könnte dies beispielsweise im Verhältnis eines Vorgesetzten zu seinem Mitarbeiter relevant werden. Aufbauend auf agenturtheoretischen Überlegungen müssen Mitarbeiter möglicherweise mit Hilfe von Anreizen und/oder Überwachung und Sanktionen zur Erbringung ihrer Leistungen motiviert werden. Auch im Falle interorganisationaler Beziehungen entstehen Überwachungskosten dadurch, dass die Beziehungspartner einseitig oder wechselseitig Maßnahmen ergreifen müssen, um den Leistungsbeitrag des jeweiligen Partners zu überwachen. In Zulieferbeziehungen könnte dies beispielsweise in einer Qualitätsprüfung bestehen.

Zweitens können Konfliktkosten sowie Kosten der Vertragsdurchsetzung anfallen, wenn einer der beiden Beziehungspartner nicht die Beiträge in die Beziehung einbringt, zu denen er sich (vertraglich) verpflichtet hat. Im Falle persönlicher Beziehungen können sich diese Kosten beispielsweise aufgrund der Notwendigkeit wiederkehrender Mitarbeitergespräche oder persönlicher Abmahnungen ergeben. Darüber hinaus umfassen Kosten der Vertragsdurchsetzung Aufwendungen für Sanktionen und rechtliche Auseinandersetzungen wie Gerichts- oder Schlichtungsverfahren. Schließlich ergeben sich drittens möglicherweise Kosten durch eine nachträgliche Vertragsanpassung, wenn aufgrund geänderter Rahmenbedingungen oder veränderter Zielsetzungen der Beziehungspartner der einer Beziehung zugrunde liegende, ursprünglich geschlossene Vertrag verändert werden soll.

Wenngleich die meisten persönlichen Beziehungen nicht auf formal geschlossenen Verträgen beruhen dürften, so können sich Überwachungs-, Durchsetzungs- und Anpassungskosten zumindest dem Grunde nach weitgehend analog zu formalen Vertragsbeziehungen ergeben. Dies dürfte insbesondere dann der Fall sein, wenn die Zielsetzungen der beiden Beziehungspartner divergieren, was entweder von Anfang an der Fall sein kann oder was sich möglicherweise auch erst im Laufe der Beziehung entwickelt. Allgemeiner lässt sich sagen, dass die ex-post Kosten für informelle persönliche Beziehungen alle Kosten der Beziehungspflege umfassen, worunter durchaus neben den dargestellten eher negativ geprägten Aspekten auch allgemein meist positiv empfundene Maßnahmen fallen können. Exemplarisch sollen hierfür nur einige Beispiele in einem Unternehmenszusammenhang angeführt werden wie Small-Talk unter Kollegen, gemeinsames Mittagessen oder Kaffeepausen sowie Aufmerksamkeiten zu Festen oder Jubiläen. Zwar mag in diesem Zusammenhang der Kostenbegriff zunächst vielleicht nicht gerechtfertigt erscheinen, weil eine Kaffeepause oder ein gemeinsames Mittagessen ebenso wenig als Last oder Bürde empfunden wird wie ein Geburtstagsgeschenk. Aus ökonomischer Sicht ist es jedoch legitim, von Kosten zu sprechen, weil damit zeitbezogene, aufmerksamkeitsbezogene und/oder monetäre Aufwendungen einhergehen, die dem Beziehungsunterhalt dienen.

Zusammenfassend kann davon ausgegangen werden, dass jede Beziehung unabhängig von ihrem konkreten Inhalt sowohl mit Nutzen als auch mit Kosten verbunden ist. Beide Aspekte können sich selbst für die einzelnen Beziehungen einer bestimmten Art (z. B. Informationsbeziehungen) erheblich in Abhängigkeit des jeweiligen Partners unterscheiden. Noch komplexer stellt sich der Sachverhalt dar, wenn dem Netzwerkgedanken folgend davon ausgegangen wird, dass sich sowohl Nutzen als auch Kosten von Beziehungen nicht nur aus der dyadischen Verbindung zwischen zwei Akteuren ergeben sondern dass beide letztlich eine Funktion aller anderen, sie umgebenden Beziehungen ist. So dürfte der Nutzen einer konkreten Kooperationsbeziehung zu einem bestimmten Kollegen von der Verfügbarkeit weiterer Kooperationspartner abhängig sein. Verfügt ein Mitarbeiter lediglich über einen einzigen Partner, impliziert die Zusammenarbeit mit diesem möglicherweise einen besonders hohen Nutzen. Bestehen hingegen mehrere Kooperationsbeziehungen zu verschiedenen Partnern, lassen sich die einzelnen Beziehungen eventuell gegenseitig substituieren, was deren jeweiligen Nutzen reduziert. Ähnliche Überlegungen können bezüglich der Kosten angestellt werden. Darüber hinaus existieren in Netzwerken aus der Gesamtheit aller Beziehungen zwischen Akteuren indirekte Beziehungen, über die Ressourcen möglicherweise über mehrere Zwischenstationen innerhalb des Netzwerks weitergegeben werden. Überlegungen zu indirekten Nutzen und Kosten von Beziehungen lassen sich auf der sehr umfangreichen Literatur zu sozialem Kapital in Netzwerken aufbauen (vgl. grundlegend beispielsweise Lin 2001a; Adler und Kwon 2002; Oh et al. 2004; Moran 2005; Jansen 2004; Koka und Prescott 2002) und werden im Rahmen der Diskussion von Interdependenzen zwischen Beziehungen in Netzwerken in Kap. 2.5.2 weiter vertieft.

2.3 Beurteilung von Netzwerkstrukturen

Die Beurteilung von Unternehmensnetzwerken stellt unabhängig davon, ob es sich um Beziehungsstrukturen innerhalb von Unternehmen oder zwischen Unternehmen handelt, eine zentrale Herausforderung dar. Die Beantwortung der relativ einfachen Frage, ob ein vorhandenes Netzwerk „gut“ ist oder nicht, verlangt allerdings in der Regel eine ganze Reihe an Vorüberlegungen. In der praxisorientierten Literatur werden Netzwerke wie im einleitenden Kapitel ausgeführt häufig dann positiv beurteilt, wenn es sich um möglichst dichte Beziehungsstrukturen handelt. Die implizite Annahme ist dabei, dass ein möglichst hoher Vernetzungsgrad unter den Akteuren mit dem größten Nutzen verbunden ist. Aus den Ausführungen der vorangegangenen Abschnitte dieses Kapitels wurde jedoch bereits deutlich, dass ein solcher Ansatz fundierten wissenschaftlichen Überlegungen kaum standhalten kann. Hierfür lassen sich vor allem zwei Argumente anführen: Erstens besteht in dichten Netzwerken die Gefahr der Redundanz, was potenziell dazu führt, dass die Beziehungen zum Transfer oder Austausch gleicher oder zumindest ähnlicher Ressourcen verwendet werden (Burt 1992). Zweitens sind Beziehungen zu anderen Akteuren mit Nutzen und Kosten verbunden. Einerseits werden nicht alle Beziehungen, über die ein Akteur verfügt, gleichermaßen nützlich sein, was sich nicht zuletzt aus der Theorie des sozialen Kapitals ableiten lässt (Lin 2001b; Lin et al. 2006). Andererseits ist der Aufbau und Unterhalt von Beziehungen mit einem gewissen Aufwand verbunden. Führt man beide Argumente zusammen, so lässt sich argumentieren, dass insbesondere redundante Beziehungen zwar die Kosten für einen Akteur erhöhen, gleichzeitig aber kaum einen zusätzlichen Nutzen erbringen.

Eine erste Herausforderung besteht dementsprechend in der Identifikation der richtigen Anzahl an Beziehungen. Zu wenige Beziehungen bergen für Akteure die Gefahr, dass sie von für sie wichtigen Ressourcen abgeschnitten bleiben, zu viele Beziehungen hingegen erhöhen vor allem die Kosten nicht aber den Nutzen. Die Anzahl der Beziehungen, über die ein Akteur idealerweise verfügen sollte, ist jedoch nur ein Indikator, weil die einzelnen Beziehungen unterschiedlich nützlich sein können. So erscheint es wahrscheinlich sinnvoller, einige wenige aber dafür sehr nützliche Beziehungen zu haben anstatt einer großen Menge an Beziehungen mit jeweils sehr begrenztem Nutzen. Zwar dürften die meisten Menschen über ein relativ gutes Gefühl darüber verfügen, wie nützlich ihre einzelnen Beziehungen zu anderen sind, allerdings lässt sich dies meistens erst dann feststellen, wenn die Beziehung bereits besteht. Es ist also anzunehmen, dass Menschen Beziehungen im Wesentlichen auf der Basis eines „trial and error“ Prozesses aufbauen und gegebenenfalls dann wieder auflösen, wenn die Beziehung nicht den gewünschten Nutzen erbracht hat.

Die Schwierigkeiten einer Bestimmung des potenziellen Nutzens noch nicht existierender Beziehungen bestehen darin, dass sich der Nutzen nicht nur als Funktion der dyadischen Beziehung zwischen zwei Partnern ergibt. Zwar hängt die Nützlichkeit einer Beziehung zu einem anderen Akteur sicherlich stark von dessen Eigenschaften wie Fähigkeiten, Wissen, Kenntnisse oder Beliebtheit ab. Gleichzeitig wird der Nutzen aber wie oben ausgeführt auch durch alle anderen Beziehungen des Partners determiniert. Weil Ressourcen auch über mehrere Schritte durch das Netzwerk transferiert werden können, profitiert ein Akteur somit auch indirekt von den weiteren Beziehungen seiner Partner. Die Frage, ob indirekte Beziehungen möglicherweise mehr oder weniger nützlich sind als direkte Verbindungen soll an dieser Stelle nicht weiter vertieft werden. Diesbezüglich existieren Forschungsarbeiten, die den Nutzen indirekter Beziehungen basierend auf deren Pfadlänge – also der Anzahl der zwischengeschalteten Akteure – gegenüber direkten Beziehungen abdiskontieren (z. B. Jackson und Wolinsky 1996). Viel schwieriger dürfte in der Praxis das fehlende Wissen über diese indirekten Beziehungsstrukturen sein. Während die meisten Menschen ihre eigenen Beziehungen relativ genau kennen, haben sie in vielen Fällen nur begrenzte Kenntnisse über die Beziehungen, die ihre Partner mit weiteren Partnern verbinden. Mit anderen Worten, das Wissen um die Beziehungsstruktur innerhalb des Netzwerks dürfte vor allem von einer lokalen Natur sein, weil die Gesamtstruktur für einzelne Akteure in der Regel kaum beobachtbar ist (Casciaro 1998; Krackhardt 1987).

Eine zweite Schwierigkeit besteht in der Definition des Nutzens selbst. Weil Netzwerke typischerweise aus mehreren, durchaus sehr unterschiedlichen Beziehungsarten bestehen, können sie auch mit unterschiedlichen Arten von Nutzen verbunden sein. Als Beispiel sei die Beziehungsstruktur unter allen Mitarbeitern eines Unternehmens angeführt. Das Spektrum an Beziehungen, welche die Mitarbeiter verbinden, reicht wie dargestellt von formalen Über- und Unterordnungsverhältnissen und instrumentellen Beziehungen der Wissens- und Informationsweitergabe über affektive Freundschaftsbeziehungen bis hin zu negativen Beziehungen wie Rivalität oder Konkurrenzverhältnisse unter den Mitarbeitern. Aus dieser sicherlich nicht abschließenden Auflistung wird deutlich, dass Netzwerke und Netzwerkbeziehungen sehr unterschiedlichen Zielsetzungen dienen können. So dürfte ein Mitarbeiter, der im Vergleich zu seinen Kollegen möglichst erfolgreich sein möchte, eine andere Beziehungsstruktur als nützlich empfinden als ein Mitarbeiter, dem Beliebtheit unter den Kollegen wichtiger ist als beruflicher Erfolg. Dieser Sachverhalt wird dadurch erschwert, dass die verschiedenen Nutzenarten, die aus der Beziehungsstruktur resultieren können, möglicherweise in Konflikt zueinander stehen. Beispielsweise könnte es schwierig sein, sich im beruflichen Erfolg von seinen Kollegen abzuheben und dadurch schneller Karriere zu machen und gleichzeitig über viele Freunde im Kollegenkreis zu verfügen.

Menschen dürften sich dieser Mechanismen zumindest implizit und in einem gewissen Rahmen bewusst sein. Möglicherweise haben viele schon einmal die Erfahrung gemacht, dass eine Freundschaftsbeziehung, die unter beruflicher Konkurrenz gelitten hat, später nur schwer wieder zu intensivieren ist. Allerdings erscheint es fraglich, ob solche Überlegungen bei der Gestaltung ganzer Beziehungsstrukturen eine Rolle spielen. Einerseits werden die meisten Menschen ihre Beziehungsstrukturen zu Kollegen nicht ausschließlich zur Verfolgung einer bestimmten Zielsetzung nutzen wollen. So erscheint das Ziel, erfolgreich zu sein und Karriere zu machen, nicht notwendigerweise im Widerspruch zum Wunsch nach vielen Freunden unter den Kollegen zu stehen. Andererseits verfolgen viele Menschen möglicherweise gar nicht das Ziel, ihre Beziehungsstrukturen strategisch und auf einen bestimmten Nutzen ausgerichtet zu entwickeln. Insbesondere für affektive Beziehungen dürften andere Gründe wie beispielsweise Ähnlichkeit der Ansichten, Wertvorstellungen oder Sympathie wesentlich entscheidender für den Beziehungsaufbau und -unterhalt sein. Menschen könnten sogar moralische Bedenken gegen eine nutzenorientierte Gestaltung ihrer Beziehungen haben besonders dann, wenn auch affektive Beziehungen involviert sind. So mag es beispielsweise unredlich erscheinen, Freundschaften primär mit dem Ziel des beruflichen Fortkommens und der Karriere aufzubauen.

Schließlich spielt auch in diesem Zusammenhang das Argument der lokalen Rationalität wieder eine Rolle (Kilduff et al. 2008; Casciaro 1998). Selbst wenn Akteure die unterschiedlichen Arten von Nutzen aus ihren verschiedenen Beziehungen gegeneinander abwägen, so tun sie das mit hoher Wahrscheinlichkeit nur innerhalb der sie unmittelbar umgebenden Beziehungsstruktur. Die Auswirkungen hingegen, die das Verhalten auf die indirekten Beziehungen haben wird, lassen sich von den Akteuren in der Regel nur schwer abschätzen.

Als drittes ist die Frage zu klären, für wen das Netzwerk in erster Linie nützlich sein soll. Aus den oben angestellten Überlegungen wurde bereits deutlich, dass die Akteure eines Netzwerks in der Regel in einem unterschiedlichen Maß von ihren Beziehungen profitieren dürften. Aufgrund des Vernetzungsaspektes erscheint es allerdings naheliegend, dass der individuelle Nutzen der einzelnen Akteure nicht unabhängig voneinander sein dürfte. Vielmehr werden zwischen den individuellen Nutzenfunktionen der Akteure Interdependenzen bestehen. Dies wird dann unproblematisch sein, wenn es sich dabei um positive Wechselwirkungen handelt. Positive Wechselwirkungen entstehen, wenn der aus der Beziehungsstruktur resultierende Nutzen für einen Akteur i dann größer wird, wenn gleichzeitig die Nützlichkeit des Netzwerks für Akteur j ansteigt. Beispielhaft lassen sich für einen solchen Sachverhalt Kooperationsnetzwerke anführen, mit deren Hilfe die Akteure gemeinschaftliche Aufgaben erfüllen, die sie alleine nicht bewältigen könnten. Demgegenüber sind aber auch Konstellationen denkbar, in denen negative Interdependenzen zwischen den Nutzenfunktionen bestehen. Dieser Sachverhalt liegt vor, wenn ein Akteur innerhalb des Netzwerks seine Ziele auf Kosten der anderen Akteure verfolgen kann. In solchen Fällen gleicht die Nützlichkeit des Netzwerks in gewisser Weise einem Nullsummenspiel unter den Akteuren: Je mehr Nutzen aus dem Netzwerk auf einen bestimmten Akteure entfällt, desto weniger nützlich erweist sich die Netzwerkstruktur für die anderen Akteure. Im dargestellten Kooperationsnetzwerk kann dies dann eintreten, wenn die verfügbare Zeit der Netzwerkakteure einen Engpass darstellt und wenn die Akteure voneinander unabhängige Aufgaben zu bewältigen haben. Je mehr Zeit die Akteure mit der Lösung des Problems eines bestimmten Akteurs verbringen, umso weniger Zeit verbleibt für die Anliegen der anderen Akteure. Auch für den Fall der in Kap. 4.2 ausführlich behandelten Netzwerk-Brokerage, bei der ein intermittierender Akteur zwei ansonsten unverbundene Akteure indirekt miteinander verbindet, ist anzunehmen, dass sich die Nützlichkeit eines Netzwerks für die einzelnen Akteure in einem Trade-off Verhältnis darstellt. Je stärker ein Akteur als Broker zwischen anderweitig unverbundenen Akteuren agiert und je mehr Vorteile er aus dieser Position ziehen kann, umso weniger ist dies den anderen Akteuren möglich.

Schließlich betrifft die Frage „Nutzen für wen?" den Aspekt der Betrachtungsebene. Diesbezüglich ist zwischen der Akteursebene und der Netzwerkebene zu unterscheiden. Ein großer Teil der bisherigen Forschung zum Zusammenhang zwischen Netzwerkstruktur und Nutzen erfolgte auf der Ebene einzelner Akteure. Meist bauen diese Studien auf dem Konzept des individuellen sozialen Kapitals auf (Adler und Kwon 2002; Lin 2001a). Im Ergebnis konnten diese Studien zeigen, dass die Art, wie Akteure in organisationale Netzwerke eingebettet sind und damit ihre Netzwerkposition, Auswirkungen auf ein breites Spektrum an unterschiedlichen Nutzen- bzw. Erfolgsvariablen hat wie beispielsweise Karrierepotenzial und -geschwindigkeit, Einkommen sowie Macht und Einfluss (Brass et al. 2004; Burt 1992, 1997; Cross und Cummings 2004; Belliveau et al. 1996; Baldwin et al. 1997; Ibarra 1995; Podolny und Baron 1997; Krackhardt 1990). Allerdings lassen sich daraus noch keine Erkenntnisse darüber ableiten, ob die Struktur auch auf der Netzwerkebene nützlich ist oder nicht. Selbst dann, wenn das Kooperationsnetzwerk eines Unternehmens mit einem hohen Nutzen für einzelne Mitarbeiter einhergeht, ist nicht gewährleistet, dass auch das Unternehmen selbst von dieser Netzwerkstruktur profitiert. Ebenfalls wäre denkbar, dass der individuelle Nutzen eines Akteurs wiederum in einem Konkurrenzverhältnis zum kollektiven Nutzen des Gesamtsystems steht, nämlich dann, wenn der Mitarbeiter sein individuelles soziales Kapital nutzt, um seine eigenen Zielsetzungen auch zu Lasten des Unternehmens zu verfolgen (Moran 2005). Gleiches ließe sich für ein interorganisationales Netzwerk innerhalb eines Unternehmensclusters annehmen, wenn ein einzelnes Unternehmen im Vergleich zu den anderen Mitgliedern überproportional und auf Kosten des Clusters von seiner Netzwerkposition profitiert.

Bislang bestehen nur wenige Erkenntnisse darüber, unter welchen Bedingungen Netzwerkstrukturen für das Gesamtsystem nützlich sind bzw. über welche strukturellen Eigenschaften ein Netzwerk verfügen muss, damit es einen möglichst großen kollektiven Nutzen erfüllt. Die Bestimmung des Gesamtnutzens einer Netzwerkstruktur ist deshalb schwierig, weil die einzelnen Netzwerkbeziehungen von individuellen Netzwerkakteuren aufgebaut werden, von denen in einem Unternehmenskontext aufbauend auf institutionenökonomischen Überlegungen angenommen werden kann, dass sie primär an ihrem eigenen Nutzen und weniger am Nutzen für das gesamte Netzwerk interessiert sein dürften und sich deshalb vielleicht sogar opportunistisch verhalten (Ebers und Gotsch 2014). Darüber hinaus fehlt insbesondere in interorganisationalen Netzwerken häufig eine übergeordnete Instanz, welche die Verfolgung eines übergeordneten Nutzens für das Netzwerk möglicherweise auch gegen die Interessen der einzelnen Akteure durchsetzen könnte.

2.4 Möglichkeiten und Ansätze zur Gestaltung von Netzwerkstrukturen

Bereits die Ausführungen im vorangegangenen Abschnitt haben gezeigt, dass die Gestaltung von Netzwerkstrukturen in und zwischen Unternehmen eine komplexe Herausforderung darstellt. Die Schwierigkeiten beginnen dabei wie dargestellt zunächst mit der Frage, welches Ziel ein solcher Gestaltungsprozess haben sollte. Weil sich ideale Netzwerkstrukturen vor dem Hintergrund unterschiedlicher Nutzenperspektiven in der Praxis kaum definieren lassen dürften, stellt sich im nächsten Schritt die Frage, ob Netzwerke überhaupt gestaltbar sind. Trotz der dargestellten Einschränkungen im Hinblick auf die Bestimmung des Nutzens netzwerkartiger Strukturen wäre es falsch anzunehmen, Netzwerke würden sich gänzlich einer Beurteilung entziehen. In Unternehmen besteht häufig sowohl bei Mitarbeitern als auch bei Führungskräften das Gefühl, dass „etwas in der Organisation nicht stimmt". Und auch in interorganisationalen Netzwerken existieren vielfach Anzeichen dafür, ob das Netzwerk gut oder weniger gut funktioniert. Indikatoren für eine begrenzte Funktionsfähigkeit von Netzwerkstrukturen sind beispielsweise zeitliche Verzögerungen und damit verbunden das wiederkehrende Verfehlen von Deadlines, die Nichtverfügbarkeit wichtiger Ressourcen wie Informationen in Teilen der Struktur oder die Existenz von Kommunikationsbarrieren zwischen den Akteuren und damit verbunden das Zerfallen des Gesamtsystems in mehrere Teilstrukturen. Unternehmen reagieren in derartigen Situationen häufig mit Maßnahmen der Reorganisation, die letztlich aber nicht die Netzwerkstrukturen selbst verändern, sondern vor allem deren Kontingenzfaktoren betreffen.

Zielführender wäre die Möglichkeit, die Netzwerkstrukturen direkt so beeinflussen zu können, dass sie den Zielsetzungen des Unternehmens bzw. des Unternehmensverbundes Rechnung tragen. Doch selbst wenn das Problem der Ableitung einer idealen Netzwerkstruktur und damit eines angestrebten Zielzustandes gelöst werden könnte, verbliebe die Frage, mit Hilfe welcher Instrumente sich Netzwerkstrukturen überhaupt gestalten oder zumindest beeinflussen lassen. Diesbezüglich sind formale von informellen Beziehungen in Netzwerken zu unterscheiden. Weil formale Beziehungen das Ergebnis eines bewussten Initiierungsprozesses sind, kann deren Gesamtstruktur auch zielgerichtet verändert werden. Innerhalb von Unternehmen lassen sich beispielsweise Weisungs- und Berichtsbeziehungen im Rahmen eines formalen Reorganisationsprozesses anpassen, und auch das System strategischer Allianzen zwischen Unternehmen kann durch eine Neugestaltung bzw. -verhandlung der entsprechenden vertraglichen Grundlagen verändert werden.

Wesentlich schwieriger stellt sich hingegen die Veränderbarkeit informeller Beziehungsstrukturen dar. Weil informelle Strukturen typischerweise im Rahmen eines Prozesses im Zeitverlauf entstehen und ihnen nicht notwendigerweise ein bewusster Initiierungsvorgang zugrunde liegt (Aristoff und Radin 2013; Frank et al. 2013; Marcum et al. 2012), ist auch deren direkte Veränderung praktisch nicht möglich. Entsprechend ihres informellen Charakters und ihrer emergenten Entstehung lassen sich solche Strukturen meist nur indirekt über eine Veränderung ihrer Determinanten beeinflussen. Zu den wesentlichen Einflussfaktoren zählt in erster Linie die Zusammensetzung der Akteure und ihrer Eigenschaften. Weil informelle Beziehungen unabhängig davon, ob sie instrumentellen oder affektiven Charakter besitzen, an einzelne Akteure gekoppelt sind, werden Veränderungen im Akteursset notwendigerweise auch eine Veränderung der Beziehungsstruktur nach sich ziehen (Koka et al. 2006; Putzke et al. 2010; Hite und Hesterly 2001). Verlassen Akteure das Netzwerk, lösen sich auch die Beziehungen auf, an denen sie beteiligt waren. Stattdessen werden die verbleibenden Akteure möglicherweise neue Beziehungen aufbauen, um die weggefallenen Verbindungen zumindest teilweise kompensieren zu können. Auch der Eintritt von neuen Akteuren in die Struktur wird einen entsprechenden Wandel nach sich ziehen, wenngleich möglicherweise mit einer gewissen zeitlichen Verzögerung. Innerhalb von Unternehmen werden Veränderungen im Akteursset beispielsweise durch demografische Aspekte wie das alters- oder krankheitsbedingte Ausscheiden von Mitarbeitern oder personelle Maßnahmen wie Neueinstellungen, Versetzungen oder auch Entlassungen bewirkt. In interorganisationalen Netzwerken kann sich das Akteursset aufgrund eines Abschlusses neuer Verträge, dem Erreichen der einer strategischen Allianz zugrunde liegenden Zielsetzungen oder der insolvenzbedingten Geschäftsaufgabe von Vertragspartnern verändern.

Innerhalb von Unternehmen lassen sich informelle Strukturen durch einen zweiten Mechanismus beeinflussen. Weil in Unternehmen neben den informellen Strukturen immer auch eine formale Aufbaustruktur besteht – informelle Netzwerke existieren gewissermaßen im „Schatten der Hierarchie" (Scharpf 1993) – werden sich informelle Netzwerke auch nach Reorganisationsmaßnahmen verändern. Allerdings ist der Zusammenhang zwischen formalen Unternehmensstrukturen und informellen Netzwerken nicht notwendigerweise so eng, wie sich intuitiv vielleicht vermuten ließe. In einer früheren Untersuchung konnte ich zeigen, dass informelle Kooperationsstrukturen durchaus ihrer eigenen strukturellen Logik folgen, die mit den formalen Strukturen eines Unternehmens in einem lediglich losen Zusammenhang stehen (Rank 2003).

Die dritte Möglichkeit einer Veränderung von Netzwerkstrukturen besteht in der Schaffung eines Bewusstseins bei den Akteuren für die Struktur dieser Beziehungen. Zwar folgen Akteure durchaus einem gewissen Rational, wenn es um den Aufbau und Unterhalt von Beziehungen mit anderen Akteuren geht, der bewusste Schaffensprozess und damit einhergehend die expliziten Möglichkeiten einer Veränderungen werden jedoch durch zwei Aspekte eingeschränkt. Erstens sind sich Akteure nicht notwendigerweise ihres Beziehungsrationals vollständig bewusst. Beispielsweise folgt der informelle Informationsaustausch zwischen Mitarbeitern einem Kooperationskalkül, das möglicherweise auf Aspekten wie Fairness, Altruismus oder Identifikation mit dem Unternehmen aufbaut, Mitarbeiter sind aber nicht notwendigerweise in der Lage, dieses zu artikulieren und in der Folge bewusst zu durchdenken und zu verändern. Zweitens sind Akteure wiederum dem oben dargestellten Problem der (möglicherweise sogar begrenzten) lokalen Rationalität ausgesetzt. Jeder Einzelne innerhalb des Netzwerks nimmt nur die ihn unmittelbar umgebende Beziehungsstruktur wahr und kann diese entsprechend verändern. Welche globalen Implikationen für die Gesamtstruktur jedoch von einer Veränderung der Beziehungen einzelner Akteure ausgehen und ob diese Veränderungen tendenziell positiv oder negativ sind, entzieht sich der Beurteilbarkeit durch individuelle Akteure.

Angesichts dieser Ausführungen könnte man leicht auf den Gedanken kommen, gut funktionierende Netzwerkstrukturen, welche die Zielsetzungen eines Unternehmens bzw. eines Unternehmensverbundes unterstützen, seien eine Frage des Glücks. Wie die Fallstudien in den Kap. 3 und 4 dieses Buches jedoch zeigen werden, besteht kein Grund zur Passivität, weder im Fall unternehmensinterner Strukturen noch im Fall interorganisationaler Netzwerke zwischen Unternehmen. Der erste Schritt hin zu einer Veränderung ist die Erhebung, Visualisierung und Analyse von Netzwerkbeziehungen. In vielen Fällen lassen sich dadurch bereits Schwierigkeiten beheben und alternative, bessere Formen der Vernetzung aufzeigen. Weil wie dargestellt die Einbettung von Akteuren in Netzwerke durchaus einer gewissen Logik folgt, hilft das Wissen um diese Logik dabei, Netzwerke zielgerichtet zu beeinflussen. Wenngleich sich die Strukturen selbst größtenteils einem bewussten Gestaltungsprozess entziehen, kann in vielen Fällen deren Veränderung indirekt über die Schaffung eines Bewusstseins bei den Akteuren für die Beziehungsmechanismen erreicht werden.

2.5 Methodische Ansätze zur Untersuchung von Netzwerkstrukturen

Das vorliegende Buch soll kein neues Kompendium zur Methodik der sozialen Netzwerkanalyse darstellen. Stattdessen sei an dieser Stelle auf einige der bereits existierenden Werke zur Netzwerkanalyse verwiesen, in denen eine Vielzahl der einzelnen netzwerkanalytischen Verfahren ausführlich dargestellt ist (z. B. Wasserman und Faust 1994; Jansen 2006; Trappmann et al. 2011; Scott 2000; Weyer 2011). Daher werden im Rahmen dieses Buchs lediglich die grundlegenden Konzepte sozialer Netzwerke kurz wiedergegeben, die für das Verständnis der Fallstudien relevant sind.

2.5.1 Abgrenzung des Netzwerks

Viele quantitative Ansätze der empirischen Sozialforschung bauen auf der Analyse von Stichproben auf, die Untersuchung ganzer Populationen ist hingegen aus ökonomischen Gründen meist nicht sinnvoll oder möglich. Dies kann mehrere Ursachen haben. So umfasst für viele Fragestellungen die interessierende Grundgesamtheit so viele Elemente, dass eine Datenerhebung unter allen Elementen aus Zeit- und Kostengründen nicht in Erwägung gezogen werden kann. Als Beispiel seien hier Wahlprognosen angeführt, bei denen die Grundgesamtheit aller Wähler beispielsweise in Deutschland rund 64,4 Mio. Menschen umfasst (Statistisches Bundesamt 2014).[4] Ähnlich – wenn auch nicht ganz so umfangreich – stellt sich das Problem bei Mitarbeiterbefragungen in Unternehmen dar, wenn die durchführenden Unternehmen mehrere zehntausend oder gar hunderttausend Mitarbeiter beschäftigen. Darüber hinaus setzt eine Befragung der Grundgesamtheit notwendigerweise voraus, dass alle Elemente der zu untersuchenden Population bekannt sind und aufgelistet werden können. Im Falle einer Untersuchung der Präferenzen von Kunden eines Unternehmens beispielsweise ist dies jedoch nicht notwendigerweise der Fall, insbesondere nicht im Konsumgüterbereich, wo ein großer Teil der Produkte anonym von Kunden über Zwischenhändler erworben wird (z. B. Lebensmittel oder Unterhaltungselektronik).

Vor diesem Hintergrund kommen für die Untersuchung vieler Fragestellungen im Rahmen der empirischen Sozialforschung Stichprobenverfahren zum Einsatz. Hierbei wird

[4] Eine Vollerhebung ist im Fall von Wahlen natürlich auch deshalb nicht sinnvoll, weil dadurch die Wahl selbst vorweggenommen würde.

versucht, mit Hilfe unterschiedlicher Vorgehensweisen eine Stichprobe, also eine Untermenge aus den Elementen der Grundgesamtheit zu ziehen. Auf Basis der Resultate, die aus der Analyse der von der Stichprobe gewonnenen Informationen und Daten resultieren, wird versucht, Rückschlüsse auf die Grundgesamtheit bezüglich der interessierenden Fragestellungen abzuleiten. Dieser Prozess wird typischerweise als Generalisierung bezeichnet (Sheperis et al. 2010; Saunders et al. 2012).

Viele Verfahren der sozialen Netzwerkanalyse unterscheiden sich in diesem Punkt fundamental von anderen Methoden der empirischen Sozialforschung. Weil die Analyse von Stichproben im Zusammenhang mit Netzwerken meist mit einem erheblichen Informationsverlust einhergeht (Burt und Ronchi 1994), eignen sich Stichproben für die Anwendung vieler netzwerkanalytischer Methoden nicht. Stattdessen basiert ein großer Teil netzwerkanalytischer Verfahren auf der vollständigen Analyse eines vorher definierten Netzwerks. Dies bedeutet, dass vor Durchführung der Analyse sowohl das Set von Akteuren wie auch die sie verbindenden Beziehungen festgelegt werden müssen (Jansen 2006).

Die Definition des Akteurssets, die sich auch als Abgrenzung des Netzwerks („boundary specification") betrachten lässt, kann auf der Basis verschiedener Vorgehensweisen erfolgen. In vielen Fällen kommen nominale oder realistische Verfahren zum Einsatz bzw. eine Kombination davon (Laumann et al. 1983), so auch in den später beschriebenen Fallstudien. Bei der nominalen Methode erfolgt die Abgrenzung der relevanten Netzwerkakteure anhand ihrer Eigenschaften. Beispielsweise können in intraorganisationalen Netzwerkstudien alle Mitarbeiter eines Unternehmens oder einer Abteilung untersucht werden. In interorganisationalen Untersuchungen könnte z. B. die formale Mitgliedschaft eines Unternehmens in einem regionalen Unternehmenscluster ein Inklusionskriterium darstellen. Aus theoretischer Sicht kann es sich bei dem Abgrenzungskriterium letztlich um jedes Charakteristikum handeln, das im Hinblick auf die Forschungsfrage sinnvoll erscheint. Beispielsweise könnte man untersuchen, welche Formen der Zusammenarbeit unter allen Nobelpreisträgern besteht.

Demgegenüber grenzt die realistische Methode das Netzwerk anhand der tatsächlich bestehenden Beziehungen von Akteuren ab. Meist beginnt dabei die Erhebung der Beziehungsdaten bei einer Kerngruppe von Akteuren, von denen bereits a priori bekannt ist, dass ihre Berücksichtigung für die Untersuchung der Forschungsfrage unerlässlich ist. Hiervon ausgehend werden dann im weiteren Verlauf nur solche Akteure ebenfalls in die Untersuchung aufgenommen, die tatsächlich über Beziehungen zu den Mitgliedern der Kerngruppe verfügen. Isolierte Akteure hingegen, also solche, die nie als Beziehungspartner angegeben werden, können in vielen Fällen vernachlässigt werden. Auch dies kann wiederum am Beispiel eines interorganisationalen Netzwerks im Rahmen eines regionalen Clusters dargestellt werden. Wie aus den späteren Fallstudien hervorgehen wird, finden sich in solchen Clustern häufig Unternehmen, die zwar formale Mitglieder des Clusters sind, die jedoch über keine faktischen Verbindungen (z. B. Kooperationsbeziehungen) zu den anderen Mitgliedsunternehmen verfügen. Auf eine Berücksichtigung dieser Unternehmen kann wiederum aus Zeit- und Kostengründen in vielen Fällen verzichtet werden.

Auch die Definition der zu erhebenden Beziehungsarten vor Beginn der Untersuchung stellt eine zentrale Voraussetzung für die Anwendung netzwerkanalytischer Verfahren dar. Wie die obigen Ausführungen deutlich gemacht haben, existieren Netzwerkbeziehungen „an sich" praktisch nicht. Vielmehr ist es notwendig, den Beziehungsinhalt in Abhängigkeit der Problemstellung klar zu definieren. Ebenso ist eine Entscheidung hinsichtlich der Frage notwendig, ob sich die Untersuchung auf die Analyse einer einzelnen Beziehungsart konzentrieren soll oder ob die Integration verschiedener Beziehungsarten simultan notwendig ist. Zweifellos besteht meist der Wunsch einer möglichst umfassenden Abbildung der Netzwerkstruktur und damit verbunden einer Berücksichtigung möglichst vieler Beziehungsarten. Dem steht allerdings entgegen, dass die Integration mehrerer verschiedener Arten von Beziehungen insbesondere im Fall großer Netzwerke mit einem erheblichen Mehraufwand für die Befragten im Rahmen der Datenerhebung einhergeht. Die späteren Ausführungen zur Datenerhebung im Rahmen der einzelnen Fallstudien werden dies deutlich machen.

2.5.2 Interdependenzen zwischen Beziehungen

Die Verfahren zur Analyse relationaler Beziehungsdaten unterscheiden sich in einem weiteren Punkt nachhaltig von vielen anderen Methoden der empirischen Sozialforschung, welche die Analyse psychometrischer Daten zum Gegenstand haben (letztere umfassen beispielsweise die weitverbreiteten regressionsanalytischen Verfahren, die hier als Beispiel herangezogen werden sollen). Verfahren der Analyse psychometrischer Daten basieren meist auf der Annahme einer Unabhängigkeit der einzelnen Beobachtungen. Dabei ist es nicht von Bedeutung, ob die Daten unter allen Elementen einer Grundgesamtheit erhoben wurden oder auf einer Stichprobenziehung beruhen. Grundlegende Überlegung ist, dass die Eigenschaften eines Falls bzw. einer Beobachtung – bei den Eigenschaften kann es sich um persönliche Charakteristika wie Geschlecht, Alter, Einkommen oder Körpergröße oder um Einstellungen wie Zufriedenheit mit dem Job, Identifikation mit dem Unternehmen, Kaufabsicht oder Wahlverhalten handeln – unabhängig sind von den Eigenschaften aller anderen Fälle. Eine Verletzung dieser Annahme kann erhebliche methodische Probleme verursachen. Allerdings ist für diese Verfahren die Annahme der Unabhängigkeit vielfach aus sachlogischen Überlegungen heraus unproblematisch. So hängt beispielsweise das Geschlecht oder das Alter einer befragten Person ja in keiner Weise vom Geschlecht oder Alter der anderen Informationsgeber ab.

Dies ist im Fall netzwerkanalytischer Verfahren, in deren Kern die Analyse relationaler Beziehungsdaten steht, grundlegend anders. Hier hat sich seit vielen Jahren die Annahme etabliert, dass Beziehungen – zumindest potenziell – keine unabhängigen Beobachtungen darstellen (Laumann und Pappi 1976; Brass et al. 2004; Carley und Krackhardt 1996). Stattdessen bestehen zwischen Netzwerkbeziehungen vielfach Wechselwirkungen, die sowohl positiver als auch negativer Natur sein können. Im Fall positiver Interdependenzen bedeutet dies, dass die Existenz einer bestimmten Beziehung die Wahrscheinlichkeit erhöht, dass auch eine andere Beziehung besteht, wohingegen negative Wechselwirkungen

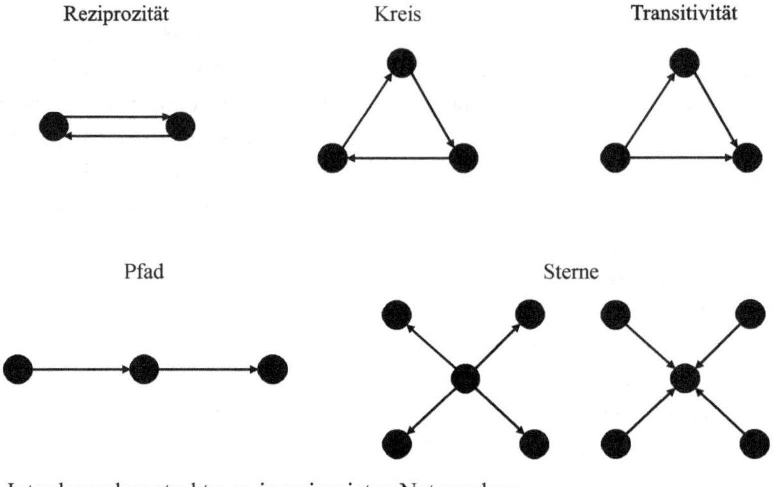

Abb. 2.1 Interdependenzstrukturen in univariaten Netzwerken

entsprechend den gegenteiligen Fall beschreiben. Die Kombination einzelner positiver und negativer Interdependenzen führt zur Entstehung immer wiederkehrender struktureller Grundmuster, welche die Gesamtstruktur eines Netzwerks charakterisieren. In einer früheren Arbeit haben wir die Gesamtheit aller Strukturmuster als die strukturelle Logik von Netzwerken bezeichnet (Rank et al. 2010). Im Folgenden beschreibe ich exemplarisch einige solcher Abhängigkeitsverhältnisse zwischen Beziehungen, wenngleich es sich dabei nicht um eine abschließende Darstellung handelt (vgl. hierzu stattdessen ausführlich Contractor et al. 2006). Anzumerken ist, dass sich die nachfolgenden Ausführungen auf gerichtete Beziehungen zwischen Akteuren beziehen, also auf Beziehungen, für die zwischen einem Beziehungsursprung und -ziel unterschieden werden kann. Im Falle ungerichteter Beziehungen reduziert sich die Anzahl möglicher Interdependenzstrukturen deutlich.

Meine Ausführungen beginne ich für Interdependenzen zwischen Beziehungen eines einzigen Typs. Die im Folgenden vorgestellten Abhängigkeitsstrukturen sind in Abb. 2.1 grafisch dargestellt. Hier ist zunächst auf einer dyadischen Ebene, also auf der Ebene von Akteurspaaren, das Prinzip der Reziprozität zu nennen. Reziprozität ist definiert als eine Kombination wechselseitig gerichteter Beziehungen zwischen zwei Akteuren. Die Bedeutung von Reziprozität in Beziehungsstrukturen ist seit Langem dokumentiert (z. B. Gouldner 1960; Ouchi 1980; Settoon et al. 1996). Tatsächlich lassen sich reziproke Beziehungen, die auch als Beziehungen des wechselseitigen Austauschs von Ressourcen betrachtet werden können, bereits für Jäger und Sammler in der Urgeschichte nachweisen (Valjavec 2001). Darüber hinaus können reziproke Beziehungsstrukturen vor dem Hintergrund verschiedener Theorien abgeleitet werden. Hierzu zählen die Tauschtheorie (Blau 1964; Emerson 1972a, b; Homans 1958), Theorie des Netzwerkaustauschs (Willer und Skvoretz 1997), Ressourcen-Abhängigkeits-Theorie (Pfeffer und Salancik 1978) sowie Geschenktheorie (Akerlof 1982, 1984; Bolton und Ockenfels 2000; Fehr et al. 1998). Das Strukturmuster der Reziprozität beschreibt einen Sachverhalt, bei dem eine Wechselwirkung zwischen der Beziehung von Akteur i zu Akteur j und einer entgegen gerichteten Beziehung von *j* zu *i* besteht. Tatsächlich werden reziproke Beziehungen, bei denen beispielsweise die Leistung in Form eines Ressourcentransfers eine gewisse Gegenleistung bedingt, nicht zuletzt auf Basis der genannten Theorien von Akteuren häufig als fair empfunden. Auch aus Plausibilitätsüberlegungen heraus erscheint es naheliegend davon auszugehen, dass stabile Verbindungen zwischen Akteuren durch ein ausgewogenes Geben und Nehmen gekennzeichnet sind.

Daneben sind kreisförmige Interdependenzstrukturen potenziell von Bedeutung. Kreisförmige Strukturen sind dadurch definiert, dass eine Beziehung von Akteur *i* zu Akteur *j* besteht, *j* über eine Beziehung zu *k* verfügt und *k* schließlich eine Beziehung zu *i* hat. Solche kreisförmigen Strukturen lassen sich aus Theorien zum generalisierten Tausch ableiten (Bearman 1997; Yamagishi und Cook 1993). Das Prinzip des generalisierten Tauschs basiert auf der Annahme einer indirekten Reziprozität, bei welcher der direkte Zusammenhang von Leistung und Gegenleistung zwischen zwei Akteure aufgehoben ist. Stattdessen stellen Akteure anderen Akteuren des Netzwerks Ressourcen zur Verfügung, wenn sie ihrerseits entsprechend Ressourcen aus dem Netzwerk erhalten. Im Gegensatz zur direkten Reziprozität handelt es sich im Fall des generalisierten Tauschs bei den Empfängern und Gebern der Ressourcen also um unterschiedliche Akteure.

Das dritte Interdependenzverhältnis basiert auf dem Prinzip der indirekten Verbundenheit von Akteuren im Muster der strukturellen Pfade. Auch wenn Akteure über keine direkten Beziehungen zu anderen Akteuren verfügen, so können sie dennoch mit diesen indirekt verbunden sein. Dementsprechend ist eine solche Interdependenzstruktur dadurch charakterisiert, dass Akteur *i* eine Beziehung zu Akteur *j* hat, welcher wiederum über eine Beziehung zu Akteur *k* verfügt. Charakteristisch für strukturelle Pfade, die sich auch als offene triadische Konfigurationen betrachten lassen, ist, dass die beiden Beziehungen, also die Beziehung von *i* zu *j* und die Beziehung von *j* zu *k* sowohl in einem positiven als auch einem negativen Verhältnis zueinander stehen können, was am Beispiel von Informationsbeziehungen verdeutlicht werden soll. Im Fall einer positiven Wechselwirkung gibt *i* Informationen an *j* weiter im Wissen oder möglicherweise sogar in der Absicht, dass *j* diese an *k* weiterreicht. Aus der Unternehmenspraxis ließe sich hier das Beispiel eines Unternehmensvorstands *i* und seines Assistenten *j* anführen. Die Aufgabe des Assistenten besteht dann typischerweise darin, die Informationen, die er von seinem Vorgesetzten erhält, an alle relevanten Akteure *k* weiterzutragen. Im Fall einer negativen Interdependenz hingegen könnte *i* von einem Ressourcentransfer an *j* absehen, wenn *i* befürchten muss oder weiß, dass *j* diese Ressourcen gegen seinen Willen an *k* weiterreichen wird. Als Beispiele ließen sich hierfür vertrauliche Informationen anführen, für die *i* vermeiden möchte, dass sie neben *j* auch an weitere Akteure *k* gelangen. Ebenso wäre denkbar, dass es sich bei *k* um einen Konkurrenten von *i* handelt und *i* deshalb nicht möchte, dass wichtige Ressourcen, über die er selbst verfügt, indirekt an *k* gelangen, weil dieser sie möglicherweise zu seinem eigenen Vorteil nutzen könnte.

Sternförmige Konfigurationen repräsentieren ein weiteres Interdependenzmuster, bei dem ein zentraler Akteur über Beziehungen zu mehreren dezentralen Akteuren verfügt, die ihrerseits unverbunden sind. Dies ist beispielsweise in hierarchischen Beziehungen der formalen Aufbaustruktur von Unternehmen der Fall, in denen jeweils Beziehungen zwischen einem Vorgesetzten und seinen Mitarbeitern existieren. Sternförmige Strukturen lassen sich danach unterscheiden, ob es sich um Konfigurationen handelt, bei denen die Beziehungen vom zentralen Akteur zu den dezentralen Akteuren verlaufen (sogenannte „Out-Stars") oder ob sie in umgekehrter Richtung von den dezentralen Akteuren zum zentralen Akteur bestehen (dementsprechend „In-Stars"). Formale Aufbaustrukturen von Unternehmen implizieren simultan beides. Die Weisungsbefugnisse eines Vorgesetzten an seine Mitarbeiter begründen danach einen Out-Star, wohingegen die Berichtspflichten der Mitarbeiter an ihren Vorgesetzten einen In-Star darstellen. Letztlich reflektieren sternförmige Strukturen Tendenzen zur Zentralisierung in Netzwerken (Hage und Aiken 1967; Schminke et al. 2000; Sparrowe et al. 2001), weil die zentralen Akteure über wesentlich mehr Beziehungen verfügen als die peripheren.

Schließlich lassen sich transitive Beziehungsmuster definieren, in denen ein Akteur *i* eine Beziehung zu Akteur *j* hat, *j* eine Beziehung zu *k* und *i* eine weitere Beziehung zu *k*. Transitive Beziehungsmuster lassen sich in vielen Netzwerkstrukturen erwarten, was besonders gut am Beispiel affektiver Freundschaftsbeziehungen verdeutlicht werden kann. Danach ist es sehr wahrscheinlich, dass jemand den Freund seines Freundes ebenfalls als Freund betrachtet (Trappmann et al. 2011). Letztlich lassen sich transitive Strukturmuster als Ausdruck einer hierarchischen Differenzierung von Akteuren betrachten und damit zu den grundlegenden Arbeiten zu Hierarchien in Bezug setzen (Weber 1947; Adler 1999). Für eine Illustration hierarchischer Strukturmuster kann wiederum auf das im Zusammenhang mit sternförmigen Strukturen angeführte Beispiel einer Unternehmenshierarchie zurückgegriffen werden. Allerdings kann eine solche hierarchische Differenzierung von Akteuren auch in informellen Beziehungsstrukturen erfolgen, also dann, wenn sie formal gar nicht vorgesehen ist (Koskinen und Daraganova 2013), wie eben in Freundschaftsnetzwerken. In solchen Netzwerken affektiver Beziehungen existieren typischerweise einige sehr beliebte Personen, die von vielen anderen als Freunde betrachtet werden. Demgegenüber lassen sich in der Regel Personen identifizieren, die stärker die Freundschaft anderer suchen, von diesen aber weniger als Freunde betrachtet werden. Schließlich werden solche Personen existieren, die in einem ähnlichen Umfang andere als Freunde bezeichnen, in dem sie auch selbst als Freunde betrachtet werden.

Im Falle multivariater Netzwerkstrukturen, also Netzwerken, die aus mehreren Beziehungsarten bestehen, lassen sich zwei weitere Interdependenzverhältnisse betrachten. Diese sind in Abb. 2.2 dargestellt. Dabei handelt es sich zunächst um die Parallelität unterschiedlicher Beziehungsarten zwischen zwei Akteuren. Danach besteht ein Wechselverhältnis der einen Beziehungsart zwischen zwei Akteuren *i* und *j* mit einer anderen

Abb. 2.2 Interdependenzstrukturen in multivariaten Netzwerken

Beziehungsart zwischen denselben Akteuren. Dieser Fall wird typischerweise als multiplexe Beziehung zwischen *i* und *j* bezeichnet (Coleman 1990; Boissevain 1974). Wie oben ausgeführt können auch Beziehungen unterschiedlichen Typs zwischen Akteuren in einer positiven oder negativen Wechselwirkung zueinander stehen. Im ersten Fall lässt sich beispielsweise annehmen, dass *i* seinem Partner *j* mehr Ressourcen wie Informationen zur Verfügung stellt, wenn er *j* gleichzeitig als seinen Freund betrachtet. Die instrumentelle Ressourcenbeziehung profitiert dabei von einer simultan bestehenden affektiven Freundschaftsbeziehung. Besteht hingegen eine Abneigung zwischen *i* und *j* oder betrachtet *i* den anderen Akteur *j* als Konkurrenten, so könnte sich dies negativ auf den Ressourcentransfer zwischen den beiden Partnern auswirken.

Schließlich lässt sich das oben dargestellte Prinzip der Reziprozität auch in einer multivariaten Form konzeptualisiert. Dabei hängt die Beziehung des einen Typs zwischen *i* und *j* von der Beziehung eines anderen Typs zwischen *j* und *i* ab. Beispielsweise liefert *i* Informationen an *j*, wohingegen *j* seinem Partner *i* Rat und Hilfe gewährt. Mit anderen Worten, ein Tausch von Ressourcen zwischen den beiden Partnern kann auch dann zustande kommen (oder wird möglicherweise insbesondere dann zustande kommen), wenn diese über unterschiedliche Ressourcen verfügen.

Der Vollständigkeit halber sei angemerkt, dass sich selbstverständlich auch alle anderen Interdependenzstrukturen aus verschiedenen Beziehungsarten zusammensetzen können. Es ist jedoch unmittelbar ersichtlich, dass selbst im Fall von nur zwei Beziehungsarten bereits eine große Anzahl einzelner Muster zu betrachten ist. Inwiefern sich diese auch theoretisch begründen lassen bzw. ihre Existenz in Netzwerken erwartet werden kann und daher im Rahmen empirischer Untersuchungen berücksichtigt werden sollen, kann nur im Einzelfall beurteilt werden.

2.6 Verfahren der Netzwerkanalyse

Bei der Netzwerkanalyse handelt es sich nicht um eine spezifische Methode. Stattdessen beschreibt die Netzwerkanalyse ein Arsenal vieler einzelner Verfahren, die zur Untersuchung relationaler Beziehungsdaten herangezogen werden. Entsprechend den Zielsetzungen dieses Buches soll die Methodik der Netzwerkanalyse nicht in ihrer ganzen Breite dargestellt werden, der interessierte Leser sei wiederum auf die einschlägigen Standardwerke verwiesen (z. B. Wasserman und Faust 1994; Jansen 2006; Scott 2000). Stattdessen werden im Rahmen dieses Kapitels diejenigen Verfahren und Methoden vorgestellt, die in den späteren Fallstudien (vgl. Kap. 3 und 4) zur Anwendung kommen werden.

2.6.1 Grafische Verfahren der Netzwerkanalyse

Eine erste Möglichkeit, die Strukturen eines Netzwerks zu untersuchen, besteht in deren Abbildung. Solche grafischen Verfahren, die ihren Ursprung in der Soziometrie haben

(Moreno und Jennings 1938), beinhalten im Wesentlichen eine optische Darstellung der Akteure eines Netzwerks und der sie verbindenden Beziehungen. Die Zielsetzung besteht entsprechend darin, auf Basis der Visualisierung Erkenntnisse hinsichtlich der jeweiligen Fragestellung abzuleiten. Die konkrete Anordnung von Akteuren sowie der sie verbindenden Beziehungen kann entweder manuell oder auf der Basis verschiedener Algorithmen erfolgen (für eine Übersicht vgl. de Nooy et al. 2012). Darstellen lassen sich sowohl die Beziehungsstrukturen, in welche die Akteure eingebunden sind, als auch Akteurseigenschaften, die mit Hilfe verschiedener Farben, Formen oder der Größe der Knoten berücksichtigt werden können.

Der zentrale Vorteil grafischer Verfahren liegt in ihrer Einfachheit. Daher gelingt es meist auch ungeübten Betrachtern, aus der optischen Darstellung der Beziehungsstruktur Erkenntnisse abzuleiten. Darüber hinaus erscheint es intuitiv naheliegend, Netzwerkbeziehungen grafisch darzustellen, nicht zuletzt deshalb, weil sich angesichts der hohen Bedeutung von Netzwerken heute praktisch jeder eine gewisse Vorstellung von solchen Strukturen hat. Vor diesem Hintergrund können viele unternehmenspraktische Fragestellungen zumindest in einem ersten Schritt mit Hilfe einer Darstellung von Netzwerken behandelt werden, weil sich aus der Abbildung des Beziehungsgeflechts erste Hinweise mit Blick auf eine mögliche Problemlösung ableiten lassen.

Allerdings stoßen grafische Verfahren aufgrund mehrerer Gründe relativ schnell an ihre Grenzen. Ein erster Grund liegt meist in der Größe des Netzwerks. Während sich kleinere Systeme, die nur aus wenigen Akteuren und einer überschaubaren Anzahl von Beziehungen bestehen, gut darstellen lassen, ist aus der Abbildung großer Netzwerke meist wenig zu erkennen. Die Darstellung solcher Beziehungsstrukturen führt in vielen Fällen zu einem großen „Klumpen" an Knoten und Kanten, mit deren Hilfe sich letztlich nur wenige Erkenntnisse ableiten lassen. Ebenfalls schwierig ist die Darstellung multivariater Beziehungsstrukturen, also solcher Netzwerke, in denen die Akteure über Beziehungen unterschiedlicher Art miteinander verbunden sind. Zwar kann hier im Einzelfall mit unterschiedlichen Farben oder unterschiedlichen Strichelungen der Linien gearbeitet werden, sind aber einzelne Akteurspaare über mehrere Beziehungsarten miteinander verbunden (multiplexe Beziehung), ist eine sinnvolle Abbildung in vielen Fällen kaum mehr möglich. Gleiches gilt für die Eigenschaften der Akteure. Auch hier können aufgrund der eingeschränkten Darstellungsmöglichkeiten (beispielsweise unterschiedliche Symbole für Frauen und Männer oder die Größe der Knoten in Abhängigkeit des Alters eines Akteurs) nur wenige verschiedene Charakteristika innerhalb einer Abbildung berücksichtigt werden.

Schließlich sind Überlegungen hinsichtlich der konkreten Anordnung der Akteure anzustellen. Dabei sind unterschiedliche Ansätze denkbar. Weitgehend unproblematisch sind Darstellungen, bei denen die Anordnung der Knoten auf der Basis geografischer Standorte erfolgt. So lässt sich beispielsweise das Händlernetz eines Automobilherstellers gut abbilden, weil sich die Position der einzelnen Akteure auf einer Landkarte anhand der geografischen Koordinaten exakt bestimmen lässt. Schwieriger gestalten sich Darstellungen, bei denen solche eindeutigen Kriterien fehlen. Wenn es beispielsweise um die Abbildung der Kooperationsbeziehungen zwischen allen Mitarbeitern eines Unternehmens geht, ist ein solches Kriterium zur Anordnung der Mitarbeiter meist nicht vorhergegeben. In diesen Fällen existieren wie oben angesprochen verschiedene Möglichkeiten der Anordnung, aus denen der Entscheider letztlich auswählen muss. Dieser Sachverhalt sei an einem einfachen Beispiel dargestellt. Eine Möglichkeit der Abbildung des Kooperationsnetzwerks bestünde darin, einen Zusammenhang zwischen der Anzahl von Kooperationsbeziehungen der Mitarbeiter und der Zentralität ihrer Darstellung im Graph herzustellen. Je mehr Kooperationsbeziehungen ein Mitarbeiter hat, desto zentraler ist seine Position in der Abbildung. Eine andere Möglichkeit bestünde darin, die Zentralität der Position nicht auf der Basis der Anzahl von Beziehungen zu wählen, sondern aufgrund der Verbindungsfunktion eines Mitarbeiters. Wie aus dem Muster der strukturellen Pfade erkennbar wurde, existieren in Netzwerkstrukturen häufig Akteure, die andere untereinander nicht direkt verbundene Akteure indirekt miteinander verbinden. Akteure, die solche vermittelnden Positionen einnehmen, werden meist als Broker bezeichnet. Brokerpositionen sind mit verschiedenen Vorteilen verbunden. Dazu zählen Informationsvorteile, die sich aus dem Zugang zu heterogenen Informationsquellen ergeben, sowie die Möglichkeit, über die Weitergabe oder Zurückhaltung von Informationen selbst entscheiden zu können (eine ausführliche Behandlung von Brokern findet sich grundlegend bei Burt 1992). Je häufiger ein Akteur also intermittierend zwischen zwei unverbundenen Akteuren liegt, desto zentraler seine Position im Netzwerk.

Schließlich sei auf das Problem der Dimensionalität grafischer Darstellungen hingewiesen. Erfolgt die grafische Anordnung der Akteure auf der Basis ihrer Einbettung in das Netzwerk, handelt es sich dabei zunächst um einen räumlichen und damit dreidimensionalen Sachverhalt. Grafisch darstellen lassen sich Netzwerke aber praktisch nur zweidimensional. Durch diese Dimensionsreduktion erhält die Netzwerkstruktur möglicherweise ein grundlegend anderes Aussehen in Abhängigkeit der „Blickrichtung", die der Betrachter auf das räumliche Netzwerk einnimmt.

2.6.2 Statistische Verfahren der Netzwerkanalyse

Neben den dargestellten Grenzen einer optischen Analyse von Netzwerkstrukturen sind grafische Verfahren für die Untersuchung mancher Forschungsfragen auch deshalb ungeeignet, weil sie primär deskriptiv ausgerichtet sind. Das bedeutet, dass die optische Darstellung und Analyse von Netzwerken zunächst immer beschreibender Natur ist. In vielen Fällen besteht aber der Wunsch, die gewonnenen Erkenntnisse zumindest in einem gewissen Rahmen über den konkreten Einzelfall hinaus generalisieren zu können. Ist dies das Ziel der Untersuchung, so kommen meist statistische Verfahren zur Anwendung, mit deren Hilfe untersucht werden soll, inwiefern die Ergebnisse signifikant sind und sich damit von rein zufälligen Einzelfallresultaten unterscheiden.

Zunächst besteht grundlegend die Möglichkeit, relationale Netzwerkdaten so aufzubereiten, dass sie mit Hilfe psychometrischer Verfahren der empirischen Sozialforschung analysiert werden können. Dies könnte beispielsweise dadurch erfolgen, indem die Netzwerkstruktur in Eigenschaften der Akteure transformiert wird. Beispielsweise könnte aus der Berührungsmatrix, welche die Beziehungsstruktur abbildet, ein Zentralitätsmaß für jeden einzelnen Akteur errechnet werden, das dann wiederum als Variable in einem regressionsanalytischen Verfahren berücksichtigt wird. Tatsächlich ist dies ein häufig zu beobachtendes Vorgehen (z. B. Zaheer und Bell 2005; Ahuja et al. 2003; Gilsing et al. 2008), das sich für die Untersuchung eines breiten Spektrums an Forschungsfragen eignet. Allerdings existieren unterschiedliche Möglichkeiten, die Netzwerkstruktur in Eigenschaften von Akteuren umzuwandeln. So unterscheidet bereits Freeman (1979) in seiner grundlegenden Arbeit zur Zentralität von Netzwerkakteuren drei unterschiedliche Zentralitätsmaße, die 1) auf der Anzahl der Beziehungen eines Akteurs (Degree-Zentralität) basieren, 2) seiner durchschnittlichen Entfernung von allen anderen Akteuren (Closeness-Zentralität) oder 3) der Häufigkeit, mit der er eine mittlere Position zwischen anderweitig unverbundenen Akteuren einnimmt (Betweeness-Zentralität). Daneben existieren weitere Möglichkeiten, die Zentralität von Netzwerkakteuren zu errechnen. Vor diesem Hintergrund verlangt ein solches Vorgehen eine solide theoretische Grundlage, auf deren Basis das zur Anwendung kommende Netzwerkmaß ausgewählt wird. Erfolgt die Auswahl hingegen willkürlich, so kann nicht ausgeschlossen werden, dass die Ergebnisse primär durch die Auswahl der Variable getrieben werden.

Aus diesen Gründen ist es häufig wünschenswert, die Netzwerkstruktur als Ganzes zu erhalten und diese im Rahmen der statistischen Analysen zu berücksichtigen. Weil es sich jedoch bei Beziehungen nicht um unabhängige Beobachtungen handelt (was wie oben dargestellt eine Grundannahme vieler statistischer Verfahren ist), ist diesem Sachverhalt besondere Aufmerksamkeit zu widmen. Die Integration ganzer Strukturen erfordert daher die Anwendung von Verfahren und Methoden, die der Interdependenzstruktur in den Netzwerkbeziehungen angemessen Rechnung tragen. In diesem Zusammenhang haben sogenannte „exponential random graph models (ERGMs)" in den vergangenen Jahren eine große Bedeutung erfahren. ERGMs erlauben nicht nur eine entsprechende Berücksichtigung von Wechselwirkungen zwischen den einzelnen Beziehungen, sie ermöglichen auch eine Integration solcher Eigenschaften von Akteuren im Rahmen der Analyse, von denen möglicherweise ein Effekt auf deren Einbettung in die Netzwerkstruktur ausgeht. Erste Ansätze zu ERGMs, die in früheren Jahren auch unter der Bezeichnung p^*-Modelle firmierten, gehen auf die Arbeit von Frank und Strauss (1986) zu Markov-Graphen zurück. In den 1990er Jahren wurden sie dann im Rahmen einer Trilogie von Arbeiten (Pattison und Wasserman 1999; Wasserman und Pattison 1996; Robins et al. 1999) formal spezifiziert und in den folgenden Jahren vielfach weiterentwickelt (z. B. Snijders et al. 2006; Wang et al. 2013a; Wang et al. 2009; Lusher et al. 2013). Ebenso lässt sich seitdem eine steigende Zahl von empirischen Anwendungen dieser Modelle auf verschiedene Fragestellungen beobachten (z. B. Rank 2005; Rank et al. 2010; Lomi und Pattison 2006; Pallotti et al. 2013; Srivastava und Banaji 2011).

In ERGMs stellt das Gesamtnetzwerk bestehend aus allen Akteuren und die sie verbindenden Beziehungen die abhängige Variable dar. Weil das Gesamtnetzwerk in ERGMs eine einzelne Beobachtung repräsentiert, bestehen keine methodischen Einschränkungen mit Blick auf die Notwendigkeit einer Unabhängigkeit von Beobachtungen, wie dies in anderen statistischen Verfahren wie beispielsweise der Regressionsanalyse der Fall ist. Der methodische Ansatz von ERGMs reflektiert somit die Annahme, dass die einzelnen Beziehungen nicht unabhängig voneinander entstehen und existieren. Vielmehr lassen sich die oben besprochenen und in Abb. 2.1 und 2.2 dargestellten Abhängigkeitsstrukturen explizit im Rahmen der Analyse berücksichtigen.

Allgemein errechnen ERGMs die Wahrscheinlichkeit einer Netzwerkstruktur auf der Basis von Parametern, die im Zusammenhang mit spezifischen Substrukturen bzw. Strukturmustern des Netzwerks stehen. Diese wiederum ergeben sich auf Basis der Interdependenzannahmen und können die im vorangegangenen Abschnitt diskutierten Konfigurationen beinhalten. Die grundlegende Annahme in ERGMs ist, dass das Netzwerk im Rahmen eines stochastischen Prozesses entsteht, innerhalb dessen die Existenz oder Nicht-Existenz einer bestimmten Beziehung vom Vorhandensein oder Nicht-Vorhandensein anderer Beziehungen abhängt. ERGMs bauen damit auf der Erwartung auf, dass Netzwerkbeziehungen im Rahmen eines dynamischen Prozesses entstehen, in dem die Kombination verschiedener sozialer Motive und Mechanismen die Gesamtstruktur des Netzwerks determiniert.

Die Betrachtung der Netzwerkentstehung als stochastischem Prozess fußt auf der Annahme, dass eine gewisse Variabilität in den verhaltensbezogenen Präferenzen der Akteure besteht, die der Generierung von Beziehungen zugrunde liegen. Allerdings existieren innerhalb von Netzwerkstrukturen Grundmuster, deren Auftreten oder Nichtvorhandensein nicht durch zufällige Prozesse erklärt werden kann. Mit anderen Worten, solche Strukturmuster treten innerhalb der Netzwerkstruktur signifikant häufiger oder seltener auf, als man dies in einem Zufallsnetzwerk erwarten würde. Durch die Integration struktureller und eigenschaftsbezogener Effekte in die Modelle kann deren relativer Beitrag als Determinanten der gesamten Netzwerkstruktur bestimmt werden. ERGMs können daher verwendet werden, um die Wichtigkeit eines spezifischen Effekts zu schätzen unter Berücksichtigung aller anderen Effekte, die ebenfalls innerhalb des Netzwerks zu erwarten sind (Robins et al. 2007).

Literatur

Adler, P. S. (1995). Interdepartmental interdependence and coordination: The case of the design/manufacturing interface. *Organization Science, 6*(2), 147–167.

Adler, P. S. (1999). Building better bureaucracies. *Academy of Management Executive, 13*(4), 36–47.

Adler, P. S., & Kwon, S.-W. (2002). Social capital: Prospects for a new concept. *Academy of Management Review, 27*(1), 17–40.

Agneessens, F., & Wittek, R. (2012). Where do intra-organizational advice relations come from? The role of informal status and social capital in social exchange. *Social Networks, 34*(3), 333–345.

Ahuja, M. K., Galletta, D. F., & Carley, K. M. (2003). Individual centrality and performance in virtual R&D groups: An empirical study. *Management Science, 49*(1), 21–38.

Akerlof, G. A. (1982). Labor contracts as partial gift exchange. *The Quarterly Journal of Economics, 97*(4), 543–569.

Akerlof, G. A. (1984). Gift exchange and efficiency-wage theory: Four views. *The American Economic Review, 74*(2), 79–83.

Allen, J., James, A. D., & Gamlen, P. (2007). Formal versus informal knowledge networks in R&D: A case study using social network analysis. *R&D Management, 37*(3), 179–196.

Anderson, M. H. (2008). Social networks and the cognitive motivation to realize network opportunities: A study of managers' information gathering behaviors. *Journal of Organizational Behavior, 29*(1), 51–78.

Andersson, U., Forsgren, M., & Holm, U. (2002). The strategic impact of external networks: Subsidiary performance and competence development in the multinational corporation. *Strategic Management Journal, 23*(11), 979.

Aristoff, D., & Radin, C. (2013). Emergent structures in large networks. *Journal of Applied Probability, 50*(3), 883–888.

Athanassiou, N. A., & Roth, K. (2006). International experience heterogeneity effects on top management team advice networks: A hierarchical analysis. *Management International Review (MIR), 46,* 749–769.

Baldwin, T. T., Bedell, M. D., & Johnson, J. L. (1997). The social fabric of a team-based M.B.A. program: Network effects on student satisfaction and performance. *Academy of Management Journal, 40*(6), 1369.

Bearman, P. (1997). Generalized exchange. *American Journal of Sociology, 102*(5), 1383.

Beersma, B., Hollenbeck, J. R., Humphrey, S. E., Moon, H., Conlon, D. E., & Ilgen, D. R. (2003). Cooperation, competition, and team performance: Toward a contingency approach. *Academy of Management Journal, 46*(5), 572–590.

Belliveau, M. A., O'Reilly, C. A., & Wade, J. B. (1996). Social capital at the top: Effects of social similarity and status on CEO compensation. *Academy of Management Journal, 39*(6), 1568–1593.

Blau, P. M. (1964). *Exchange and power in social life*. New York: Wiley.

Boissevain, J. (1974). *Friends of friends: Networks, manipulators, and coalitions*. Oxford: Basil Blackwell.

Bolton, G. E., & Ockenfels, A. (2000). ERC: A theory of equity, reciprocity, and competition. *American Economic Review, 90*(1), 166.

Borgatti, S. P., & Cross, R. (2003). A relational view of information seeking and learning in social networks. *Management Science, 49*(4), 432–445.

Braha, D., & Bar-Yam, Y. (2004). Information flow structure in large-scale product development organizational networks. *Journal of Information Technology (Palgrave Macmillan), 19*(4), 244–253.

Brass, D. J., Galaskiewicz, J., Greve, H. R., & Tsai, W. (2004). Taking stock of networks and organizations: A multilevel perspective. *Academy of Management Journal, 47*(6), 795–817.

Brouthers, K. D., Nakos, G., & Dimitratos, P. (2014). SME entrepreneurial orientation, international performance, and the moderating role of strategic alliances. *Entrepreneurship Theory and Practice*, in press.

Burris, V. (2005). Interlocking directorates and political cohesion among corporate elites. *American Journal of Sociology, 111*(1), 249–283.

Burt, R. S. (1992). *Structural holes: The social structural of competition*. Cambridge: Harvard University Press.

Burt, R. S. (1997). The contingent value of social capital. *Administrative Science Quarterly, 42*(2), 339–365.

Burt, R. S., & Ronchi, D. (1994). Measuring large networks quickly. *Social Networks, 16*(2), 91–135.

Carley, K. M., & Krackhardt, D. (1996). Cognitive inconsistencies and non-symmetric friendship. *Social Networks, 18*(1), 1–27.

Casciaro, T. (1998). Seeing things clearly: Social structure, personality, and accuracy in social network perception. *Social Networks, 20*(4), 331–351.

Coleman, J. S. (1990). *Foundations of social theory*. Cambridge: Harvard University Press.

Conell, C., & Voss, K. (1990). Formal organization and the fate of social movements: Craft association and class alliance in the knights of labor. *American Sociological Review, 55*(2), 255–269.

Contractor, N. S., Wasserman, S., & Faust, K. (2006). Testing multitheoretical, multilevel hypotheses about organizational networks: An analytic framework and empirical example. *Academy of Management Review, 31*(3), 681–703.

Cross, R., & Cummings, J. N. (2004). Tie and networks correlates of individual performance in knowledge-intensive work. *Academy of Management Journal, 47*(6), 928–937.

Das, T. K., & Teng, B.-S. (2000). A resource-based theory of strategic alliances. *Journal of Management, 26*(1), 31–62.

Das, T. K., & Teng, B.-S. (2001). Trust, control, and risk in strategic alliances: An integrated framework. *Organization Studies, 22*(2), 251–283.

Davern, M., & Hachen, D. S. (2006). The role of information and influence in social networks. *American Journal of Economics & Sociology, 65*(2), 269–293.

de Nooy, W., Mrvar, A., & Batagelj, V. (2012). *Exploratory social network analysis with Pajek* (2. Aufl.). New York: Cambridge University Press.

Ebers, M., & Gotsch, W. (2014). Institutionenökonomische Theorien der Organisation. In A. Kieser & M. Ebers (Hrsg.), *Organisationstheorien* (7. Aufl., S. 195–255). Stuttgart: Kohlhammer.

Emerson, R. M. (1972a). Exchange theory, part I: A psychological basis for social exchange. In J. Berger, M. J. Zelditch, & B. Anderson (Hrsg.), *Sociological theories in progress* (Bd. 2, S. 38–57). New York: Houghton Mifflin.

Emerson, R. M. (1972b). Exchange theory, part II: Exchange relations and network structures. In J. Berger, M. J. Zelditch, & B. Anderson (Hrsg.), *Sociological theories in progress* (Bd. 2, S. 58–87). New York: Houghton Mifflin.

Fehr, E., Kirchsteiger, G., & Riedl, A. (1998). Gift exchange and reciprocity in competitive experimental markets. *European Economic Review, 42*(1), 1–34.

Frank, O., & Strauss, D. (1986). Markov graphs. *Journal of the American Statistical Association, 81*(395), 832–842.

Frank, K. A., Muller, C., & Mueller, A. S. (2013). The embeddedness of adolescent friendship nominations: The formation of social capital in emergent network structures. *American Journal of Sociology, 119*(1), 216–253.

Freeman, L. C. (1979). Centrality in social networks: Conceptual clarification. *Social Networks, 1,* 215–239.

Friedkin, N. E. (1981). Information flow through strong and weak ties in intraorganizational social networks. *Social Networks, 3,* 273–285.

Gargiulo, M., Ertug, G., & Galunic, C. (2009). The two faces of control: Network closure and individual performance among knowledge workers. *Administrative Science Quarterly, 54,* 299–333.

Geletkanycz, M. A., Boyd, B. K., & Finkelstein, S. (2001). The strategic value of CEO external directorate networks: Implications for CEO compensation. *Strategic Management Journal, 22*(9), 889.

Gibbons, D. E. (2004). Friendship and advice networks in the context of changing professional values. *Administrative Science Quarterly, 49*(2), 238–262.

Gilsing, V., Nooteboom, B., Vanhaverbeke, W., Duysters, G., & van den Oord, A. (2008). Network embeddedness and the exploration of novel technologies: Technological distance, betweenness centrality and density. *Research Policy, 37*(10), 1717–1731.

Gouldner, A. W. (1960). The norm of reciprocity: A preliminary statement. *American Sociological Review, 25*(2), 161–178.

Granovetter, M. S. (1973). The strength of weak ties. *The American Journal of Sociology, 78*(6), 1360–1380.

Gulati, R., & Nickerson, J. A. (2008). Interorganizational trust, governance choice, and exchange performance. *Organization Science, 19*(5), 688–708.

Hage, J., & Aiken, M. (1967). Relationship of centralization to other structural properties. *Administrative Science Quarterly, 12*(1), 72–92.

Hansen, M. T. (1999). The search-transfer problem: The role of weak ties in sharing knowledge across organization subunits. *Administrative Science Quarterly, 44*(1), 82–111.

Hardy, C., Phillips, E., & Lawrence, T. B. (2003). Resources, knowledge and influence: The organizational effects of interorganizational collaboration. *Journal of Management Studies, 40*(2), 321–347.

Hite, J. M., & Hesterly, W. S. (2001). The evolution of firm networks: From emergence to early growth of the firm. *Strategic Management Journal, 22*(3), 275–286.

Homans, G. C. (1958). Social behavior as exchange. *American Journal of Sociology, 63*(6), 597–606.

Husted, B. W. (1994). Transaction costs, norms, and social networks. *Business & Society, 33*(1), 30.

Ibarra, H. (1995). Race, opportunity, and diversity of social circles in managerial networks. *Academy of Management Journal, 38*(3), 673–703.

Ingram, P., & Roberts, P. W. (2000). Friendships among competitors in the Sydney hotel industry. *American Journal of Sociology, 106*(2), 387–432.

Jablin, F. M. (1987). Formal organizational structure. In F. M. Jablin, L. L. Putnam, K. H. Roberts, & L. W. Porter (Hrsg.), *Handbook of organizational communication* (S. 389–419). Newbury Park: Sage.

Jackson, M. O., & Wolinsky, A. (1996). A strategic model of social and economic networks. *Journal of Economic Theory, 71*(1), 44–74.

Jansen, D. (2004). Networks, social capital and knowledge production. *FÖV Discussion Papers* (S. 1–40). Speyer.

Jansen, D. (2006). *Einführung in die Netzwerkanalyse: Grundlagen, Methoden, Forschungsbeispiele* (3. Aufl.). Wiesbaden: VS Verlag für Sozialwissenschaften.

Kilduff, M., Crossland, C., Tsai, W., & Krackhardt, D. (2008). Organizational network perceptions versus reality: A small world after all? *Organizational Behavior & Human Decision Processes, 107,* 15–28.

Koka, B. R., & Prescott, J. E. (2002). Strategic alliances as social capital: A multidimensional view. *Strategic Management Journal, 23*(9), 795.

Koka, B. R., Madhavan, R., & Prescott, J. E. (2006). The evolution of interfirm networks: Environmental effects on patterns of network change. *Academy of Management Review, 31*(3), 721–737.

Koskinen, J., & Daraganova, G. (2013). Exponential random graph model fundamentals. In D. Lusher, J. Koskinen, & G. Robins (Hrsg.), *Exponential random graph models for social networks: Theory, methods, and applications* (S. 49–76). Cambridge: Cambridge University Press.

Krackhardt, D. (1987). Cognitive social structures. *Social Networks, 9*(2), 109–134.

Krackhardt, D. (1990). Assessing the political landscape: Structure, cognition, and power in organizations. *Administrative Science Quarterly, 35*(2), 342–369.

Kratzer, J., Gemünden, H. G., & Lettl, C. (2008). Balancing creativity and time efficiency in multiteam R&D projects: The alignment of formal and informal networks. *R&D Management, 38,* 538–549.

Labianca, G., & Brass, D. J. (2006). Exploring the social ledger: Negative relationships and negative asymmetry in social networks in organizations. *Academy of Management Review, 31*(3), 596–614.

Labianca, G., Brass, D. J., & Gray, B. (1998). Social networks and perceptions of intergroup conflict: The role of negative relationships and third parties. *Academy of Management Journal, 41*(1), 55–67.

Laumann, E. O., & Pappi, F. U. (1976). *Networks of collective action: A perspective on community influence systems*. New York: Academic Press.

Laumann, E. O., Marsden, P. V., & Prensky, D. (1983). The boundary specification problem in network analysis. In R. S. Burt & M. J. Minor (Hrsg.), *Applied network analysis: A methodological introduction* (S. 18–34). Beverly Hills: Sage.

Lazega, E. (2003). Rationalité, discipline sociale et structure. *Revue Française de Sociologie, 44,* 305–330.

Lazega, E. (2009). Cooperation among competitors: Its social mechanisms through network analyses. *Sociologica,* 1/2009, 11–34.

Lazega, E., & Pattison, P. E. (1999). Multiplexity, generalized exchange and cooperation in organizations: A case study. *Social Networks, 21,* 67–90.

Lazega, E., Jourda, M.-T., Mounier, L., & Stofer, R. (2008). Catching up with big fish in the big pond? Multi-level network analysis through linked design. *Social Networks, 30*(2), 159–176.

Levin, D. Z., & Cross, R. (2004). The strength of weak ties you can trust: The mediating role of trust in effective knowledge transfer. *Management Science, 50*(11), 1477–1490.

Lin, N. (2001a). *Social capital: A theory of social structure and action.* New York: Cambridge University Press.

Lin, N., Cook, K., & Burt, R. S. (2006). *Social Capital. Theory and Research.* New Brunswick: Transactions Publishers.

Lomi, A., & Pattison, P. (2006). Manufacturing relations: An empirical study of the organization of production across multiple networks. *Organization Science, 17*(3), 313–332.

Lusher, D., Koskinen, J., & Robins, G. (2013). *Exponential random graph models for social networks: Theory, methods, and applications*. Cambridge: Cambridge University Press.

Ma, X., Yao, X., & Xi, Y. (2009). How do interorganizational and interpersonal networks affect a firm's strategic adaptive capability in a transition economy? *Journal of Business Research, 62*(11), 1087–1095.

Marcum, C. S., Bevc, C. A., & Butts, C. T. (2012). Mechanisms of control in emergent interorganizational networks. *Policy Studies Journal, 40*(3), 516–546.

McDonald, M. L., & Westphal, J. D. (2003). Getting by with the advice of their friends: CEOs' advice networks and firms' strategic responses to poor performance. *Administrative Science Quarterly, 48*(1), 1–32.

McFadyen, M. A., Semadeni, M., & Cannella, J. A. A. (2009). Value of strong ties to disconnected others: Examining knowledge creation in biomedicine. *Organization Science, 20*(3), 552–564.

Mehra, A., Dixon, A. L., Brass, D. J., & Robertson, B. (2006). The social network ties of group leaders: Implications for group performance and leader reputation. *Organization Science, 17*(1), 64–79.

Moran, P. (2005). Structural vs. relational embeddedness: Social capital and managerial performance. *Strategic Management Journal, 26*(12), 1129–1151.

Moreno, J. L., & Jennings, H. H. (1938). Statistics of social configurations. *Sociometry, 1*(3/4), 342–374.

Oh, H., Chung, M.-H., & Labianca, G. (2004). Group social capital and group effectiveness: The role of informal socializing ties. *Academy of Management Journal, 47*(6), 860–875.

Ouchi, W. G. (1980). Markets, bureaucracies, and clans. *Administrative Science Quarterly, 25*(1), 129–141.

Ounnar, F., Pujo, P., Mekaouche, L., & Giambiasi, N. (2007). Customer-supplier relationship management in an intelligent supply chain network. *Production Planning & Control, 18,* 377–387.

Pallotti, F., Lomi, A., & Mascia, D. (2013). From network ties to network structures: Exponential Random Graph Models of interorganizational relations. *Quality & Quantity, 47*(3), 1665–1685.
Paruchuri, S. (2010). Intraorganizational networks, interorganizational networks, and the impact of central inventors: A longitudinal study of pharmaceutical firms. *Organization Science, 21*(1), 63–80.
Pattison, P. E., & Wasserman, S. (1999). Logit models and logistic regression for social networks: II. Multivariate relations. *British Journal of Mathematical and Statistical Psychology, 52*(2), 169–193.
Pfeffer, J., & Salancik, G. R. (1978). *The external control of organizations: A resource dependence perspective*. Standford: Standford University Press.
Pina-Stranger, A., & Lazega, E. (2011). Bringing personlized ties back in: Their added value for biotech entrepreneurs and venture capitalists interorganizational networks. *Sociological Quarterly, 52*(2), 268–292.
Podolny, J. M., & Baron, J. N. (1997). Resources and relationships: Social networks and mobility in the workplace. *American Sociological Review, 62*(5), 673–693.
Prahalad, C. K., & Hamel, G. (1990). The core competence of the corporation. *Harvard Business Review, 68*(3), 79–91.
Provan, K. G., Fish, A., & Sydow, J. (2007). Interorganizational networks at the network level: A review of the empirical literature on whole networks. *Journal of Management, 33*(3), 479–516.
Putzke, J., Fischbach, K., Schoder, D., & Gloor, P. A. (2010). The evolution of interaction networks in massively multiplayer online games. *Journal of the Association for Information Systems, 11*(2), 69–94.
Raider, H., & Krackhardt, D. (2001). Intraorganizational networks. In J. A. C. Baum (Hrsg.), *Companion to organizations* (S. 58–74). Oxford: Blackwell.
Rank, O. N. (2003). *Formale und informelle Organisationsstrukturen: Eine Netzwerkanalyse des strategischen Planungs- und Entscheidungsprozesses multinationaler Unternehmen* (mir-Edition Aufl.). Wiesbaden: Gabler.
Rank, O. N. (2005). Interdependenzen in den Governance-Strukturen deutscher Großunternehmen. *Zeitschrift für Betriebswirtschaft, 75*(1), 15–41.
Rank, O. N. (2006). Dynamics of the German governance-network. *Zeitschrift für Betriebswirtschaft* (Special Issue 5/2006), 75–98.
Rank, O. N. (2008). Formal structures and informal networks: Structural analysis in organizations. *Scandinavian Journal of Management, 24*(2), 145–161.
Rank, O. N., & Tuschke, A. (2010). Perceived influence and friendship as antecedents of cooperation in top management teams: A network approach. *Business Research, 3*(2), 151–171.
Rank, O. N., Robins, G. L., & Pattison, P. E. (2010). Structural logic of intraorganizational networks. *Organization Science, 21*(3), 745–764.
Raz, O., & Gloor, P. A. (2007). Size really matters – New insights for start-ups' survival. *Management Science, 53*(2), 169–177.
Reagans, R., & Zuckerman, E. W. (2001). Networks, diversity, and productivity: The social capital of corporate R&D teams. *Organization Science, 12*(4), 502–517.
Riordan, C. M., & Griffeth, R. W. (1995). The opportunity for friendship in the workplace: An underexplored construct. *Journal of Business & Psychology, 10*(2), 141–154.
Ritala, P., & Ellonen, H.-K. (2010). Competitive advantage in interfirm cooperation: Old and new explanations. *Competitiveness Review, 20*(5), 367–383.
Robins, G., & Malcolm, A. (2004). Small worlds among interlocking directors: Network structure and distance in bipartite graphs. *Computational and Mathematical Organization Theory, 10*, 69–94.
Robins, G., Pattison, P. E., & Wasserman, S. (1999). Logit models and logistic regression for social networks: III: Valued relations. *Psychometrika, 64*(3), 371–394.

Robins, G., Pattison, P., Kalish, Y., & Lusher, D. (2007). An introduction to exponential random graph (p*) models for social networks. *Social Networks, 29*(2), 173–191.
Rodan, S., & Galunic, C. (2004). More than network structure: How knowledge heterogeneity influences managerial performance and innovativeness. *Strategic Management Journal, 25*(6), 541–562.
Saunders, M., Lewis, P., & Thornhill, A. (2012). *Research methods for business students* (6. Aufl.). Harlow: Prentice Hall.
Scharpf, F. W. (1993). Coordination in hierarchies and networks. In F. W. Scharpf (Hrsg.), *Games in hierarchies and networks: Analytical and empirical approaches to the study of governance institutions* (S. 125–165). Frankfurt: Campus.
Schmid, S., & Schurig, A. (2003). The development of critical capabilities in foreign subsidiaries: Disentangling the role of the subsidiary's business network. *International Business Review, 12*(6), 755–782.
Schminke, M., Ambrose, M. L., & Cropanzano, R. S. (2000). The effect of organizational structure on perceptions of procedural fairness. *Journal of Applied Psychology, 85*(2), 294–304.
Scott, J. (2000). *Social network analysis: A handbook* (2. Aufl.). London: Sage.
Settoon, R. P., Bennett, N., & Liden, R. C. (1996). Social exchange in organizations: Perceived organizational support, leader-member exchange, and employee reciprocity. *Journal of Applied Psychology, 81*(3), 219–227.
Sheperis, C. J., Young, S. J., & Daniels, H. M. (2010). *Counseling research. Quantitative, qualitative and mixed methods*. Upper Saddle River: Pearson Education.
Snijders, T. A. B., Pattison, P. E., Robins, G. L., & Handcock, M. S. (2006). New specifications for exponential random graph models. *Sociological Methodology, 36*(1), 99–153.
Sparrowe, R. T., & Liden, R. C. (2005). Two routes to influence: Integrating leader-member exchange and social network perspectives. *Administrative Science Quarterly, 50*(4), 505–535.
Sparrowe, R. T., Liden, R. C., Wayne, S. J., & Kraimer, M. L. (2001). Social networks and the performance of individuals and groups. *Academy of Management Journal, 44*(2), 316–325.
Srivastava, S. B., & Banaji, M. R. (2011). Culture, cognition, and collaborative networks in organizations. *American Sociological Review, 76*(2), 207–233.
Statistisches Bundesamt. (2014). Pressemitteilung vom 04. März 2014.
Stuart, T. E. (1998). Network positions and propensities to collaborate: An investigation of strategic alliance formation in a high-technology industry. *Administrative Science Quarterly, 43*(3), 668–698.
Tang, J. A., & Beamish, P. W. (2006). Which ties matter when? The strategic impact of network linkages on foreign subsidiary survival. In *Academy of Management Annual Meeting Proceedings, 2006/08//2006* (S. V1–V6). Academy of Management.
Tidd, J. (1995). Development of novel products through intraorganizational and interorganizational networks. *Journal of Product Innovation Management, 12*(4), 307–322.
Trappmann, M., Hummel, H. J., & Sodeur, W. (2011). *Strukturanalyse sozialer Netzwerke: Konzepte, Modelle, Methoden* (2. Aufl.). Wiesbaden: VS Verlag für Sozialwissenschaften.
Tsai, W. (2001). Knowledge transfer in intraorganizational networks: Effects of network position and absorptive capacity on business unit innovation and performance. *Academy of Management Journal, 44*(5), 996.
Tsai, W. (2002). Social structure of ‚coopetition' within a multiunit organization: Coordination, competition, and intraorganizational knowledge sharing. *Organization Science, 13*(2), 179–190.
Umphress, E. E., Labianca, G., Brass, D. J., Kass, E., & Scholten, L. (2003). The role of instrumental and expressive social ties in employees' perceptions of organizational justice. *Organization Science, 14*(6), 738–753.
Valjavec, F. (2001). Seßhafte Jäger, akkulturierte Sammler. Zur Cambridge-Enzyklopädie zeitgenössischer Wildbeuter. *Anthropos, 96*(1), 207–217.

Wald, A. (2005). Zur Effektivität von Organisationsstrukturen: Ein Vergleich formaler Soll- und realisierter Ist-Struktur. *Die Unternehmung, 59*(2), 161–180.

Wang, P., Sharpe, K., Robins, G. L., & Pattison, P. E. (2009). Exponential random graph (p*) models for affiliation networks. *Social Networks, 31*(1), 12–25.

Wang, P., Pattison, P., & Robins, G. (2013a). Exponential random graph model specifications for bipartite networks: A dependence hierarchy. *Social Networks, 35*(2), 211–222.

Wang, P., Robins, G., Pattison, P., & Lazega, E. (2013b). Exponential random graph models for multilevel networks. *Social Networks, 35*(1), 96–115.

Wasserman, S., & Faust, K. (1994). *Social network analysis: Methods and applications*. Cambridge: Cambridge University Press.

Wasserman, S., & Pattison, P. E. (1996). Logit models and logistic regression for social networks: I. An introduction to Markov graphs and p*. *Psychometrika, 61*(3), 401–425.

Weber, M. (1947). *The theory of social and economic organizations*. Glencoe: Free Press.

Weyer, J. (Hrsg.). (2011). *Soziale Netzwerke: Konzepte und Methoden der sozialwissenschaftlichen Netzwerkforschung* (2. Aufl.). München: Oldenbourg.

Willer, D., & Skvoretz, J. (1997). Network connection and exchange ratios: Theory, preditions, and experimental tests. *Advances in Group Processes, 14*, 199–234.

Williamson, O. E. (1985). *The economic institutions of capitalism: Firms, markets, relational contracting*. New York: Free Press.

Yamagishi, T., & Cook, K. S. (1993). Generalized exchange and social dilemmas. *Social Psychology Quarterly, 56*(4), 235–248.

Zaheer, A., & Bell, G. G. (2005). Benefiting from network position: Firm capabilities, structural holes, and performance. *Strategic Management Journal, 26*(9), 809–825.

Zhao, Y., & Rank, O. N. (2013). Interdependencies between working relations: Multivariate ERGMs for advice and satisfaction. In D. Lusher, J. Koskinen, & G. Robins (Hrsg.), *Exponential random graph models for social networks: Theory, methods, and applications* (S. 213–225). Cambridge: Cambridge University Press.

Vier Fallstudien zu intraorganisationalen Unternehmensnetzwerken

3

Zusammenfassung

Das dritte Kapitel beinhaltet die Darstellung von vier Fallstudien zu unterschiedlichen Fragestellungen im Zusammenhang mit intraorganisationalen Netzwerkstrukturen. Im Rahmen des ersten Falls wird untersucht, welcher Beitrag von informellen Netzwerkstrukturen zwischen den Führungskräften großer Unternehmen auf den Erfolg im Rahmen des konzernweiten Strategieprozesses ausgeht (3.1). Der zweite Fall in Abschn. 3.2 stellt die nachlassende Leistungsfähigkeit eines unternehmensinternen IT-Dienstleisters als Folge abteilungsübergreifender informeller Interaktionsprozesse dar. Der dritte Fall (3.3) thematisiert Unterschiede in der Leistungsfähigkeit von Teams als Folge eines unterschiedlichen Kooperationsverhaltens der Teammitglieder und damit verbunden einer unterschiedlichen strukturellen Logik der Interaktionsstrukturen innerhalb der Teams. Im vierten Fall in Abschn. 3.4 werden Herausforderungen diskutiert, die sich aus dem Zusammenhang zwischen formalen Unternehmensstrukturen und informellen Kooperationsstrukturen zwischen Mitarbeitern auf unterschiedlichen Managementebenen ergeben. Insbesondere geht es bei dieser Fallstudie um die Resistenz informeller Netzwerke gegenüber Veränderungen nach einer durchgeführten Reorganisation der formalen Strukturen.

3.1 Netzwerke zwischen Führungskräften als Determinante des Erfolgs der Strategieentwicklung[1]

3.1.1 Problemstellung

Die Struktur einer Organisation manifestiert sich in ihrer Aufbauorganisation, die sich auch als Unternehmenshierarchie betrachten lässt. In ihr sind Über- und Unterordnungsverhältnisse organisationaler Instanzen definiert (Kieser und Walgenbach 2010). Die in

[1] Zu dieser Studie sind bereits mehrere Publikationen erschienen (vgl. hierzu Rank 2003, 2008; Rank et al. 2010; Rank und Tuschke 2010).

O. N. Rank, *Unternehmensnetzwerke*, DOI 10.1007/978-3-658-09316-7_3

der Hierarchie dokumentierten vertikalen Beziehungen zwischen den Instanzen lassen sich top-down als Weisungsbeziehungen definieren, in bottom-up Richtung beinhalten sie die Berichtspflichten der nachgeordneten Instanzen gegenüber den vorgesetzten Stellen. Klassischerweise beschreiben Hierarchien allerdings keine horizontalen Beziehungen zwischen Organisationseinheiten. Das bedeutet, dass die Aufbauorganisation lediglich das Stellengefüge einer Organisation abbildet, nicht hingegen organisationale Prozesse und damit unternehmerische Aktivitäten. Um den Erfolg erfolgskritischer Aktivitäten sicherzustellen, insbesondere solcher, die wiederkehrend durchgeführt werden, verfügen Unternehmen daher neben Aufbaustrukturen typischerweise auch über formal festgelegte Ablaufstrukturen. In diesen wird der Ablauf besonders bedeutsamer Unternehmensprozesse detailliert definiert, die Dokumentation erfolgt häufig in sogenannten Handbüchern oder Prozessrichtlinien (z. B. Bühner 2004; Vahs 2012; Gaintanides 2012). Eine solche erfolgskritische Aktivität besteht für Unternehmen im strategischen Planungs- und Entscheidungsprozess. Weil darin grundlegende Entscheidungen bezüglich der künftigen Ausrichtung des Unternehmens festgelegt werden, haben diese meist eine nachhaltige und andauernde Auswirkung auf den Unternehmenserfolg.

Zur Sicherstellung eines möglichst effektiven Ablaufs dieses Strategieprozesses verfügen die meisten Unternehmen über sehr detaillierte formale Prozessstrukturen hinsichtlich der Strategieentwicklung. Diese meist in sogenannten Strategiehandbüchern dokumentierten Abläufe definieren, welche Unternehmenseinheiten zu welchem Zeitpunkt welche Art von strategisch relevanten Informationen an welche Empfänger liefern müssen, welche Aufgaben die Empfänger bezüglicher dieser Informationen haben und auf welche Weise alle Informationen schließlich konsolidiert und zu einem in sich stimmigen Strategiekonzept verdichtet werden (zur Strategieentwicklung vgl. ausführlich z. B. Johnson et al. 2011; Dess et al. 2008; Barney und Hesterly 2006).

Die Standardisierung wichtiger unternehmerischer Prozesse wie der Strategieentwicklung ist aus mehreren Gründen von großer Bedeutung (z. B. Macharzina und Wolf 2008; Schreyögg 2010). Erstens lässt sich dadurch sicherstellen, dass alle wichtigen Aspekte innerhalb des Prozesses abgebildet und in einer schlüssigen Reihenfolge abgearbeitet werden. Zweitens bietet ein klar definierter Ablauf solcher Prozesse Schutz davor, „das Rad immer wieder neu zu erfinden" und gleichzeitig Lerneffekte im Zeitverlauf zu realisieren, wodurch die Effektivität als auch die Effizienz der Strategieentwicklung gesteigert werden kann. Drittens kann von Prozessstrukturen angenommen werden, dass sie als Ergebnis einer geplanten Organisationsgestaltung zumindest a priori effektive Lösungen darstellen, weswegen eine Einhaltung dieser Prozesse mit der vermeintlich besten, zumindest aber mit einer guten Organisationslösung einhergehen sollte. Trotz der Bedeutung, die solche Prozessstrukturen in der Regel für Unternehmen haben, scheinen die wenigsten Unternehmen eine systematische Überprüfung ihrer definierten und dokumentierten Prozesse im Sinne eines Organisationscontrollings vorzunehmen. Dies ist deshalb überraschend, weil die Definition der gesamten Prozessorganisation angesichts der Vielzahl einzelner Prozesse mit einem beträchtlichen Aufwand einhergeht und weil eine Abweichung von diesen definierten Vorgaben zumindest die Gefahr eines Rückgangs unternehmerischer Effektivität birgt (Gaintanides 2012).

Ziel dieses Forschungsprojektes war es zu untersuchen, wie stark Führungskräfte von Unternehmen im Rahmen des unternehmensweiten strategischen Planungs- und Entscheidungsprozesses solchen formal definierten Prozessabläufen folgen bzw. wie stark der Ablauf der Strategieentwicklung von informellen Strukturen determiniert wird. Folgende beiden Forschungsfragen standen demnach im Zentrum des Vorhabens:

1. Wie stark ist der Einfluss der formalen Prozessorganisation auf den tatsächlichen Ablauf des strategischen Planungs- und Entscheidungsprozesses in Unternehmen?
2. Handelt es sich bei den aus formalen und informellen Beziehungen bestehenden Strukturen um unternehmensspezifische Konfigurationen oder folgen diese Netzwerke einer grundlegenden strukturellen Logik, die sich unabhängig vom einzelnen Unternehmen beobachten lässt?

3.1.2 Schritt 1: Erhebung und grafisch-deskriptive Analyse der Netzwerke

Methodisch ist die Untersuchung als komparative Fallstudie definiert (Yin 1989). Um Aussagen machen zu können, die über den Einzelfall hinausgehen, wurde die Studie in zwei großen, multinationalen Unternehmen mit Stammsitz in Deutschland durchgeführt, die sich aus formaler Sicht substantiell voneinander unterschieden. Aus Anonymisierungsgründen werden die beiden Unternehmen im Folgenden als CHEM-CORP und OIL-CORP bezeichnet. Bei CHEM-CORP handelt es sich um eines der weltweit führenden Chemieunternehmen. Das Unternehmen verfügt derzeit über mehrere hundert Konzerngesellschaften und Niederlassungen in etwa 170 Ländern, beschäftigt rund 110.000 Mitarbeiter und ist aus formaler Sicht durch eine stark integrierte, dreidimensionale Tensororganisation strukturiert bestehend aus den Dimensionen „Unternehmensbereiche", „Länderbereiche" und „Zentralbereiche".[2] Wenngleich es sich bei OIL-CORP um ein deutlich kleineres Unternehmen handelt, so stellt auch dieses einen globalen Konzern dar. OIL-CORP beschäftigt rund 4.000 Mitarbeiter und verfügt über eine dezentralisierte Holdingsstruktur, in der die Unternehmenszentrale die Holdinggesellschaft bildet, und die Konzerngesellschaften aus den einzelnen Landesgesellschaften bestehen.

Die Verantwortung für die unternehmensweite Strategieentwicklung in großen Unternehmen liegt beim Topmanagement (Mintzberg 1994; Reid 1989). Vor diesem Hintergrund konzentrierte sich die vorliegende Studie auf die obersten beiden Managementebenen. Die

[2] Bei der Tensororganisation handelt es sich um eine Weiterentwicklung der zweidimensionalen Matrixorganisation. Durch Hinzufügen einer dritten Gliederungsdimensionen entsteht somit eine dreidimensionale Organisationsstruktur, die sich typischerweise als ein dreidimensionaler Quader darstellen lässt (z. B. Vahs 2012; Scherm und Pietsch 2007).

erste Hierarchieebene besteht dabei aus dem Unternehmensvorstand, dessen Mitglieder gemeinsam für die Geschäftsführung des Unternehmens verantwortlich sind.[3] Bei den Managern der zweiten Hierarchieebene handelt es sich um die Geschäftsführer von Tochtergesellschaften sowie die Leiter von Abteilungen und Divisionen.

Aufgrund der unterschiedlichen formalen Charakteristika der beiden Unternehmen, insbesondere ihrer unterschiedlichen Aufbaustruktur, unterscheiden sich die beiden Akteurssets in ihrer grundlegenden Zusammensetzung. Bei OIL-CORP entsprechen die am Strategieentwicklungsprozess beteiligten Unternehmenseinheiten weitgehend der formalen Aufbauorganisation des Unternehmens. Daher wurden alle acht Vorstandsmitglieder, die Leiter der 17 in der Unternehmenszentrale angesiedelten Zentralabteilungen sowie die Geschäftsführer der 38 bedeutsamsten Tochtergesellschaften in die empirische Untersuchung integriert. Bei den Zentralabteilungen handelt es sich um unterstützende Funktionen wie Personal, Recht oder Controlling. Entsprechend der realistischen Methode der Netzwerkabgrenzung (vgl. Kap. 2.5.1) wurde eine Reihe kleinerer Tochtergesellschaften, denen lediglich ein sehr begrenzter Einfluss auf den konzernweiten strategischen Planungs- und Entscheidungsprozess zukommt, nicht in der Studie berücksichtigt.

Im Gegensatz dazu bestehen die am Strategieprozess von CHEM-CORP beteiligten Unternehmenseinheiten nicht aus Konzerngesellschaften, also aus Einheiten, die sich in der rechtlichen Struktur des Unternehmens wiederspiegeln. Stattdessen repräsentieren die Unternehmensdivisionen als oberstes Gliederungskriterium der formalen Aufbauorganisation die für die Unternehmensstrategie wichtigen Akteure, die wie oben dargestellt als Unternehmens-, Länder- und Zentralbereiche bezeichnet werden. Dementsprechend wurden neben den ebenfalls acht Vorstandsmitgliedern alle 40 Divisionsleiter in die empirische Untersuchung aufgenommen.

Insgesamt wurden drei unterschiedliche Beziehungsarten in der Studie berücksichtigt. Zunächst wurde die formale Kooperationsstruktur als ein Netzwerk bestehend aus allen formal angelegten kooperativen Beziehungen der Strategieentwicklung definiert. Dies bedeutet, dass nicht nur die hierarchischen Beziehungen der Aufbauorganisation berücksichtigt wurden (Johnson et al. 1994). Ebenfalls umfasst das Netzwerk all diejenigen Kooperationsverbindungen, die Akteure derselben Hierarchieebene im Rahmen der Strategieentwicklung miteinander verbinden und die daher eine horizontale Richtung aufweisen (Brass et al. 2004). Dieses formale Kooperationsnetzwerk wurde auf Basis eines intensiven Studiums der strategiebezogenen Prozessorganisationen beider Unternehmen erstellt und in einem zweiten Schritt durch jeweils zwei Manager mit zentraler Organisationsverantwortung verifiziert und vervollständigt.

Neben diesem formalen Netzwerk gingen zwei informelle Beziehungsarten in die Untersuchung ein, wobei informell hier als Gegenteil von formal definiert ist. Es handelt

[3] Zwar ist nach deutschem Aktienrecht auch der Aufsichtsrat an der Verabschiedung der Unternehmensstrategie beteiligt, weil diesem aber stärker die Aufsicht über die Unternehmensführung des Vorstands zukommt (vgl. hierzu ausführlich Du Plessis 2004), wurden nur die Vorstandsmitglieder in die empirische Untersuchung integriert.

sich also um Beziehungen, die zwischen den Führungskräften der Unternehmen bestehen, ohne dass sie formal angelegt und damit also bewusst geschaffen sind. Inhaltlich wurde zwischen Informations- und Unterstützungsbeziehungen unterschieden, um so den tatsächlichen Ablauf der Strategieentwicklung möglichst vollständig zu erfassen. Informationsbeziehungen bestanden vor allem aus der Weitergabe von Wissen und Informationen zwischen den am Strategieprozess beteiligten Führungskräften, wohingegen Unterstützung den aktiven Support im Rahmen strategischer Planung darstellte.[4]

Die informellen Beziehungen wurden im Rahmen persönlicher Interviews mit allen Führungskräften erhoben. Dazu wurden den Manager Listen vorgelegt, die alle Akteure entsprechend der jeweiligen Unternehmensstruktur systematisch abbildeten. Weil es sich bei Informations- und Unterstützungsbeziehungen um gerichtete Beziehungen handelt, bei denen jeweils zwischen einem Sender und einem Empfänger unterschieden werden kann, verwendeten wir für beide Netzwerke jeweils zwei Fragen zur Erhebung der Struktur: 1) „Von wem erhalten Sie regelmäßig wichtige Informationen, die Sie im Rahmen Ihrer strategiebezogenen Aufgaben verwenden?" und 2) „Wem stellen Sie regelmäßig wichtige Informationen zur Verfügung, welche die Empfänger ihm Rahmen ihrer strategiebezogenen Aufgaben verwenden?" Für Unterstützungsbeziehungen wurde analog verfahren. Weil wir an der Erhebung stabiler Netzwerkstrukturen interessiert waren, stellten die Fragen auf eine gewisse Regelmäßigkeit ab. Dies sollte die erhobenen Beziehungen von singulären kooperativen Ereignissen zwischen den Führungskräften unterscheiden, wobei die absolute Häufigkeit nicht entscheidend war. Neben den Kooperationsbeziehungen wurde mit Hilfe der Interviews eine Vielzahl qualitativer Informationen bezüglich des strategischen Planungs- und Entscheidungsprozesses gewonnen, die später zur Interpretation der Ergebnisse herangezogen wurden.

In einem ersten Schritt erfolgt die Analyse der Netzwerke basierend auf deren grafischer Darstellung. Abbildung 3.1 enthält im oberen Teil jeweils das formale Kooperationsnetzwerk der beiden Unternehmen, wohingegen im unteren Teil ein kombiniertes Netzwerk aus informellen Informations- und Unterstützungsbeziehungen dargestellt ist.

Mit Blick auf die formal vorgesehene Ablaufstruktur lässt sich erkennen, dass sich in beiden Unternehmen ein deutliches Zentrum-Peripherie-Gefälle zwischen den beteiligten Unternehmenseinheiten ergibt. Bei CHEM-CORP reflektiert das formale Netzwerk die hierarchische Differenzierung der Manager. Der dichte Kern des Netzwerks besteht vor allem aus den Divisionsleitern, denen umfangreiche Aufgaben bezüglich der Informationsweitergabe im vorbereitenden Stadium der Strategieverabschiedung zukommen. Etwas abgesetzt sind die Vorstandsmitglieder stärker in der Peripherie der Struktur angesiedelt. Bei ihnen laufen aus formaler Sicht die Ressourcenflüsse zusammen, ihnen kommt die letztendliche Verabschiedung der Unternehmensstrategie zu. Es ist wichtig zu betonen,

[4] In den eingangs des Kapitels erwähnten Veröffentlichungen wurde darüber hinaus mit Freundschaftsbeziehungen noch eine vierte Beziehungsart erfasst, auf deren Darstellung jedoch im Rahmen dieses Buchs verzichtet wird (vgl. stattdessen ausführlich Rank et al. 2010; Rank und Tuschke 2010; Rank 2003).

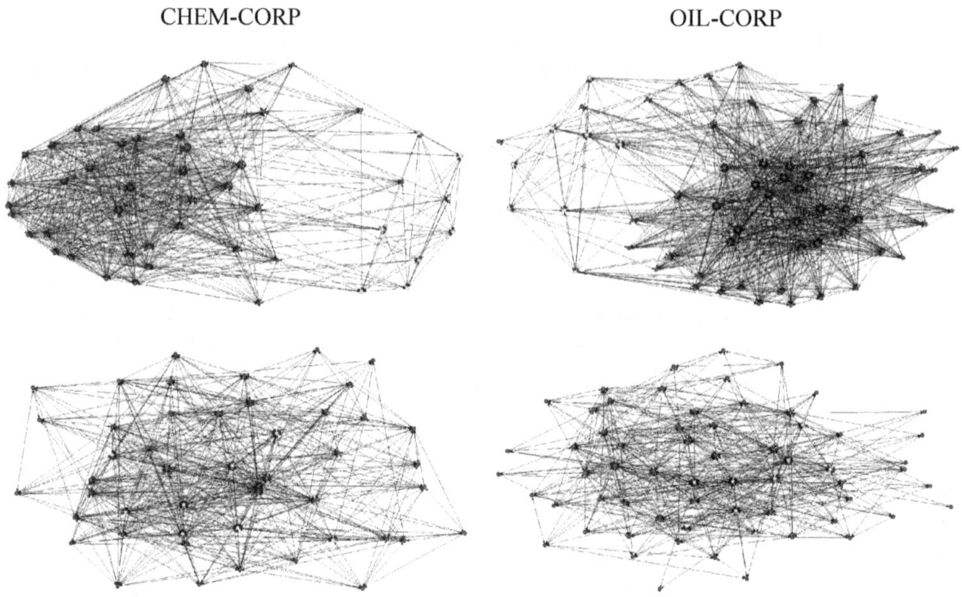

Abb. 3.1 Formale und informelle Netzwerke im Vergleich

dass sich die Differenzierung zwischen Kern und Peripherie ausschließlich auf die strukturelle Einbettung der Akteure bezieht. Eine Ableitung der Wichtigkeit der von durch die Manager repräsentierten Unternehmenseinheiten ergibt sich hingegen nicht.

Auch bei OIL-CORP zeigt sich ein vergleichbares Bild, dort ist sogar eine noch weitergehende Differenzierung der unterschiedlichen Akteurstypen möglich. Im Kern des dichten Teils des Netzwerks finden sich vor allem die Leiter der Zentralabteilungen, die offenbar sehr vernetzungsintensive Aufgaben innerhalb des Strategieentwicklungsprozesses übernehmen sollen. Darum gruppieren sich die Leiter der Tochtergesellschaften, woraus sich der Schluss ziehen lässt, dass den Zentralabteilungen die zentrale Koordination des Strategieprozesses zukommt. Wie bei CHEM-CORP sind auch hier die Vorstandsmitglieder deutlich abgesetzt in den Prozess eingebunden, ihnen kommt ebenfalls vor allem die Aufgabe der Strategieverabschiedung zu.

Im unteren Teil der Abbildung ist zu erkennen, dass die einzelnen Manager tatsächlich deutlich homogener in den Strategieprozess eingebunden sind. Insbesondere die Mitglieder des Vorstands nehmen eine wesentlich zentralere Rolle ein, als dies von der formalen Ablaufstruktur vorgesehen ist. In beiden Unternehmen scheint die Strategieentwicklung also auch schon in einem frühen Stadium deutlich stärker durch die Vorstände getrieben zu sein, wohingegen sich in beiden Unternehmen die Zentral- und Servicefunktionen in den tatsächlichen Strukturen etwas stärker in der Peripherie der Struktur verorten. Somit weist schon der grafische Befund auf deutliche Unterschiede zwischen dem formal vorgesehenen und dem tatsächlichen Ablauf des strategischen Planungs- und Entscheidungsprozesses in beiden Unternehmen hin.

Tab. 3.1 Multiplexitätsgrad formaler und informeller Strukturen

Anteil der formal angelegten Kooperationsbeziehungen im...	CHEM-CORP (%)	OIL-CORP (%)
Informationsnetzwerk	45,6	28,1
Unterstützungsnetzwerk	41,1	20,5

Ein quantitativer Vergleich der beiden Strukturdimensionen verdeutlicht den Umfang der strukturellen Abweichungen. Hierzu wurde der Multiplexitätsgrad zwischen formalen Beziehungen einerseits und informellen Beziehungen bezogen auf die beiden Beziehungsarten Informationen und Unterstützung andererseits herangezogen. Der Multiplexitätsgrad gibt an, wie stark sich formale und informelle Strukturen decken. Mit anderen Worten, es wird untersucht, welcher Anteil der formal angelegten Verbindungen zwischen den Akteuren auch in den tatsächlichen Informations- und Unterstützungsnetzwerken identifiziert werden kann. Das Resultat ist für beide Unternehmen durchaus überraschend. Der Grad, in dem sich die formal angelegten Beziehungen auch in den tatsächlichen Kooperationsstrukturen wiederfinden, variiert lediglich zwischen etwas mehr als 20 und knapp 45 %. Tabelle 3.1 gibt die detaillierten Ergebnisse des Vergleichs wieder. Mit anderen Worten, die – bei OIL-CORP sogar deutliche – Mehrheit der in der formalen Prozessorganisation dokumentierten Kooperationsbeziehungen wird in der Realität bezüglich der Weitergabe von Informationen und Unterstützung nicht umgesetzt. Stattdessen bestehen zahlreiche informelle kooperative Verbindungen, die formal nicht angelegt sind.

Wenngleich gewisse Abweichungen zwischen formalen und tatsächlichen Prozessstrukturen zu erwarten sind, so überraschen die hier gefundenen strukturellen Abweichungen angesichts der eingangs dargestellten hohen Bedeutung formal definierter Prozesse doch. Ferner ergibt sich die Frage, von welchen Determinanten die Struktur der informellen Netzwerke abhängt, wenn der formalen Prozessorganisation zumindest dem Umfang nach eine begrenzte Bedeutung zuzukommen scheint. Mit anderen Worten, der tatsächliche Ablauf der Strategieentwicklung scheint in beiden Unternehmen einer gänzlich anderen als der formal vorgegebenen strukturellen Logik zu folgen.

3.1.3 Schritt 2: Statistische Modelle zur Untersuchung der strukturellen Logik

Die Untersuchung der den Netzwerken zugrunde liegenden strukturellen Logik baut auf der Erkenntnis auf, dass die einzelnen Beziehungen eines Netzwerks typischerweise nicht unabhängig sind (Laumann und Pappi 1976). Stattdessen bestehen zwischen den Beziehungen Abhängigkeitsverhältnisse, was bedeutet, dass das Vorhandensein einzelner Beziehungen an die Existenz anderer Beziehungen gekoppelt ist. Dieser Sachverhalt wurde in Kap. 2.5.2 ausführlich erörtert. Die Existenz von Interdependenzen zwischen den einzelnen Beziehungen führt zur Entstehung von strukturellen Mustern. Dabei handelt es sich um kleine Teilkonfigurationen des gesamten Netzwerks, die aus der Kombination

Tab. 3.2 Strukturmuster in Netzwerken. (eigene Darstellung in Anlehnung an Lusher und Robins 2013; Robins et al. 2009)

Bezeichnung	Muster	Beschreibung
Reziprozität	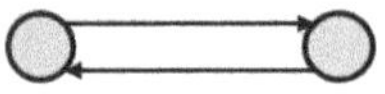	Form des direkten Tauschs, bei dem ein Ressourcenfluss in die eine Richtung von einem Ressourcenfluss in die andere Richtung abhängt
Multiplexität	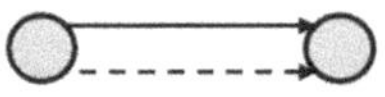	Abhängigkeitsverhältnis zwischen zwei Beziehungen unterschiedlicher Art aber mit derselben Richtung
In-Star	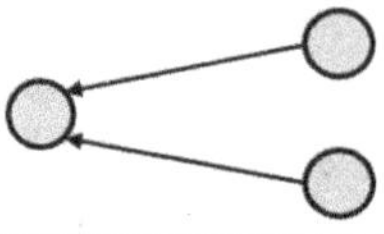	Indikator für Popularität, Akteure mit einer großen Zahl eingehender Beziehungen
Out-Star	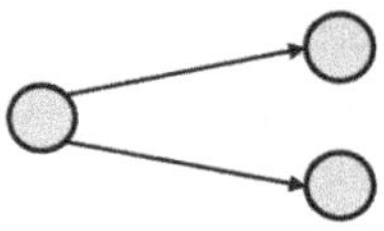	Indikator für Aktivität, Akteure mit einer großen Zahl ausgehender Beziehungen
Pfade		Indirekte Beziehungen, bei denen zwei Akteure nicht direkt miteinander verbunden sind, sondern durch einen intermediären Akteur (Broker)
Transitivität	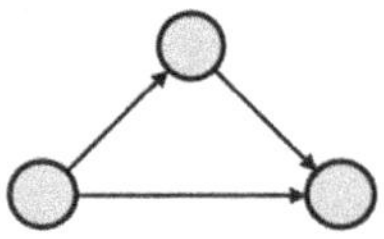	Indiziert lokale hierarchische Differenzierung in instrumentellen Beziehungen sowie Konsistenz in affektiven Beziehungen (z. B. der Freund eines Freundes ist auch der eigene Freund)
Kreise	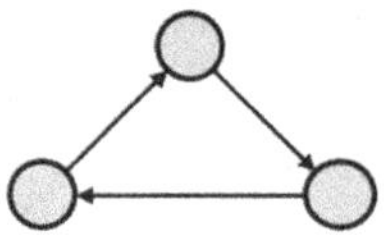	Indikator für generalisierten Tausch, bei dem die direkte Verbindung zwischen Leistung und Gegenleistung aufgehoben wird. Akteure stellen dem Netzwerk Ressourcen zur Verfügung und erhalten im Gegenzug Ressourcen aus dem Netzwerk

einzelner Beziehungen entstehen. Je nachdem, ob es sich bei den zwischen den Beziehungen bestehenden Wechselwirkungen um positive oder negative Interdependenzen handelt, ob sich die Beziehungen in ihrer Existenz also wechselseitig verstärken oder abschwächen, lassen sich Erwartungen formulieren, ob die daraus resultierenden Konfigurationen besonders häufig oder besonders selten im Netzwerk zu beobachten sein werden. Mit anderen Worten, das Ziel der Analyse besteht darin zu untersuchen, welche strukturellen Eigenschaften das Netzwerk in besonderem Maße kennzeichnen.

Für den hier untersuchten Prozess der strategischen Planung und Entscheidung soll nun untersucht werden, durch welche Grundmuster die aus mehreren Beziehungsarten bestehenden Netzwerke gekennzeichnet sind und damit welche strukturelle Logik diese Netzwerke auszeichnet. Dabei werden die oben dargestellten Beziehungstypen – formale Kooperationsbeziehungen sowie informelle Informations- und Unterstützungsbeziehungen – simultan berücksichtigt. Welche Strukturmuster in diesem Zusammenhang betrachtet werden, ergibt sich aus theoretischen Vorüberlegungen. Im Rahmen dieser Studie wurden dabei auf Basis des von Contractor et al. (2006) vorgeschlagenen Untersuchungsrahmens die in Tab. 3.2 dargestellten idealtypische Strukturmuster berücksichtigt. Die

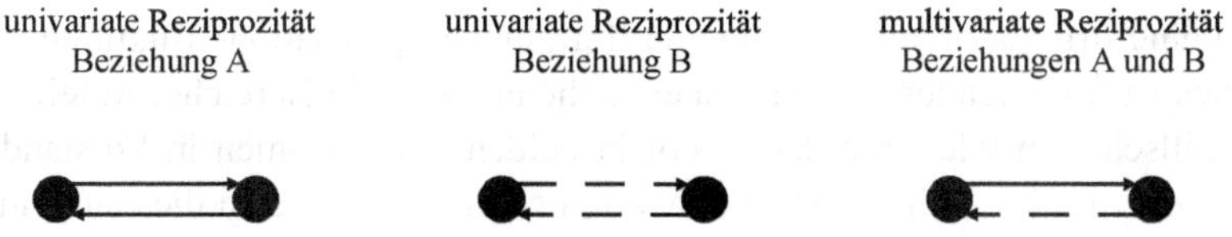

Abb. 3.2 Univariate und multivariate Reziprozität

Modellierung der Netzwerke erfolgt mit der in Kap. 2.6.2 ausführlich behandelten Klasse sogenannter „exponential random graph models (ERGMs)". Weil in dieser Untersuchung mehrere Beziehungsarten simultan betrachtet werden, wurden die ERGMs in ihrer multivariaten Spezifikation angewendet (Pattison und Wasserman 1999).

Anzumerken ist dabei, dass die in Tab. 3.2 dargestellten Strukturmuster lediglich Grundtypen darstellen. Weil in der Analyse mehrere Beziehungsarten simultan berücksichtigt wurden, kann letztlich jedes Strukturmuster aus Beziehungen unterschiedlicher Art bestehen. Beispielsweise kann Reziprozität bedeuten, dass zwei Akteure wechselseitig Informationen austauschen oder sich gegenseitig unterstützen. Gleichermaßen ist aber auch der multivariate Fall zu berücksichtigen, der sich aus einer Informationsbeziehung und einer entgegengerichteten Unterstützungsbeziehung ergibt. In der Folge geht jedes Strukturmuster in Abhängigkeit der Anzahl unterschiedlicher Beziehungsarten in mehreren Varianten in die Analyse ein. Technisch bedeutet dies, dass jede Strukturkonfiguration durch mehrere Parameter im Modell erfasst wird. Somit sind für die Berücksichtigung der unterschiedlichen Formen von Reziprozität im Falle von zwei Beziehungsarten bereits drei Parameter notwendig, was in Abb. 3.2 grafisch verdeutlicht wird. Werden wie in dieser Studie sogar drei Beziehungsarten (formale Kooperation, Information und Unterstützung) simultan analysiert, erhöht sich die Zahl der Parameter nochmals.

Im Folgenden werden die wichtigsten Erkenntnisse aus der ERGM-basierten Analyse der Strategienetzwerke beider Unternehmen berichtet. Dabei wird aus Gründen der Übersichtlichkeit auf eine Darstellung der quantitativen Ergebnisse der Modellierung verzichtet (vgl. stattdessen Rank et al. 2010). Ein erstes durchaus überraschendes Ergebnis besteht darin, dass die Resultate für beide Unternehmen zwar nicht vollständig identisch sind, angesichts der Vielzahl an einzelnen Effekten, die in den Modellen berücksichtigt wurden, aber eine zunächst nicht notwendigerweise zu erwartende Konsistenz aufweisen. Als erstes Zwischenergebnis lässt sich daher festhalten, dass die Netzwerke der Strategieentwicklung insgesamt einer Logik zu folgen scheinen, die unabhängig von den spezifischen Charakteristika eines einzelnen Unternehmens sind. Obwohl sich die beiden hier untersuchten Unternehmen wie oben dargestellt in vielerlei Hinsicht voneinander unterscheiden, weisen die statistische Modellierung ihrer Netzwerke ein hohes Maß an Übereinstimmung auf.

Aus inhaltlicher Sicht besteht die aus den Resultaten abgeleitete erste Erkenntnis darin, dass die formale Prozessorganisation des Strategieprozesses in beiden Unternehmen eine nur sehr begrenzte strukturierende Wirkung entfaltet. Zwar besteht zwischen Managern, die durch die formale Ablaufstruktur miteinander verbunden sind, signifikant häufiger auch eine tatsächliche Informations- und/oder Unterstützungsbeziehung. Allerdings bleibt dieser Effekt auf die dyadische Ebene begrenzt. Auf der Gruppenebene hingegen lässt sich keine strukturierende Wirkung der formalen Organisationsstrukturen mehr feststellen. Dies ist insbesondere deshalb überraschend, weil die Bereiche, Abteilungen und Tochtergesellschaften wie oben dargestellt in beiden Unternehmen in Vorstandsressorts zusammengefasst sind. Daher wäre zu erwarten gewesen, dass sich dies auch in den tatsächlichen Strukturen der Strategieentwicklung wiederspiegelt. Insofern bestätigen die Ergebnisse der statistischen Modelle die oben dargestellten Resultate eines quantitativen Vergleichs der formalen und informellen Beziehungen, die bereits auf eine sehr begrenzte Übereinstimmung der beiden Strukturarten hindeuteten.

Insbesondere auf der Gruppenebene weisen die Netzwerke beider Unternehmen eine strukturelle Logik auf, die weitgehend unabhängig von den formalen Strukturen ist. Diese Logik ist vor allem gekennzeichnet durch eine hohe Bedeutung von Reziprozität, also Formen des direkten Austauschs von Ressourcen zwischen den an der Strategieentwicklung beteiligten Führungskräften. Dieser Austausch kann durch wechselseitige Weitergabe der gleichen Ressourcen (z. B. Informationen gegen Informationen) oder aber durch Tausch verschiedener Ressourcenarten (Informationen gegen Unterstützung) erfolgen. In jedem Fall bedingt aber die Weitergabe von Ressourcen zwischen den an der Strategieentwicklung beteiligten Managern eine gewisse Gegenleistung.[5] Demgegenüber ließen sich Formen des generalisierten Tauschs, bei dem kein direkter Zusammenhang zwischen den gewährten und erhaltenen Ressourcen besteht, innerhalb der Strategienetzwerke praktisch nicht nachweisen. Ebenso wenig wahrscheinlich ist die Entstehung struktureller Pfade, mit deren Hilfe Informationen oder Unterstützung über einen oder mehrere intermediäre Akteure, sogenannte Broker, weitergegeben werden. Demgegenüber kommt dem Strukturmuster der Transitivität eine hohe Bedeutung zu, was auf eine gewisse (informelle) hierarchische Differenzierung der am Strategieentwicklungsprozess beteiligten Manager hindeutet.[6]

Insgesamt lässt sich aus den Resultaten ableiten, dass die Weitergabe von Informationen und Unterstützung im Rahmen des Strategieprozesses stark lokale Charakteristika aufweist. Ressourcen werden weder über mehrere Stationen hinweg weitergegeben, noch scheint das Konzept des generalisierten Tauschs, bei dem Manager ihren Kollegen Ressourcen relativ freigiebig zur Verfügung stellen und ihrerseits durch entsprechende Ressourcen aus dem Netzwerk profitieren, von hoher empirischer Relevanz zu sein.

3.1.4 Fazit

Dieses Forschungsprojekt ist in erster Linie der betriebswirtschaftlichen Grundlagenforschung zuzurechnen. Bislang bestanden kaum Erkenntnisse darüber, wie stark der struk-

[5] Anzumerken ist dabei, dass Reziprozität nicht notwendigerweise durch ein klassisches Tauschgeschäft entstehen muss, bei dem der Erhalt von Ressourcen eine Art Bezahlung in Form einer Gegenleistung verlangt. Vielmehr kann Reziprozität auch dadurch entstehen, dass die Manager jeweils paarweise über wichtige Ressourcen verfügen, die ihre Kooperationspartner zur Erfüllung ihrer strategischen Aufgaben benötigen.

[6] Zur Erklärung der hierarchischen Differenzierung auf Basis transitiver Strukturmuster vgl. nochmals Kap. 2.5.2.

turierende Einfluss formaler Prozessorganisationen auf den tatsächlichen Ablauf von Strategieentwicklungsprozessen ist oder welcher strukturellen Logik diese Prozesse in ihrer Gesamtheit folgen. Die Anwendung statistischer Verfahren zur Modellierung der Strategienetzwerke (ERGMs) im Rahmen einer komparativen Fallstudie führte zu einem hohen Übereinstimmungsgrad in den Ergebnissen der beiden untersuchten Unternehmen. Dieser Befund stützt die Annahme, dass die informelle und damit netzwerkartige Kooperation unter den Führungskräften eines Unternehmens einer gewissen grundlegenden strukturellen Logik folgt, die weitgehend unabhängig von den Spezifika eines einzelnen Unternehmens zu sein scheint. Stattdessen reflektieren die hier gefundenen und dem Netzwerk zugrundeliegenden Strukturmuster in erster Linie die Verhaltensannahmen der an der Strategieentwicklung beteiligten Manager. Überraschenderweise scheinen diese Verhaltensannahmen nur bedingt formale Kooperationserfordernisse zu berücksichtigen, was aus der sehr begrenzten strukturierenden Wirkung der formalen Organisationsstrukturen geschlossen werden kann. Allerdings ist anzumerken, dass die vergleichende Analyse von zwei Fällen noch keine belastbare Generalisierung der gefundenen Ergebnisse ermöglicht. Hierfür wäre die Replizierung der Untersuchung in weiteren Unternehmen notwendig, die sich idealerweise noch stärker in ihren Eigenschaften unterscheiden, als die beiden im Rahmen dieser Studie analysierten Unternehmen.

Nicht untersucht wurde im Rahmen dieses Forschungsprojekts die Frage, ob die gefundenen Abweichungen der tatsächlichen Strukturen vom formal vorgesehenen Ablauf der Strategieentwicklung gut oder schlecht für die Unternehmen sind. Mit anderen Worten, würde der strategische Planungs- und Entscheidungsprozess effektiver und effizienter ablaufen und damit möglicherweise zu besseren Ergebnissen führen, wenn sich die beteiligten Manager stärker an die Vorgaben der formalen Ablaufstruktur halten würden oder sind die deutlichen Abweichung von der formalen Prozessorganisation schlussendlich sogar mit Vorteilen für die Strategieentwicklung verbunden. Weil diese Fragen nicht Gegenstand des Forschungsdesigns waren, ließen sich auf Basis der Ergebnisse auch keine unmittelbaren Handlungsempfehlungen für die beiden Unternehmen ableiten. Wenngleich keines der beiden Unternehmen im Vorfeld der Analyse über Probleme hinsichtlich des kooperativen Austausch im Rahmen der Strategieentwicklung berichtet hatte, führte die Studie bei beiden Unternehmen zu einer Relativierung der Bedeutung ihrer formalen Organisationsstrukturen. Die Erfüllung formaler Ablaufstrukturen lässt sich häufig nicht im Detail überprüfen oder erscheint wie im Fall der Kooperation innerhalb des Topmanagements nicht wirklich sinnvoll zu sein. In solchen Fällen kann allerdings basierend auf den hier gewonnenen Erkenntnissen geschlossen werden, dass formale Ablaufstrukturen immer dann von begrenzter Bedeutung bleiben, wenn sie den fundamentalen Verhaltensannahmen der beteiligten Manager zuwider laufen. Daher könnten die in dieser Untersuchung erzielten Einblicke künftig bei der Entwicklung von Prozessorganisationen hilfreich sein. In jedem Fall erscheint eine detaillierte Kenntnis des tatsächlichen Ablaufs kooperativer Prozesse hilfreich für das erfolgreiche Management dieser Aktivitäten zu sein.

3.2 Nachlassende Leistungsfähigkeit eines internen IT-Dienstleisters als Folge abteilungsübergreifender Interaktionsprozesse

3.2.1 Problemstellung

Der in diesem Kapitel behandelte Fall hat seinen Ursprung nicht in einem wissenschaftlichen Forschungsprojekt. Vielmehr beschreibt er das sehr unternehmenspraktische Problem des Geschäftsführers eines eigentümergeführten Dienstleistungsunternehmens, der im Rahmen einer universitären Vortragsreihe zum ersten Mal mit netzwerkanalytischen Organisationsuntersuchungen in Kontakt gekommen war. Die Leitung des Unternehmens war nach rund dreißig Jahren vom Vater auf den Sohn übertragen worden. Zum Zeitpunkt der Projektdurchführung war der Sohn bereits seit sieben Jahren als Geschäftsführer tätig. Das Unternehmen bot abrechnungsbezogene Dienstleistungen im Gesundheitssektor an. Dieser Markt ist durch eine begrenzte Zahl von Anbietern charakterisiert, er weist gewissermaßen oligopolistische Eigenschaften auf. Einige der Konkurrenten sind deutlich größer als das hier untersuchte Unternehmen, dieses nimmt nach Aussage des Geschäftsführers eine mittlere Größe innerhalb der Brache ein, es beschäftigt etwas mehr als 100 Mitarbeiter.

Der zentrale Wettbewerb des Unternehmens besteht darin, dass die dem Dienstleistungsangebot zugrunde liegenden Softwarelösungen nicht von externen Anbietern zugekauft werden, sondern von unternehmensinternen IT-Spezialisten entwickelt werden. Innerhalb des Unternehmens gibt es daher eine IT-Abteilung, der die Funktion eines internen Dienstleisters für die einzelnen Fachabteilungen zukommt. Hierdurch ist eine wesentlich höhere Passgenauigkeit der Informationstechnologie mit marktlichen und kundenseitigen Erfordernissen und Ansprüchen möglich, weil die benötigten Softwareprodukte bei externen Anbietern typischerweise nur einen Teil des Leistungsangebots repräsentieren. Unabhängige Softwareentwickler, die sich ausschließlich auf diese Branche spezialisiert haben, existieren hingegen nicht. Die Internalisierung der IT-Entwicklung ist mit mehreren Vorteilen für das Unternehmen verbunden: Einerseits entsprechen die Softwarelösungen in einem deutlich stärkeren Maße den individuellen Anforderungen des Unternehmens als solche Produkte, die extern entwickelt wurden. Zum anderen ermöglicht die interne Entwicklung dem Unternehmen, deutlich schneller und flexibler auf sich ändernde Wünsche seiner Kunden zu reagieren, weil zeitintensive unternehmensübergreifende Abstimmungs- und Koordinationsprozesse entfallen. Aufgrund dieser Vorteile war es dem Unternehmen gelungen, seinen Marktanteil über viele Jahre hinweg kontinuierlich zu steigern und damit seine Position innerhalb des Marktes zu festigen.

Seit etwa drei Jahren allerdings gab es zunehmend Probleme mit diesem Geschäftsmodell. Insbesondere traten vermehrt Probleme zutage im Rahmen unternehmensinterner Koordinationsprozesse zwischen der IT-Abteilung auf der einen und den Fachabteilungen auf der anderen Seite. Diese Probleme führten immer häufiger zu Verzögerungen in den IT-bezogenen Prozessen, die Entwicklung neuer Softwareprodukte dauerte zu lang, Deadlines wurden immer häufiger nicht eingehalten. Darüber hinaus wurde zunehmend eine fehlende Passgenauigkeit der fertigen Softwarelösungen mit den internen Anforderungen beklagt. Vor diesem Hintergrund war die Kooperation zwischen IT-Abteilung und Fachabteilungen von wachsenden Schwierigkeiten und Diskussionen geprägt. Auf beiden Seiten entstand bei den Mitarbeitern das Gefühl, trotz der Intensität, mit der sie die Zusammenarbeit betrieben, die gemeinsamen Ziele nicht mehr erreichen zu können. Der Geschäftsführer sorgte sich um den Erfolg seines Unternehmens, weil der zentrale Wettbewerbsvorteil gegenüber den Konkurrenten kontinuierlich zu erodieren drohte.

Der Geschäftsführer vermutete, dass die Probleme auf einen zu geringen Austausch zwischen IT- und Fachabteilungen zurückzuführen waren. Seiner Meinung nach kommunizierten die Mitarbeiter in den Fachabteilungen nicht in ausreichendem Maße, welche Anforderungen sie an die neuen Softwarelösungen hatten. In umgekehrter Richtung banden die IT-Mitarbeiter ihre Kollegen in den Fachabteilungen zu wenig in den Entwicklungsprozess ein, was im Ergebnis zu einer Diskrepanz zwischen den Erwartungen an die neuen Lösungen einerseits und deren tatsächlicher Spezifikation andererseits führte. Der Geschäftsführer hatte bereits frühzeitig damit begonnen, diesen Problemen entgegenzuwirken. Insbesondere zielten seine Maßnahmen auf eine Intensivierung des abteilungsübergreifenden Austauschs ab. Die eingesetzten Instrumente umfassten neben anderen Teambuilding-Workshops sowie den Einsatz externer Kommunikationsberater und Coaches. Darüber hinaus wurden Outdoor-Events wie Raftingtouren und Exkursionen in Hochseilgärten durchgeführt, die den Zusammenhalt der Mitarbeiter untereinander befördern sollten. In einzelnen Fällen hatte der Geschäftsführer sogar versucht, über personelle Veränderungen die Koordination zwischen der IT und den anderen Abteilungen zu verbessern.

Trotz des Umfangs der einzelnen Maßnahmen und der Intensität, mit der die Unternehmensleitung versuchte, die Situation zu verbessern, nahmen die Probleme im Zeitverlauf sogar weiter zu. Die durch die Schwierigkeiten verursachten Gesamtkosten bezifferte der Geschäftsführer auf einen hohen sechsstelligen Euro-Betrag. Diese setzten sich zusammen aus einem durch eine sinkende Leistungsfähigkeit des Unternehmens hervorgerufenen wirtschaftlichen Verlust (Abwanderung von Kunden und Verlust von Marktanteilen) sowie aus dem direkten finanziellen Aufwand für die Durchführung der dargestellten Maßnahmen. Besonders problematisch empfand er die Tatsache, dass sich die Situation trotz aller eingeleiteten Maßnahmen nicht besserte und er keine Erklärung dafür hatte, warum die Anstrengungen zur Verbesserung der Kooperation keine Wirkung zeigten.

3.2.2 Untersuchungsmethode

Zur Analyse der Qualität der abteilungsübergreifenden Zusammenarbeit empfahl ich ihm eine detaillierte Untersuchung der unternehmensweiten Kooperations- und Interaktionsstrukturen. Wenngleich er von den Einzelheiten eines netzwerkanalytischen Vorgehens bis dahin noch keine Kenntnis hatte, schien ihm dieser Ansatz eine bislang noch nicht genutzte Möglichkeit darzustellen, den Organisationsproblemen in seinem Unternehmen zu begegnen. Weil sich die Kooperationsprobleme der IT-Abteilung im Verhältnis zu allen anderen Fachabteilungen weitgehend ähnlich darstellten – eine Unterscheidung in bessere und weniger gute Formen der Zusammenarbeit war nicht möglich – entschieden wir, dass die Untersuchung das gesamte Unternehmen umfassen sollte.

Von besonderer Bedeutung für die abteilungsübergreifende Zusammenarbeit hielt der Geschäftsführer den Austausch von Informationen. Die Mitarbeiter der IT-Abteilung seien darauf angewiesen, möglichst detaillierte Kenntnisse über die Anforderungen der Fachabteilungen an die Softwarelösungen zu erhalten. Umgekehrt müssten die Mitarbeiter der Fachabteilungen über ein gewisses Verständnis für technische Gegebenheiten und Erfordernisse verfügen, weil die Softwareentwicklung letztlich vor allem unter ökonomischen Gesichtspunkten erfolgen muss. Nicht alles, was technisch machbar oder wünschenswert sei, wäre wirtschaftlich sinnvoll. Daher stellten wir den Informationsaustausch ins Zentrum der Analyse.

Alle Mitarbeiter erhielten einen Fragebogen, der in seinem Kern aus Netzwerklisten bestand. Auf diesen war die gesamte Belegschaft des Unternehmens nach Abteilungen und Funktionen systematisch dargestellt. Die Mitarbeiter wurden gebeten, all diejenigen Kollegen zu markieren, mit denen sie regelmäßig tätigkeitsbezogene Informationen austauschten. Um die Ergebnisse nicht durch das Untersuchungsdesign zu beeinflussen, wurden die Mitarbeiter nicht darüber in Kenntnis gesetzt, dass insbesondere der Informationsaustausch der IT-Abteilung im Zentrum des Interesses stehen würde. So hatten die Mitarbeiter der Fachabteilungen auch die Möglichkeit, ihre kooperativen Beziehungen zu Kollegen anderer Fachabteilungen anzugeben.

Wenngleich das Unternehmen eine Kultur der Offenheit pflegte und sich die meisten Mitarbeiter inklusive der Abteilungsleiter und des Geschäftsführers bereits viele Jahre kannten, bestanden Bedenken hinsichtlich der Vertraulichkeit der erhobenen Daten. Im Rahmen intensiver Kommunikationsmaßnahmen sicherten wir zu, die Daten für die Ergebnisdarstellung soweit zu anonymisieren, dass sich daraus nicht die Identität einzelner Mitarbeiter ableiten lassen würde. Zusätzlich legten wir den Fragebögen einen vorfrankierten Rückumschlag bei, so dass Mitarbeiter die Möglichkeit hatten, den Fragebogen auch außerhalb des Unternehmens auszufüllen und direkt per Post zurückzusenden. Schließlich wurde den Mitarbeitern vorab garantiert, die Ergebnisse der Untersuchung transparent zu kommunizieren und allen Mitarbeitern zugänglich zu machen. Gemeinsam führten diese Maßnahmen dazu, dass ein vollständiger Rücklauf der Fragebögen von allen Mitarbeitern des Unternehmens realisiert werden konnte.

3.2.3 Ergebnisse

Das gesamte Interaktionsnetzwerk des Unternehmens, das die Informationsbeziehungen zwischen allen Mitarbeitern umfasst, ist in Abb. 3.3 dargestellt. Die Mitarbeiter sind in dieser Darstellung abteilungsweise angeordnet. Wenngleich dadurch die Koordinationsbeziehungen, die zwischen den Mitarbeitern innerhalb einer Abteilung bestehen, kaum

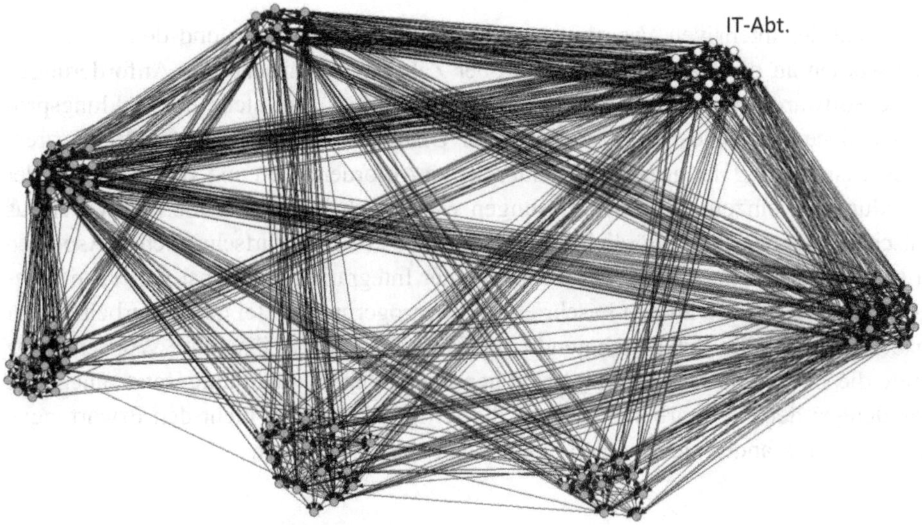

Abb. 3.3 Abteilungsübergreifendes Kooperationsnetzwerk

mehr erkennbar sind, ergibt diese Darstellungsweise besonders gut Aufschluss bezüglich der hier im Fokus stehenden abteilungsübergreifenden Koordinationsvorgänge.

Der Abbildung ist zu entnehmen, dass der Umfang des abteilungsübergreifenden Informationsaustauschs sehr unterschiedlich ausgeprägt ist. Während einerseits Abteilungen existieren, zwischen denen aufgrund ihrer Aufgabenbereiche nur singuläre Koordinationsbeziehungen bestehen (was beispielsweise im unteren Teil der Abbildung zu erkennen ist), lassen sich zwischen anderen Abteilungen sehr intensive Prozesse der Zusammenarbeit feststellen. Hinsichtlich der hier vor allem interessierenden Kooperationsbeziehungen der IT-Abteilung mit den anderen Fachabteilungen ist das Ergebnis durchaus überraschend. Hatte der Geschäftsführer ein zu geringes Maß an abteilungsübergreifendem Austausch als Ursache für die entstandenen Schwierigkeiten vermutet, so zeigen die Ergebnisse der Interaktionsanalyse, dass zwischen der IT-Abteilung und allen anderen Fachabteilungen sehr ausgeprägte Kooperationsbeziehungen existieren. Alle IT-Mitarbeiter sind mit einer Großzahl der Kollegen in den einzelnen Fachabteilungen über kooperative Beziehungen des Informationsaustauschs verbunden.

Interviews mit den Mitarbeitern unterstrichen die auf Basis des Koordinationsnetzwerks gefundenen Schlüsse. Die IT-Mitarbeiter suchten den intensiven Austausch mit ihren Kollegen aus den Fachabteilungen mit dem Ziel, möglichst viel über deren Anforderungen an die neuen IT-Lösungen zu erfahren und diese Spezifikationen im Entwicklungsprozess bereits frühzeitig berücksichtigen zu können. Die Mitarbeiter der Fachabteilungen nahmen sich ihrerseits viel Zeit, um diese Anforderungen zu spezifizieren und der IT-Abteilung zu kommunizieren.

Aufgrund der intensiven Vernetzung zwischen der IT-Abteilung und den Fachabteilungen wurden an die IT-Mitarbeiter in großer Zahl auch Wünsche und Anforderungen für neue Softwarelösungen herangetragen. Dies galt sogar für solche Entwicklungsprojekte, auf denen einzelne IT-Mitarbeiter unter Umständen gar nicht beschäftigt waren. Die Berücksichtigung der gesamten Bandbreite an Anforderungen und Wünschen bei der Entwicklung der einzelnen Softwarelösungen war jedoch in vielen Fällen entweder aus technischen Gründen nicht möglich oder erschien aus betriebswirtschaftlichen Aspekten nicht sinnvoll. Allerdings führte der Versuch einer Integration möglichst vieler Anforderungen auf Seiten der IT zu den beschriebenen Verzögerungen. Bei den Mitarbeitern der Fachabteilungen stellte sich zunehmend Unzufriedenheit ein, weil sie ihre Wünsche trotz der Zeit, die sie sich für deren Artikulation genommen hatten, nicht umgesetzt sahen. Die Begründungen der IT-Mitarbeiter, warum die fertigen Lösungen nicht den Erwartungen entsprachen, empfanden sie in vielen Fällen nicht nachvollziehbar.

3.2.4 Lösungsansatz

Aus den Ergebnissen der Interaktionsanalyse kann geschlossen werden, dass die entstandenen Probleme nicht durch ein zu geringes Maß an Interaktion zwischen IT-Mitarbeitern und ihren Kollegen in den Fachabteilungen verursacht wurden, wie es der Geschäftsführer vermutet hatte, sondern dass im Gegenteil ein zu weitreichender Informationsaustausch für die Schwierigkeiten verantwortlich war. Die Maßnahmen im Bereich des Teambuilding, die der Geschäftsführer auf Basis seiner falschen Vermutung implementiert hatte, waren nicht in der Lage, die Probleme zu lösen. Stattdessen führte die immer wiederkehrende Ermutigung der Mitarbeiter, sich intensiv miteinander abzustimmen und sich mit Kollegen der Partnerabteilungen zu vernetzen, dazu, dass die bestehenden Schwierigkeiten weiter zunahmen.

Zur Lösung der Probleme wurde ein konsequentes Reengineering der abteilungsübergreifenden Prozesse durchgeführt. Für jedes Projekt wurden zwei Projektverantwortliche definiert, jeweils einer auf Seiten der Fach- und IT-Abteilungen. Die Projektverantwortlichen hatten zum einen die Aufgabe der abteilungsinternen Kommunikation, was auf Seiten der Fachabteilungen insbesondere in der Sammlung und Integration der fachseitigen Spezifikationen bestand. Zum anderen wurde die abteilungsübergreifende Koordination – also der Austausch zwischen Fachabteilung und IT-Abteilung – auf die beiden Projektverantwortlichen beschränkt. Hierdurch sollte sichergestellt werden, dass die Wünsche der Mitarbeiter in den Fachabteilungen besser aufeinander abgestimmt wurden und möglichst rasch auf deren Umsetzbarkeit überprüft werden konnten.

Die konsequente Neudefinition der abteilungsübergreifenden Koordinationsprozesse führte schon nach wenigen Monaten zu nachhaltigen Verbesserungen. Durch eine Intensivierung der abteilungsinternen Koordination und einer gleichzeitigen Reduzierung der abteilungsübergreifenden Interaktion verkürzten sich die Durchlaufzeiten der IT-Projekte signifikant. Gleichzeitig ließen sich Missverständnisse und enttäuschte Erwartungen dadurch vermeiden, dass die jeweilige Freigabe für die Entwicklung einer Lösung erst nach Abschluss der Koordinationsbemühungen durch die beiden Projektverantwortlichen erfolgte.

3.2.5 Fazit: Viel Netzwerk ist nicht zwingend gut!

Der vorliegende Fall zeigt, dass ein Unternehmensnetzwerk im Gegensatz zu vielen populärwissenschaftlichen Veröffentlichungen nicht notwendigerweise dann besonders gut funktioniert, wenn es dicht ist, also aus möglichst vielen Beziehungen zwischen den Mitarbeitern besteht. Der Ansatz „viel hilft viel" scheint im Falle von Koordinationsbeziehungen nicht nur nicht zwingend gültig zu sein, im Gegenteil: Eine zu hohe Netzwerkdichte kann offenbar sogar mit negativen Folgen für Unternehmen einhergehen.

Verschiedene Autoren haben bereits auf mögliche Probleme (zu) hoher Netzwerkdichten hingewiesen. So zeigte Burt im Rahmen seiner Arbeiten zu strukturellen Löchern (vgl. hierzu grundlegend Burt 1992, 2005), dass eine hohe Netzwerkdichte mit dem Problem der Redundanz von Beziehungen einhergehen kann. Seiner Auffassung zufolge birgt eine dichte Netzwerkstruktur die Gefahr, dass Mitarbeiter zwar über viele Beziehungen verfügen, durch diese aber letztlich immer wieder die gleichen Ressourcen (z. B. Informationen) weitergegeben werden. Zwar beziehen sich diese Arbeiten primär auf die individuelle Ebene und postulieren, dass Akteure, die in dichte Netzwerke eingebettet sind, Nachteile gegenüber solchen Akteuren haben, die strukturelle Löcher überspannen. Allerdings scheinen sich auch auf einer aggregierten Netzwerkebene zu dichte Beziehungsstrukturen nachteilig auszuwirken, wenngleich aus anderen Gründen. Hatte Burt argumentiert, zu dichte Beziehungen gingen mit dem Problem der Redundanz von Ressourcen einher, so scheint das Problem auf der Netzwerkebene basierend auf der in diesem Kapitel dargestellten Studie eher in einer zu stark ansteigenden Heterogenität der Beziehungen zu liegen. Die vielfältigen Wünsche, die an die IT-Mitarbeiter herangetragen wurden, ließen sich im Rahmen der einzelnen Projekte nicht sinnvoll integrieren. Erst eine Konsolidierung der Beziehungsstrukturen durch die Reduktion des abteilungsübergreifenden Austausch auf die Projektverantwortlichen und damit die bewusste Schaffung von strukturellen Löchern zwischen den Abteilungen führte zu einer nachhaltigen Verbesserung der Zusammenarbeit.

Interessant ist im Vergleich zur ersten Fallstudie nochmals die Frage nach der Relevanz formaler Ablaufstrukturen. Während im Fall des strategischen Planungs- und Entscheidungsprozesses die vorhandene formale Prozessorganisation nicht beachtet wurde und somit die fehlende Möglichkeit einer Durchsetzung formaler Organisationsstrukturen ursächlich für den tatsächlichen Ablauf der Strategieentwicklung war, wurden die Kooperationsprobleme zwischen IT- und Fachabteilungen durch ein zu geringes Maß an Formalisierung hervorgerufen. Die wiederkehrende Ermutigung der Mitarbeiter durch die Unternehmensleitung, sich informell zu vernetzen und Informationsbeziehungen aufzubauen, führte in der Summe zu einer nachlassenden Effektivität des abteilungsübergreifenden

Informationsaustauschs. Somit ist neben der Frage nach dem Wert (zu) dichter Netzwerkstrukturen auch der Sachverhalt zu klären, ob ein zu hohes Maß an Informalität in der Zusammenarbeit von Mitarbeitern und Abteilungen günstig ist oder dem Unternehmen möglicherweise sogar schaden kann. Wenngleich ein hoher Formalisierungsgrad heute gelegentlich als unmodern gilt und die stattdessen die informelle Vernetzung von Akteuren wie eingangs dargestellt in den Vordergrund gestellt wird, so scheint sich ein fehlender formaler Rahmen unter Umständen spürbar negativ auszuwirken.

3.3 Performanceunterschiede zwischen Vertriebsteams als Folge der teaminternen Kooperationsstrukturen

3.3.1 Problemstellung

Dieses großangelegte Forschungsprojekt verfolgte zunächst die Zielsetzung einer Untersuchung von Möglichkeiten, die zwischen Vertriebsmitarbeitern bestehenden informellen Kooperationsstrukturen zielgerichtet zu beeinflussen. Es sollte geprüft werden, inwieweit informelle kooperative Beziehungen zwischen Mitarbeitern durch Führungs- und Anreizsysteme so beeinflusst werden können, dass sie eine Steigerung des Vertriebserfolgs dieser Mitarbeiter bewirken. Im Rahmen der vorbereitenden Gespräche für dieses Forschungsvorhaben berichteten die Vertriebsleiter von vier der beteiligten Unternehmen von signifikanten Leistungsunterschieden nicht nur auf Mitarbeiterebene (was der eigentlichen Fragestellung des Projekts entsprach), sondern auch auf Teamebene. Mit anderen Worten, die einzelnen Vertriebseinheiten bzw. -teams unterschieden sich nachhaltig in ihrer Leistungsfähigkeit. Keiner der Vertriebsleiter hatte eine Erklärung, aus welchen Gründen die Leistungsunterschiede zwischen den weitgehend gleich strukturierten Teams bestanden. Die Unterschiede im jeweiligen Vertriebserfolg der einzelnen Teams waren erheblich, in der Spitze übertraf die Vertriebsleistung der erfolgreichen Teams diejenige der weniger erfolgreichen Teams um bis zu 20 % (der Einfachheit halber verwende ich im Folgenden nur noch der Begriff des „Teams", womit durchaus auch größere Vertriebseinheiten gemeint sind, die eher den Charakter ganzer Abteilungen oder auch Vertriebsniederlassungen haben).

In allen Fällen hatten die jeweiligen Vertriebsleiter bereits versucht, den Unterschieden in der Leistungsfähigkeit ihrer Vertriebsteams zu begegnen, wenngleich bislang ohne Erfolg. Charakteristisch war dabei, dass sich die Maßnahmen in allen vier Unternehmen zunächst auf die weniger erfolgreichen Teams konzentrierten, was vordergründig vielleicht naheliegend erscheint. Die weiteren Ausführungen werden allerdings zeigen, dass zur Lösung des Problems auch die Berücksichtigung und Analyse der erfolgreichen Teams von essentieller Bedeutung ist. Im direkten Vergleich wiesen die weniger erfolgreichen Teams nicht nur eine signifikant geringere Vertriebsleistung auf, die Zusammenarbeit zwischen den Mitarbeitern war in einem deutlich stärkeren Maß geprägt von Diskussionen und Konflikten. In allen vier Unternehmen versuchten die Vertriebsleiter, diesen Problemen mit einem Bündel von Einzelmaßnahmen zu begegnen, die typischerweise produkt- bzw.

dienstleistungsbezogene Schulungen sowie verschiedene teambildende Maßnahmen wie Gruppendiskussionen, Workshops, Coaching und Training beinhalteten. In einzelnen Fällen wurde sogar versucht, über Versetzungen einzelner Mitarbeiter die Teamzusammensetzung zu verändern.

Gleichwohl ließen sich die Unterschiede in der Leistungsfähigkeit der einzelnen Teams in keinem der vier Unternehmen reduzieren. Wenngleich im Zeitverlauf geringe Schwankungen zu verzeichnen waren, so führten die Maßnahmen nicht zu einer nachhaltigen Verbesserung der Vertriebsleistung in den weniger erfolgreichen Teams und damit zu einer Annäherung an den Vertriebserfolg der erfolgreichen Einheiten. Aufgrund der speziellen Fragestellung klammerten wir diesen Sachverhalt aus dem ursprünglichen Forschungsvorhaben aus und widmeten uns dieser Fragestellung im Rahmen einer eigenständigen Studie.

3.3.2 Vorbereitende Schritte und Auswahl der Vertriebsteams

Die Größe der Vertriebsorganisationen in den beteiligten Unternehmen machte eine Vollerhebung von Daten unter allen Vertriebsmitarbeitern, -teams und -einheiten unmöglich, weswegen eine Auswahl der zu untersuchenden Teams erforderlich war. Im Sinne einer vergleichenden Fallstudie wurden daher Vertriebsteams auf Basis ihrer Vertriebsleistung ausgewählt, wobei für jedes Unternehmen mindestens ein sehr erfolgreiches Team und ein wenig erfolgreiches Team für die Studie selektiert wurden. Die Beurteilung der Teamperformance erfolgte auf der Basis der jeweiligen Vertriebsleistung sowie des diesbezüglichen Zielerreichungsgrads. Für die konkrete Auswahl der einzelnen Teams waren jeweils die Vertriebsleiter der Unternehmen verantwortlich.

Die paarweise Untersuchung von Teams jeweils eines Unternehmens ermöglichte den Ausschluss einer Reihe von Kriterien, die ansonsten ursächlich für die Leistungsdifferenzen hätten sein können. Tabelle 3.3 gibt einen Überblick über die Vergleichskriterien. So hatten die Teams jeweils identische formale Aufbau- und Prozessstrukturen. Darüber hinaus waren die Vergütungssysteme für die Teams innerhalb der Unternehmen gleich, die Mitarbeiter wurden – wie in Vertriebsfunktionen weit verbreitet – mit Hilfe einer Kombination von fixen und variablen Vergütungskomponenten entlohnt, wobei sowohl individuelle als auch die teambezogene Vertriebsleistung als Bezugsgröße für die variablen Vergütungsbestandteile herangezogen wurden. Schließlich waren die Teams jeweils für den Vertrieb eines identischen Sortiments an Produkten und Dienstleistungen zuständig. Alle Unternehmen verfügten über marktbezogene Strukturen in ihren Vertriebsorganisationen, was bedeutete, dass jedes Vertriebsteam für ein bestimmtes geografisches Gebiet zuständig war. Die einzelnen Regionen wurden anhand ihrer jeweiligen Kaufkraft miteinander verglichen, wobei sich jedoch keine nennenswerten Unterschiede ergaben. Weil keine Teams über Ländergrenzen hinweg miteinander verglichen wurden, konnten letztlich auch möglicherweise bestehende kulturelle Unterschiede zwischen den Regionen als Erklärungsansatz für die Leistungsunterschiede ausgeschlossen werden.

Tab. 3.3 Systematischer Vergleich der Vertriebsteams

Vergleichskriterien für die Vertriebsteams
Unterschiede in den formalen Aufbau- und Ablaufstrukturen
Unterschiede in den Vergütungssystemen
Regionale Unterschiede in der Kaufkraft der Vertriebsgebiete
Kulturelle Unterschiede zwischen den Vertriebsgebieten
Unterschiede in der internen Zusammensetzung der Teams:
Anteil von weiblichen und männlichen Teammitgliedern
Durchschnittsalter und Altersverteilung
Erfahrungen der Mitarbeiter
Ausbildungshintergrund
Unterschiede in den Weiterbildungsmaßnahmen der Mitarbeiter

Neben diesen formalen Kriterien wurde getestet, ob die interne Zusammensetzung der Teams als Erklärung für die Leistungsunterschiede verantwortlich sein könnte. Zunächst wurde geprüft, ob möglicherweise das Verhältnis weiblicher und männlicher Vertriebsmitarbeiter in den einzelnen Teams die Erfolgsunterschiede erklären könnte. Zwar ergaben sich deutliche Unterschiede in der geschlechtsbezogenen Zusammensetzung zwischen den untersuchten Teams, diese waren jedoch unsystematisch, so dass ein Effekt auf die Teamleistung ausgeschlossen werden konnte (mal zeichneten sich die erfolgreichen Teams durch mehr Frauen, in anderen Fällen hingegen durch mehr männliche Teammitglieder aus, und Gleiches galt entsprechend für die weniger erfolgreichen Teams). Ebenso wenig spielte die altersbezogene Zusammensetzung der Vertriebsmitarbeiter eine Rolle im Hinblick auf die Leistungsfähigkeit der Teams. Tatsächlich wichen die Teams in den jeweiligen Unternehmen nur unwesentlich im Durchschnittsalter der Teammitglieder sowie ihrer Altersstruktur voneinander ab. Auch bezüglich der Erfahrung der Mitarbeiter konnten keine Unterschiede festgestellt werden. Erfolgreiche und weniger erfolgreiche Teams unterschieden sich nicht nennenswert mit Blick auf die Anzahl der Jahre, in denen die Mitarbeiter in ihren jeweiligen Positionen für ihr Unternehmen tätig waren. Schließlich konnte der Ausbildungshintergrund als Erklärungsansatz ausgeschlossen werden. Je nach Unternehmen und Produktpalette hatten die Unternehmen jeweils einheitliche Anforderungen an die Qualifikationen der Mitarbeiter, die entweder in einer Berufsausbildung oder einem abgeschlossenen Hochschulstudium bestanden. Ebenso konnte sichergestellt werden, dass alle Mitarbeiter der erfolgreichen und weniger erfolgreichen Teams jeweils an den gleichen Weiterbildungsmaßnahmen teilnahmen, so dass auch der Aspekt der berufsbezogenen Weiterqualifikation als Erklärungsansatz für die bestehenden Leistungsdifferenzen ausschied.

Nachdem unterschiedliche Eigenschaften der Teams und ihrer Mitarbeiter als Determinanten der bestehenden Leistungsunterschiede ausgeschlossen werden konnten, wurde die Arbeitshypothese aufgestellt, dass die teaminternen Kooperationsstrukturen, also die Art und Weise, wie die Vertriebsmitarbeiter wichtige Ressourcen wie Wissen, Informationen oder Rat untereinander weitergeben und transferieren, die Differenzen in den Vertriebsleistungen erklären würden. Wie die folgenden Abschnitte zeigen werden, war in diesem Fall ein zweistufiges Analyseverfahren zur Bestimmung der Ursachen notwendig.

3.3.3 Schritt 1: Erhebung und grafische Analyse der teaminternen Kooperationsstrukturen

In einem ersten Schritt sollte versucht werden, die Ursache für die bestehenden Leistungsunterschiede mit Hilfe einer grafischen Darstellung der teaminternen Kooperationsstrukturen zu bestimmen. Zu diesem Zweck wurden die informellen Kooperationsbeziehungen mittels einer Befragung aller Mitglieder der zu untersuchenden Vertriebsteams erhoben. Die Beteiligung der Vertriebsmitarbeiter war in allen Vertriebsteams sehr hoch, die Rücklaufquote lag bei mindestens 87 %, wobei in einigen Teams sogar eine vollständige Beteiligung aller Mitarbeiter erreicht werden konnte.

Die Erhebung der Kooperationsstrukturen erfolgte differenziert, berücksichtigt wurden zwei unterschiedliche Beziehungsinhalte. Zum einen wurden die Mitarbeiter gebeten, die zu ihren Kollegen bestehenden Informationsbeziehungen anzugeben. Durch solche Informationsbeziehungen geben Mitarbeiter typischerweise Wissen und Know-how weiter, welches sie im Rahmen ihrer Vertriebstätigkeit verwenden. Zum anderen wurden Advicebeziehungen erhoben. Mitarbeiter wurden dementsprechend gebeten diejenigen Kollegen anzugeben, mit denen sie Ressourcen wir Rat, Hilfe und Unterstützung austauschen.[7] Während Informationsbeziehungen primär instrumenteller Natur sind, sind Advicebeziehungen in einem gewissen Rahmen auch durch affektive Aspekte geprägt. So setzt das Suchen von Rat oder Hilfe in der Regel ein gewisses Maß an Vertrauen zwischen den Mitarbeitern voraus zumindest dergestalt, dass der Ratgeber das Hilfeersuchen seines Kollegen nicht ausnutzt bzw. vertraulich behandelt.

Abbildung 3.4 stellt exemplarisch zwei der untersuchten Paarungen an erfolgreichen und weniger erfolgreichen Vertriebsteams dar. Im oberen Teil der Grafik sind zwei Teams eines großen europäischen Versicherungskonzerns abgebildet, im unteren Teil zwei Vertriebseinheiten eines großen Herstellers von Medizintechnik. Die Darstellung der Beziehungen wurde so gewählt, dass graue Pfeile uniplexe Beziehungen markieren. Dabei handelt es sich um Verbindungen zwischen Mitarbeitern, in denen entweder Informationen oder Rat transferiert werden. Schwarze Pfeile symbolisieren hingegen multiplexe Verbindungen, die durch beide Beziehungsarten simultan charakterisiert sind. Daneben sind zwei Eigenschaften der Mitarbeiter in die Darstellung aufgenommen. Die Farbe der Akteure symbolisiert das Geschlecht, wobei weibliche Teammitglieder in schwarz und männliche in weiß dargestellt sind. Die Größe der Kreise entspricht der tätigkeitsbezogenen Erfah-

[7] Ich verwende hier den Begriff „Advicebeziehung" um zu verdeutlichen, dass es sich dabei um einen breiteren Beziehungsinhalt handelt, als die bloße Weitergabe von Ratschlägen.

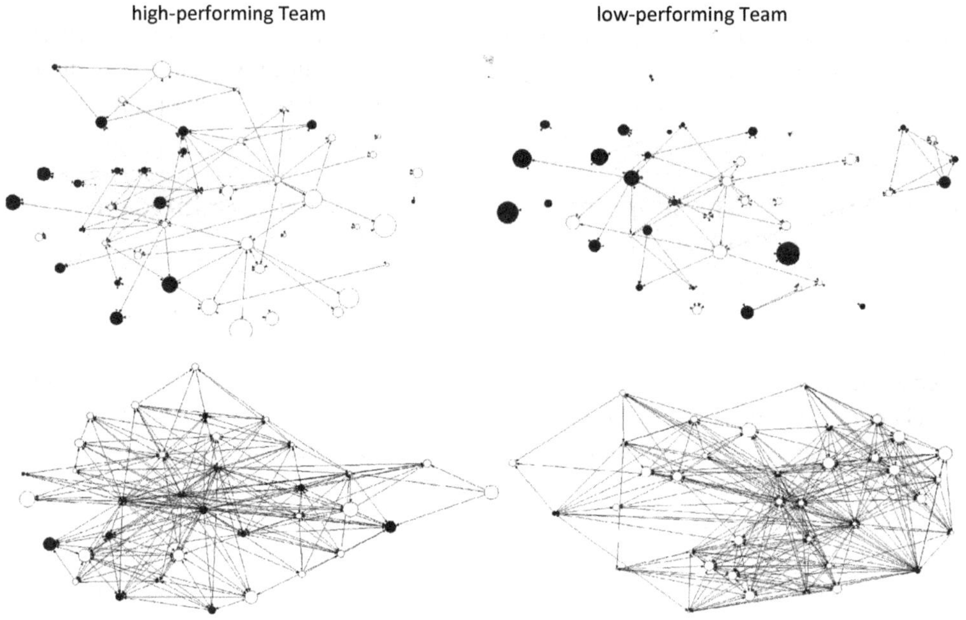

Abb. 3.4 Kooperationsnetzwerke in Vertriebsteams

rung der Vertriebsmitarbeiter, was durch die Anzahl der Jahre in der jeweiligen Funktion operationalisiert wurde.

Wenngleich die Abbildungen gewisse paarweise Unterschiede zwischen den erfolgreichen und weniger erfolgreichen Teams verdeutlichen, so sind diese Unterschiede keinesfalls systematischer Natur. Aus diesem Grund erscheinen die auf Basis der grafischen Analyse ermittelten Strukturunterschiede nicht geeignet, die Leistungsdifferenzen zwischen den Teams zu erklären. Als Zwischenergebnis kann somit festgehalten werden, dass – anders als in den beiden zuvor betrachteten Fällen – nicht das Gesamtgefüge aller Kooperationsbeziehungen und damit die aggregierte Netzwerkstruktur als Erklärungsansatz für die bestehenden Probleme herangezogen werden kann.

3.3.4 Schritt 2: Vergleich der Kooperationsmechanismen

Wenngleich die Gesamtheit der zwischen den Vertriebsmitarbeitern bestehenden informellen Kooperationsbeziehungen noch nicht die Leistungsunterschiede zwischen den Teams erklären konnte, so wäre es dennoch verfrüht davon auszugehen, dass kein Effekt der Kooperationsstrukturen auf die Teamleistung existiert. Aufbauend auf der in Kap. 3.1 dargestellten Studie, in der ich die These von einer „strukturellen Logik informeller Netzwerke" aufgestellt hatte (Rank et al. 2010), wurde nun vermutet, dass die den Gesamtstrukturen zugrunde liegenden Kooperationsmechanismen für die bestehenden Leistungsdifferenzen verantwortlich sein würden. Mit anderen Worten, wir gingen davon aus, dass der Aufbau und Unterhalt informeller Austauschbeziehungen von Mitarbeitern mit ihren Kollegen einem gewissen Kalkül folgt. Diese Kooperationsüberlegungen führen letztlich vergleichbar zum Fall der Strategienetzwerke in Kap. 3.1 zur Entstehung spezifischer Strukturmuster innerhalb der Netzwerke, von denen erwartet werden kann, dass sie die Leistungsfähigkeit eines Teams beeinflussen. Wenngleich ich an dieser Stelle von Kalkül spreche, so ist nicht notwendigerweise davon auszugehen, dass der Aufbau und Unterhalt kooperativer Beziehungen mit Kollegen in allen Fällen auf einem bewussten Abwägungsprozess beruht. Stattdessen kann erwartet werden, dass solche Prozesse basierend auf den Werten und Normen von Mitarbeitern bis zu einem gewissen Grad automatisiert ablaufen, diese „Austauschüberlegungen" also vielfach unterhalb der Bewusstseinsschwelle von Mitarbeitern stattfinden werden.

Zur Untersuchung der den Kooperationsnetzwerken zugrunde liegenden strukturellen Logik wurde wiederum auf den Untersuchungsrahmen von Contractor et al. (2006) zurückgegriffen. Ursächlich für diese Vorgehensweise war die Erwartung, dass die Kooperationsnetzwerke der erfolgreichen Teams durch andere Strukturmuster und damit durch andere Kombinationen von Kooperationsbeziehungen gekennzeichnet sein würden als die entsprechenden Netzwerke der weniger erfolgreichen Teams. Zunächst wurde versucht, auf Basis einer umfassenden Literaturstudiums herauszufinden, inwiefern von den einzelnen Strukturmustern bzw. -eigenschaften tendenziell erfolgsfördernde oder erfolgsreduzierenden Effekte erwartet werden können. Die Literaturanalyse erbrachte überraschenderweise sehr heterogene Befunde. Mit anderen Worten, für jedes der betrachteten Muster ließen sich gleichermaßen Argumente für erfolgsfördernde und -hemmende Wirkungen finden. Diese Argumente sind in Tab. 3.4 zusammengestellt (für die grafische Darstellung der einzelnen Strukturmuster vgl. nochmals Tab. 3.2).

Da sich auf theoretischer Ebene nicht klären ließ, inwiefern die einzelnen Muster die Leistungsfähigkeit der Vertriebsteams positiv oder negativ beeinflussen würden, erfolgte im nächsten Schritt eine diesbezügliche Untersuchung der erhobenen Kooperationsstrukturen in den einzelnen Teams. Die Analyse erfolgte mit Hilfe multivariater „exponential random graph models (ERGMs)". Im Gegensatz zu der in Kap. 2.6.2 beschriebenen Grundform von ERGMs ist deren Erweiterung für multivariate Netzwerkstrukturen in der Lage, mehrere Beziehungsarten simultan in der Analyse zu berücksichtigen. Wie im Fall der Analyse der Strategienetzwerke (vgl. Kap. 3.1) erhöht sich in der Folge die Anzahl der zu berücksichtigenden Parameter und damit die Komplexität der zu schätzenden Modelle substanziell.

Die Resultate der Anwendung multivariater ERGMs ermöglichen die Ableitung detaillierter Einblicke in die Strukturmuster der internen Kooperationsnetzwerke zwischen den Mitarbeitern. Zunächst ist festzuhalten, dass sich grundlegende Unterschiede zwischen den Strukturmustern der erfolgreichen Vertriebsteams einerseits und den weniger erfolgreichen Teams andererseits feststellen ließen. Wenngleich die Ergebnisse für die erfolgreichen und weniger erfolgreichen Teams über die vier untersuchten Unternehmen hinweg nicht vollständig identisch waren, so weisen die Strukturen dennoch eine weitgehende

Tab. 3.4 Erfolgswirkung von Strukturmustern in Kooperationsnetzwerken

Struktur-muster	Erfolgsfördernde Wirkung	Erfolgsreduzierende Wirkung
Dichte der Beziehungen	Eine höhere Beziehungsdichte führt zu mehr Kooperation, einer höheren Verfügbarkeit wichtiger Ressourcen sowie weniger Freeriding unter den Teammitgliedern (Molm 1994; Sparrowe et al. 2001; Wagner 1995)	Eine höhere Beziehungsdichte führt zur Duplizierung von Beziehungen und birgt damit die Gefahr einer Weitergabe redundanter Ressourcen (beispielsweise immer wieder derselben Informationen) (Burt 1992). Weil der Aufbau und Unterhalt kooperativer Beziehungen mit Kosten einhergeht (z. B. Zeit), sind redundante Beziehungen ineffizient (Hansen 2002)
Zusammenhang zwischen verschiedenen Beziehungsarten (Multiplexität)	Der Aufbau zusätzlicher Beziehungen ist leichter, wenn zwischen zwei Mitarbeitern bereits eine Verbindung besteht. Besteht zu einem Kollegen beispielsweise eine Informationsbeziehung, so kann dieser leichter auch um Unterstützung und Hilfe gebeten werden. Ursächlich dafür ist, dass solche multiplexen Beziehungen durch ein höheres Maß an Vertrauen gekennzeichnet sind (Coleman 1990; Boissevain 1974)	Multiplexe Beziehungen implizieren eine geringere Heterogenität in den Kooperationspartnern. Weil sich diese aber möglicherweise in eine bestimmte Richtung spezialisieren, stellen sie für andere Ressourcen nur suboptimale Partner dar (Burt 1992). Diejenigen, von denen ein Mitarbeiter Informationen erhält, sind nicht notwendigerweise auch die besten Partner, wenn es um das Erlangen von Rat oder Hilfe geht
Direkter Austausch (Reziprozität)	Wechselseitigkeit erhöht die Stabilität von Beziehungen, weil Mitarbeiter für die Ressourcen, die sie ihren Kollegen zur Verfügung stellen, eine Gegenleistung erhalten. Stabile Kooperationsbeziehungen zwischen Mitarbeitern lassen sich dann erwarten, wenn die Kooperation durch ein Geben und Nehmen gekennzeichnet ist, weil dies von den Mitarbeitern als fair angesehen wird (Emerson 1972a, b; Granovetter 1985; Krackhardt 1992)	Starke Vorstellungen von Tausch und Fairness behindern die freie Weitergabe von wichtigen Ressourcen, welche die Mitarbeiter im Rahmen ihrer Tätigkeit benötigen. Kann ein Kollege keine adäquate Gegenleistung erbringen, so kommt kein Tausch und damit keine Kooperation zustande, obwohl dieser Kollege auf die Ressourcen angewiesen wäre
Kreisförmige Strukturen	Kreisförmige Strukturen sind Ausdruck eines indirekten Tauschs, bei dem das direkte Verhältnis von Leistung und Gegenleistung aufgehoben wird. Mitarbeiter beteiligten sich an einem solche „generalisierten Tauschsystem", solange sich ihre Beiträge für das System und ihr Nutzen, den sie aus dem System ziehen, in einem angemessenen Verhältnis bewegen (Tsai und Ghoshal 1998; Gambetta 1988). Weil die Beiträge der einzelnen Mitarbeiter durch die Kollegen beobachtbar sind, besteht in einem solchen System ein hohes Maß an sozialer Kontrolle (Ouchi 1980)	„Generalisierte Tauschsysteme" implizieren nicht mehr sondern weniger soziale Kontrolle. Während in direkten Tauschbeziehungen jeder Mitarbeiter seine Beiträge und seinen Nutzen und damit das Maß an Fairness in den Tauschbeziehungen direkt beurteilen kann, führt generalisierter Tausch zu weniger Koordination. Dies hat zur Folge, dass einzelne Mitarbeiter versuchen werden, das System für ihre Zwecke zu nutzen (hoher individueller Nutzen, geringe individuelle Beiträge), was langfristig zu einem Versagen der gesamten Kooperationsstruktur führen kann

Tab. 3.4 (Fortsetzung)

Strukturmuster	Erfolgsfördernde Wirkung	Erfolgsreduzierende Wirkung
Pfade und indirekte Beziehungen	Indirekte Beziehungen sind durch einen vergleichbaren Nutzen gekennzeichnet wie direkte Beziehungen, weil dieselben Ressourcen weitergegeben werden. Gleichzeitig werden aber die Kosten für den Aufbau und Unterhalt von Beziehungen reduziert, weil insgesamt weniger Beziehungen notwendig sind (Hansen 2002)	Indirekte Beziehungen stellen suboptimale Ressourcenkanäle dar, weil sie die Gefahr der bewussten oder unbewussten Verzerrung von Ressourcen beinhalten. So werden beispielsweise Informationen unvollständig oder bewusst falsch an andere Kooperationspartner weitergegeben (Huber 1982; Huber und Daft 1987; O'Reilly 1978)
Informelle Hierarchie	Hierarchien können sich auch informell bilden selbst dann, wenn ein Team nur über ein geringes Maß an formaler Struktur verfügt. Diese informellen Hierarchien haben jedoch eine vergleichbare Wirkung wie formale Strukturen, sie erhöhen das Maß der Koordination von kooperativen Vorgängen, reduzieren den Zeitbedarf und verbessern dadurch die Kooperationseffizienz (Adler 1999)	Auch informelle Hierarchien können Kooperation behindern, weil sie zu Statusunterschieden zwischen den Mitarbeitern führen (Koufteros et al. 2007; Nahm et al. 2003; Tata und Prasad 2004)
Zentralisierung	Zentralisierung verringert die Gefahr von Duplikationen und verhindert die Entstehungen von Inkonsistenzen in einzelnen Subeinheiten eines Teams (Lin und Germain 2003). Damit trägt Zentralisierung zu einer Erhöhung der Kooperationseffizienz bei	Zentralisierung führt zu einer Unterscheidung in zentrale und periphere Mitarbeiter und führt zu Motivationsunterschieden. Während zentrale Mitarbeiter ein Gefühl von Wichtigkeit und Bedeutsamkeit erleben, wird die Motivation peripherer Mitarbeiter, sich an kooperativen Handlungen zu beteiligen reduziert (Leenders et al. 2003; Sparrowe et al. 2001). Weil jedoch auch periphere Mitarbeiter über wichtige Ressourcen verfügen können, werden anderen Kollegen möglicherweise bedeutsame und für den Teamerfolg wichtige Ressourcen nicht zur Verfügung gestellt

strukturelle Übereinstimmung auf. Dies stützt nicht nur die bereits zuvor aufgestellte These einer strukturellen Grundlogik informeller Organisationsstrukturen im Allgemeinen. Vielmehr weisen sie darauf hin, dass eine Differenzierung zwischen erfolgreichen und weniger erfolgreichen Netzwerkstrukturen vorgenommen werden kann, die auf die der Struktur zugrunde liegenden Muster zurückzuführen ist. Mit anderen Worten, die Netzwerke erfolgreicher Teams sind durch andere strukturelle Grundmuster charakterisiert als die entsprechenden Netzwerke weniger erfolgreicher Teams.

Abb. 3.5 Zentrum-Peripherie-Struktur erfolgreicher Teams

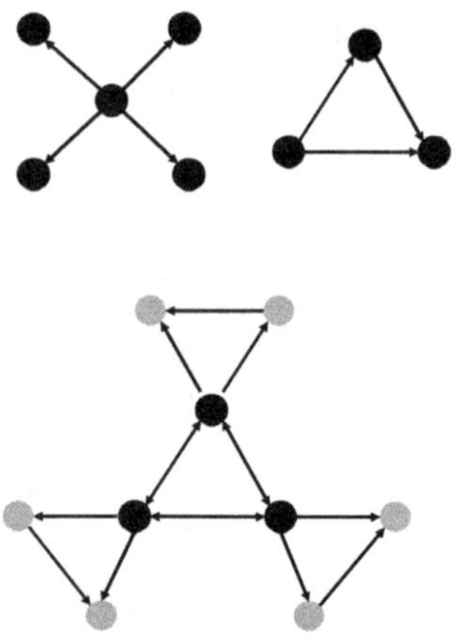

Mit Blick auf die Ergebnisse im Detail sollen zunächst die Strukturmuster der erfolgreichen Vertriebsteams charakterisiert werden. Diese zeichneten sich vor allem durch zwei dominierende Muster aus, die durchgängig in den Strukturen aller erfolgreichen Teams identifiziert werden konnten: Zentralisierung und informelle Hierarchie. Ganz offensichtlich zeichnen sich erfolgreiche Teams dadurch aus, dass sie über sehr zentrale Teammitglieder verfügen, die gewissermaßen im Kern der Kooperationsstruktur stehen. Um diesen Kern gruppieren sich dann im Sinne einer hierarchischen Clusterbildung die eher peripheren Teammitglieder. Abbildung 3.5 verdeutlicht im oberen Teil die beiden Strukturmuster separat und zeigt im unteren Teil, wie durch deren Kombination eine Zentrum-Peripherie-Struktur der Gesamtheit aller teaminternen Kooperationsbeziehungen entsteht. Dabei sind in der Abbildung die zentralen Mitarbeiter in schwarz dargestellt, Mitarbeiter der Peripherie in grau.

Eine Kombination aus Zentralisierung und hierarchischer Differenzierung weist noch nicht zwingend auf die Wirkung informeller Strukturmechanismen hin. Ebenso wäre denkbar, dass die formale hierarchische Differenzierung innerhalb der Teams, beispielsweise zwischen Teamleitern und Vertriebsmitarbeitern, zur Entstehung derartiger Kooperationsmuster führt. Mit anderen Worten, es könnte sein, dass die Teamleiter der erfolgreichen Teams ihrer formalen Führungsaufgabe besser gerecht werden als die Teamleiter weniger erfolgreichen Teams. Um diesem Sachverhalt nachzugehen, verglichen wir die zentralen Akteure im Zentrum der tatsächlichen (informellen) Kooperationsstrukturen mit den Teammitgliedern, denen auch aus formaler Sicht Leitungsaufgaben zukommen. Zwar konnten wir feststellen, dass jeweils tatsächlich mehrere Personen mit Leitungsaufgaben auch in der tatsächlichen Struktur zentral angesiedelt waren, allerdings galt dies nicht für alle Führungsmitarbeiter gleichermaßen. Stattdessen gehörten dem Zentrum der informellen Strukturen jeweils auch mehrere Mitarbeiter an, die aus formaler Sicht nicht mit Leitungsaufgaben ausgestattet waren. Hieraus lässt sich schließen, dass für eine erfolgreiche Tätigkeit der Teams neben einer formalen Rollendifferenzierung auch die Herausbildung informeller Hierarchien von entscheidender Bedeutung ist.

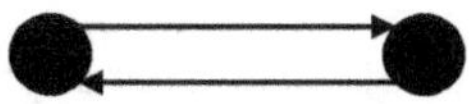

Abb. 3.6 Tauschprozesse als Strukturmuster wenig erfolgreicher Teams

Im Gegensatz zu den erfolgreichen Teams zeichneten sich die tatsächlichen Kooperationsstrukturen der weniger erfolgreichen Teams durch gänzlich andere strukturelle Charakteristika aus. Wenngleich auch in diesen Teams die gesamte Bandbreite der oben dargestellten Konfigurationen getestet wurde, weisen die Ergebnisse darauf hin, dass die Kooperationsstrukturen im Wesentlichen nur durch ein einziges Muster charakterisiert sind: dem Muster des direkten Tauschs (Reziprozität). Ressourcen wie Informationen oder Advice werden offenbar zwischen den Mitarbeitern nur dann weitergegeben, wenn der Ressourcengewährung eine direkte Gegenleistung des jeweiligen Kooperationspartners entspricht. Dabei kann der Tausch uniplexer Natur sein (Informationen werden gegen Informationen getauscht und Advice gegen Advice) oder aber die Kooperationsbeziehungen sind – wenn auch in abgeschwächter Form – durch multiplexen Tausch charakterisiert (Informationen werden gegen Advice getauscht). Abbildung 3.6 verdeutlicht das Muster des direkten Tauschs grafisch.

Zunächst erscheint die Existenz reziproker Tauschbeziehungen nicht überraschend, sind sie doch wie in Kap. 2.5.2 ausführlich diskutiert als Grundlage kooperativer Beziehungen Gegenstand verschiedener Theorien (z. B. der Tauschtheorie). Gleichzeitig weisen verschiedene Untersuchungen auch auf die hohe empirische Bedeutung reziproker Beziehungen hin (Lazega und Pattison 1999; Pallotti et al. 2013; Agneessens und Wittek 2012), und auch für die in Kap. 3.1 untersuchten Kooperationsnetzwerke im Rahmen des strategischen Planungs- und Entscheidungsprozesses ließ sich die Relevanz direkten Austauschs von Ressourcen zwischen den Akteuren nachweisen. Schließlich erscheint die Verknüpfung von Leistung und Gegenleistung auch intuitiv naheliegend oder sogar menschlich zu sein: Wer anderen wichtige Ressourcen zur Verfügung stellt, erwartet – vielleicht sogar legitimerweise – eine Gegenleistung dafür. Allerdings birgt ein starker Fokus auf Tausch in Form von Leistung und Gegenleistung offenkundig die Gefahr, dass eine kooperative Beziehung in vielen Fällen deshalb nicht zustande kommt, weil Leistung und Gegenleistung nicht zueinander passen. Mit anderen Worten, wichtige Informationen werden möglicherweise deshalb nicht weitergegeben, weil der potenzielle Empfänger seinerseits nicht über Informationen verfügt, die für den Informationssender von Bedeutung sind. Im Ergebnis führt dies dazu, dass Ressourcen innerhalb der weniger erfolgreichen Teams nicht ungehindert durch die gesamte Struktur transferiert werden. Die Entstehung von Kooperationsbarrieren aufgrund der Tatsache, dass in einzelnen Fällen Leistung und Gegenleistung einander nicht entsprechen, hat dementsprechend zur Folge, dass nicht alle Mitarbeiter über die benötigten Ressourcen verfügen können.

Im Gegensatz zu den weniger erfolgreichen Teams konnten Tauschprozesse in den erfolgreichen Vertriebsteams gar nicht oder nur in einem sehr eingeschränkten Maß nachgewiesen werden. Eine gewisse (menschliche) Tendenz zu Leistung und Gegenleistung ist offenbar dann unproblematisch, wenn sie um zentralisierte und hierarchische Strukturelemente ergänzt wird und wenn sie nicht den einzigen bzw. dominierenden Mechanismus der Kooperationsstrukturen darstellt.

3.3.5 Lösungsansatz

Der Lösungsansatz für die Bewältigung der bestehenden Probleme in den weniger erfolgreichen Teams ergab sich direkt aus den Ergebnissen der empirischen Untersuchung. Ziel sollte die Veränderung der Kooperationsstrukturen dahingehend sein, dass Mitarbeiter dem direkten Austausch von Ressourcen im Sinne von Leistung und Gegenleistung weniger Bedeutung beimessen würden und stattdessen – wie in den erfolgreichen Teams – Kooperationsmuster herausbilden würden, die stärker von Zentralisierung und hierarchischer Differenzierung geprägt sein würden. Unser Lösungsansatz bestand also darin, die Kooperationsstrukturen der bislang wenig erfolgreichen Teams denen der erfolgreichen Teams anzugleichen.

Die Initiierung dieses Veränderungsprozesses war zunächst allerdings mit einer hohen Unsicherheit behaftet. Einerseits bilden sich Kooperationsmuster häufig über einen längeren Zeitraum heraus, andererseits basiert die Logik der Kooperation auf Werten und Vorstellungen der Mitarbeiter, die häufig unterhalb der Bewusstseinsschwelle liegen. Qualitative Gespräche mit Mitarbeitern der erfolgreichen und weniger erfolgreichen Vertriebsteams in unserer Studie stützten diese Vermutung. In keinem Fall war erkennbar, dass Mitarbeiter der weniger erfolgreichen Teams Ressourcen wie Informationen oder Rat bewusst zurückhielten oder eine Vorstellung bezüglich notwendiger Gegenleistungen entwickelt hätten; und auch die Mitarbeiter der erfolgreichen Teams waren sich in keiner Weise bewusst, nach welchen Kriterien die teaminterne Kooperation mit ihren Kollegen ablief. Die sich hieraus ergebende Fragestellung war also, inwiefern es gelingen würde, informelle und unbewusste Vorstellungen und Prozesse, die sich in einem langen Zeitraum gebildet hatten, in kurzer Zeit nachhaltig zu verändern.

Ein erster Schritt bestand darin, den Mitarbeitern – insbesondere denen der weniger erfolgreichen Teams – die Ergebnisse der Untersuchung transparent zu vermitteln mit dem Ziel, ein Bewusstsein für die unterschiedlichen Kooperationsmechanismen zu entwickeln. Hierauf aufbauend sollte dann gegebenenfalls nach einiger Zeit in zwei weiteren Schritten versucht werden, mit Hilfe geeigneter Maßnahmen zunächst die Notwendigkeit des Tauschs bei der Ressourcenweitergabe zu reduzieren, bevor schließlich die Herausbildung einer informellen Hierarchie unterstützt werden sollte.

Die Schaffung eines Problembewusstseins für die Mitarbeiter der weniger erfolgreichen Teams war denkbar einfach. Weil diese wie für Vertriebsmitarbeiter üblich aus einer Kombination von fixen und variablen Vergütungsbestandteilen entlohnt wurden, führte die gegenüber den erfolgreichen Teams deutlich niedrigere Vertriebsleistung dazu, dass die Mitarbeiter der weniger erfolgreichen Teams durchschnittlich signifikant weniger verdienten. Die Vermittlung der Untersuchungsergebnisse erfolgte im Rahmen von Workshops mit allen Mitarbeitern, die an der Untersuchung beteiligt waren. Zu diesen Workshops waren jeweils sowohl Mitarbeiter der weniger erfolgreichen als auch der erfolgreichen Teams eingeladen. Hierdurch sollte der Anschein vermieden werden, dass es sich bei den weniger erfolgreichen Teams um „Problemfälle" handelte, die nun durch den Einsatz geeigneter Maßnahmen „wieder auf Linie gebracht" werden sollten.

Die Ergebnisdarstellung erfolgte in erster Linie durch den Einsatz einer grafischen Darstellung der den Strukturen zugrundeliegenden Muster. Dadurch ließen sich gut die unbewussten Normen der Mitarbeiter aufzeigen, die ihrem Kooperationsverhalten zugrunde lagen. Durch eine gezielte Gegenüberstellung der Muster erfolgreicher und weniger erfolgreicher Teams, verbunden mit der Erkenntnis, dass es sich dabei nicht um ein Einzelfallproblem des jeweiligen Unternehmens handelte, sondern dass ähnliche Sachverhalte auch in den anderen an der Studie beteiligten Unternehmen nachgewiesen werden konnten, ließ sich das Image des Problemfalls vermeiden. In allen beteiligten Unternehmen zeigten die Mitarbeiter ein hohes Interesse an den Resultaten. Insbesondere die Mitarbeiter der weniger erfolgreichen Teams schienen vor dem Hintergrund ihres Entlohungsnachteils bestrebt, die Situation durch eine Veränderung der teaminternen Kooperationsprozesse dauerhaft zu verbessern.

Die Wirkung der Ergebnisworkshops war unerwartet stark. Offenkundig führte allein das durch die Ergebnisdarstellung und -diskussion entstehende Problembewusstsein dazu, dass die Mitarbeiter der zuvor weniger erfolgreichen Teams ihr Kooperationsverhalten nachhaltig veränderten. Bereits ein halbes Jahr nach Durchführung der Ergebnis-Workshops hatten sich die Vertriebsleistungen dieser Teams signifikant verbessert. Wenngleich die Lücke zu den jeweiligen erfolgreichen Teams noch nicht vollständig geschlossen werden konnte, so war der Abstand doch erheblich geringer geworden. Dies ist angesichts der Kürze der Zeit von lediglich sechs Monaten sowie dem sehr begrenzten Umfang der Intervention, die sich ja wie dargelegt auf eine transparente Darstellung der Untersuchungsergebnisse beschränkte, durchaus überraschend. Vor diesem Hintergrund wurde in allen Unternehmen darauf verzichtet, weitere Maßnahmen zur Veränderung des Kooperationsverhaltens zu ergreifen. Angesichts des raschen Erfolgs erschienen diese nicht mehr notwendig.

3.3.6 Fazit

Die Resultate dieser Untersuchung stützen die These, dass von informellen Kooperationsnetzwerken ein erheblicher Einfluss auf die Effektivität von Organisationen bzw. Organisationseinheiten ausgeht. Weil die untersuchten Vertriebsteams jeweils paarweise zu einem Unternehmen gehörten, konnte eine Reihe von unternehmensspezifischen Ursachen wie formale Aufbau- und Ablaufstruktur oder Entlohnungssysteme für die aufgetretenen Leistungsunterschiede ausgeschlossen werden. Ebenso zeigte der systematische Vergleich, dass Unterschiede in der Performance nicht notwendigerweise auf der Zusammensetzung der Teams zu beruhen scheinen.

Zunächst lieferte auch die globale Betrachtung der gesamten Netzwerkstruktur der einzelnen Vertriebsteams keine Erklärung für deren unterschiedliche Leistungsfähigkeit. Einzelne Eigenschaften der Struktur wie beispielsweise die Netzwerkdichte zeigten keine systematischen Unterschiede. Erst die Reduzierung der Struktur auf die ihr zugrunde liegenden Muster ergab nachhaltige Differenzen zwischen erfolgreichen und weniger erfolgreichen Teams. Während die informellen Kooperationsnetzwerke der erfolgreichen Teams durch Zentralisierung und hierarchische Clusterung gekennzeichnet waren, ließ sich in den Netzwerken der weniger erfolgreichen Teams reziproker Tausch als einziges Muster identifizieren. Weil die Resultate für erfolgreiche und weniger erfolgreiche Teams auch über verschiedene Unternehmen hinweg weitgehend konstant blieben, kann dies als Indiz für den Einfluss der informellen Kooperation auf die Teamleistung gewertet werden. Offenbar determiniert die strukturelle Logik der informellen Kooperation, in welchem Umfang und in welcher Geschwindigkeit wichtige Ressourcen wie Informationen allen Teammitgliedern zur Verfügung stehen.

Basierend auf den Ergebnissen stellte sich die Frage, wie die Kooperationsstrukturen der weniger erfolgreichen Teams so verändert werden können, dass sie stärker die Muster der erfolgreichen Teams annehmen würden. Zwar liegt die Vermutung nahe, dass sich Kooperationsmuster als Folge von Anreizen bilden, welche Anreize konkret aber zur Herausbildung erfolgsfördernder oder -hemmender Muster führt, ist bislang unklar. Darüber hinaus sei nochmals erwähnt, dass die erfolgreichen und weniger erfolgreichen Vertriebsteams eines Unternehmens jeweils dieselben formalen Anreizsysteme hatten, weswegen vermutet werden kann, dass Anreize und Belohnungssysteme möglicherweise doch einen geringeren Einfluss auf das Kooperationsverhalten ausüben als zunächst gedacht.

Tatsächlich schienen die Leistungsunterschiede eher auf Unterschiede in der Kooperationskultur der Teams zu beruhen. Verschiedene Autoren haben darauf hingewiesen, dass sich neben der das ganze Unternehmen umfassenden Unternehmenskultur Subkulturen in einzelnen Bereichen von Unternehmen entwickeln können (Sackmann 1992; Lok et al. 2005). Im Falle der Vertriebsteams scheinen sich im Laufe der Zeit in erfolgreichen und weniger erfolgreichen Teams nachhaltig andere Vorstellungen bezüglich einer fairen und guten Zusammenarbeit etabliert zu haben. Wenngleich sich die Vertriebsmitarbeiter dieser Verhaltensunterschiede nicht bewusst waren – keiner der Mitarbeiter wollte absichtlich weniger mit seinen Kollegen zusammenarbeiten – so können diese Vorstellungen offensichtlich eine signifikante Reduzierung der Teamleistung bewirken.

Die Implementierung eines Veränderungsprozesses in den weniger erfolgreichen Teams auf der Basis der gefundenen Ergebnisse gestaltete sich unerwartet einfach. Schon die transparente Vermittlung der Resultate verbunden mit der bloßen Kenntnis der Vertriebsmitarbeiter hinsichtlich ihrer unterbewussten Verhaltensweisen reichte aus, um nachhaltige Veränderungen in ihrem Kooperationsverhalten zu bewirken. Weil die Erhöhung der Teamleistung aufgrund der variablen Vergütungssysteme zu einer Steigerung der Einkommen der Vertriebsmitarbeiter führte, standen diese der Erhebung und Analyse ihrer informellen Kooperationsnetzwerke retrospektiv sehr aufgeschlossen gegenüber. In allen beteiligten Vertriebsteams bestand der Wunsch, die Logik ihrer Kooperationsstrukturen auch nach Abschluss der Studie einer regelmäßigen Überprüfung zu unterziehen.

3.4 Schwierigkeiten bei der Implementierung neuer Organisationsstrukturen

3.4.1 Problemstellung

Bei dem in diesem Kapitel dargestellten Projekt handelt es sich zunächst um ein „klassisches“ Reorganisationsprojekt. Es beschreibt ein noch vergleichsweise junges Dienstleistungsunternehmen, das seit seiner Gründung einen nachhaltigen Erfolg realisieren konnte. Dieser Erfolg führte zu einem kontinuierlichen Unternehmenswachstum. Zum Zeitpunkt der Projektdurchführung – etwa zehn Jahre nach seiner Gründung – beschäftigte das Unternehmen rund 120 Mitarbeiter. Die ursprüngliche Hierarchie des Unternehmens war sehr flach, sie bestand lediglich aus einer Führungsebene (bestehend aus dem Geschäftsführer und den Abteilungsleitern) und einer Sachbearbeiterebene. Aufgrund des stetigen Unternehmenswachstums war diese zweistufige Aufbauorganisation jedoch immer weniger geeignet, die Geschäftsabläufe angemessen abzubilden. Die Mitglieder der Führungsebene waren zunehmend mit Fragen des operativen Tagesgeschäfts beschäftigt, weswegen ihnen zu wenig Zeit blieb, sich strategischen Fragen der Unternehmensführung zu widmen. Auch die Sachbearbeiter verspürten Probleme. Weil das Unternehmenswachstum einen kontinuierlichen Anstieg der Leitungsspanne zur Folge hatte (zahlenmäßiges Verhältnis von Vorgesetzten zu Mitarbeitern), kam es bei Entscheidungen, die durch Vorgesetzte getroffen werden mussten, zu immer größeren zeitlichen Verzögerungen.

Vor dem Hintergrund der zunehmenden Schwierigkeiten entschied sich die Geschäftsleitung zur Reorganisation des Unternehmens. Mit Hilfe der Einführung eines „mittleren Managements“ als zusätzlicher Hierarchieebene zwischen Unternehmensleitung und Sachbearbeitern sollten die hierarchieübergreifenden Kooperationsprozesse verbessert werden. Das Ziel bestand darin, die Mitglieder der Unternehmensleitung durch Delegation insbesondere operativer Aufgaben an das mittlere Management zu entlasten. Dies sollte an der Unternehmensspitze Freiräume für strategische Aufgaben schaffen und gleichzeitig zu einer zeitlichen Verbesserung hinsichtlich der operativen Aufgaben auf der Sachbearbeiterebene führen.

Rund zwei Jahre nach Durchführung der Reorganisation wurde deren Erfolg allerdings von allen Beteiligten sehr kritisch beurteilt. Weder aus Sicht der Unternehmensleitung noch aus der Perspektive der Sachbearbeiter erfüllten die Mitglieder des mittleren Managements ihre Aufgaben zufriedenstellend. Die Mitglieder der Unternehmensleitung hatten unverändert das Gefühl, zu sehr in operative Aufgaben des Tagesgeschäfts eingebunden sein zu müssen und dementsprechend noch immer zu wenig Zeit für die Beschäftigung mit strategischen Fragestellungen zu haben. Die Sachbearbeiter beklagten, dass trotz der direkten Zuständigkeit der mittleren Manager zahlreiche Entscheidungsprozesse auch weiterhin zu viel Zeit in Anspruch nahmen. Ebenso wurde bemängelt, dass die mittleren Manager in vielen Detailfragen des operativen Geschäfts auch nach zwei Jahren zu wenig Kompetenz aufwiesen, weswegen sie sich im Rahmen von Entscheidungen häufig zunächst mit der Unternehmensleitung absprechen mussten. Schließlich war auch unter den Mitgliedern des mittleren Managements selbst die Unzufriedenheit groß, einerseits weil sie sich durch die Unternehmensleitung nur unzureichend bei der Bewältigung ihrer Aufgaben unterstützt fühlten, andererseits weil sie den Unmut der Sachbearbeiter zu spüren bekamen.

3.4.2 Untersuchungsmethode: Erhebung und grafische Darstellung der Interaktionsstruktur

Mit Hilfe eines „communication audits", also einer Interaktionsanalyse unter den Mitarbeitern aller drei Ebenen des Unternehmens, sollte untersucht werden, warum das mittlere Management seinen Anforderungen nicht entsprechen konnte. Das Ziel bestand darin, die Gesamtheit aller kooperativen Beziehungen innerhalb des Unternehmens zu erheben, zu analysieren und entsprechende Schlussfolgerungen abzuleiten. Dabei sollten neben horizontalen Beziehungen, also Kooperationen zwischen Mitarbeitern derselben Hierarchieebene, insbesondere vertikale Beziehungen untersucht werden. Letztere beinhalten kooperative Vorgänge zwischen Mitgliedern verschiedener Hierarchieebenen, im vorliegenden Fall also Mitglieder von Unternehmensleitung, mittlerem Management und Sachbearbeitern.

Weil das mittlere Management aus Sicht der formalen Organisationsgestaltung die beiden weiteren Hierarchieebenen des Unternehmens miteinander verknüpfen soll, wurde zunächst entschieden, alle drei Unternehmensebenen innerhalb der Untersuchung simultan zu berücksichtigen. Darüber hinaus handelt es sich bei den beschriebenen Schwierigkeiten der mangelnden Effektivität des mittleren Managements letztlich um ein Problem, welches zwar alle Bereiche des Unternehmens betrifft, wenngleich aber möglicherweise aufgrund unterschiedlicher Ursachen. Daher sollte auf eine Selektion von Mitarbeitern für die empirische Untersuchung verzichtet und stattdessen eine Vollerhebung von Informationen aller Mitarbeiter angestrebt werden. Dieser Projektumfang erschien bei einer Unternehmensgröße von rund 120 Mitarbeitern durchaus vertretbar.

Zur Abbildung der Gesamtheit aller kooperativen Beziehungen wurden mehrere einzelne Beziehungsarten erfasst, die unterschiedliche Aspekte der Kooperation abbildeten. Insgesamt berücksichtigten wir die drei Beziehungsarten Koordinations-, Informations- und Advicebeziehungen, die mit Hilfe der folgenden Fragen unter den Mitarbeitern erhoben wurden:

- Mit welchen Kollegen koordinieren Sie sich im Rahmen Ihrer Tätigkeit?
- Mit welchen Kollegen tauschen Sie regelmäßig tätigkeitsbezogene Informationen aus?
- Stellen Sie sich vor, Sie haben ein tätigkeitsbezogenes Problem. Welche Ihrer Kollegen würden Sie in einer solchen Situation um Rat oder Hilfe bitten?

Im Rahmen einer schriftlichen Befragung wurden den Mitarbeitern jeweils drei inhaltsgleiche Listen vorgelegt, die für Erhebung der drei Beziehungsarten verwendet wurden.

Diese Listen beinhalteten eine Auflistung aller Mitarbeiter des Unternehmens systematisiert nach Abteilungen und Hierarchiestufe. Auf diesen Listen, zu deren besserer Unterscheidbarkeit wir verschiedene Farben verwendeten, konnten die Mitarbeiter all jene Kollegen markieren, zu denen sie Beziehungen der drei beschriebenen Arten hatten.

Bei Beziehungen, die Mitarbeiter verschiedener Hierarchieebenen miteinander verbinden (vertikale Beziehungen), besteht häufig das Problem einer zum Teil erheblichen Verzerrung bei der Beziehungsangabe. Solche Verzerrungen entstehen häufig dadurch, dass Mitarbeiter dazu neigen, deutlich mehr Beziehungen anzugeben als tatsächlich bestehen. Die Gründe dafür sind vielfältig. Beispielsweise könnten Mitarbeiter versuchen, zentraler und damit wichtiger innerhalb kooperativer Prozesse zu erscheinen, als sie es tatsächlich sind. Ebenfalls wäre denkbar, dass Mitarbeiter aus einer Art Absicherungsmechanismus bzw. dem Wunsch „auf der sicheren Seite zu sein" heraus dazu neigen, Kooperationsbeziehungen zu möglichst vielen hierarchisch höhergestellten Kollegen anzugeben, auch wenn diese gar keine Vorgesetzten sind oder eine Kooperation tatsächlich gar nicht stattfindet.

Um diesen möglichen methodischen Problemen zu begegnen, gingen für die ersten beiden Beziehungsarten (Koordinations- und Informationsbeziehungen) nur bestätigte Beziehungen in die Analyse ein. Das bedeutet, dass beide Beziehungspartner übereinstimmend den jeweils anderen Kollegen angeben mussten, damit eine Beziehung als tatsächlich existierend betrachtet wurde. Im Gegensatz zu Koordinations- und Informationsbeziehungen ist die Suche von Rat und Hilfe deutlich stärker affektiv geprägt. So setzt die Bitte um Rat in der Regel ein gewisses Maß an Vertrauen in die Person des Ratgebers voraus zumindest dergestalt, dass der Ratgeber das Hilfeersuchen nicht opportunistisch für seine Zwecke ausnutzt. Vor diesem Hintergrund ist das Problem der verzerrten Beziehungsangabe im Fall solcher Beziehungen deutlich geringer ausgeprägt, weswegen für diese Beziehungsart auf den Bestätigungsmechanismus verzichtet wurde.

3.4.3 Ergebnisse

Für die Analyse der Beziehungsstrukturen wurde zunächst geprüft, wie stark sich die einzelnen Beziehungsarten überlappen, inwiefern also die Verbindungen zwischen Mitarbeitern aus multiplexen Beziehungen bestehen. Dabei konnte festgestellt werden, dass Koordinations- und Informationsbeziehungen einen sehr hohen Multiplexitätsgrad aufwiesen. Dies bedeutet, dass in den meisten Fällen, in denen sich Mitarbeiter koordinierten, auch Informationen zwischen diesen Mitarbeitern ausgetauscht wurden. Beziehungen der Ratsuche hingegen waren von den beiden anderen Beziehungsarten deutlich entkoppelt und zahlenmäßig in einem wesentlich geringeren Umfang vorhanden. Allerdings erscheint dies vor dem Hintergrund des affektiven Charakters dieser Beziehungen auch nicht überraschend. Mitarbeiter wählen die Kollegen, die sie um Rat bitten, meist sehr selektiv aus und orientieren sich dabei kaum an Aspekten der formalen Organisationsstruktur. Aus diesem Grund wurden die affektiven Beziehungen der Suche von Rat und Hilfe für die

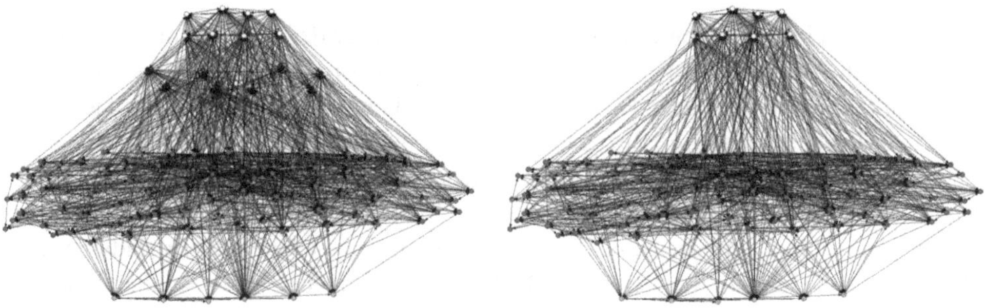

Abb. 3.7 Hierarchischer Aufbau der Interaktionsstruktur

Interaktionsanalyse nur begleitend betrachtet. Die beiden anderen Beziehungsarten (Koordinations- und Informationsbeziehungen) wurden für die weiteren Analysen zu einem Kooperationsnetzwerk aggregiert, was aufgrund des hohen Multiplexitätsgrades legitim erscheint.

Eine Darstellung der kooperativen Interaktionsstrukturen des Unternehmens findet sich in Abb. 3.7. Der linke Teil der Abbildung bildet dabei die gesamte Interaktionsstruktur zwischen allen Mitarbeitern ab. Die Mitarbeiter sind den drei Hierarchieebenen Unternehmensleitung, mittleres Management und Sachbearbeiter entsprechend sortiert (die wenigen Akteure am unteren Rand der Struktur stellen Auszubildende dar, auf deren detaillierte Betrachtung hier aber verzichtet wird). Wie zu erkennen ist, ergibt sich zunächst ein den Erwartungen weitgehend entsprechendes Muster der Interaktion. Alle drei Hierarchieebenen sind durch eine Vielzahl vertikaler Interaktionsbeziehungen miteinander verbunden, wobei den Mitgliedern des mittleren Managements eine intermediäre Rolle zwischen der Unternehmensleitung und der Ebene der Sachbearbeiter zuzukommen scheint. Koordination und die Weitergabe von Informationen erfolgen sowohl top-down als auch bottom-up scheinbar stufenweise von der Unternehmensleitung über das mittlere Management zu den Sachbearbeitern.

Detailliertere Erkenntnisse lassen sich ableiten, indem die Mitglieder des mittleren Managements von der Betrachtung ausgenommen werden. Dies ist im rechten Teil der Abb. 3.7 dargestellt. Durch den Ausschluss des mittleren Managements wird die formale Organisationsstruktur gewissermaßen auf ihren Zustand vor der Reorganisationsmaßnahme zurückgesetzt, wobei die Beziehungen aber dem Stand zum Zeitpunkt der Untersuchung entsprechen. Der Grafik ist zu entnehmen, dass ein großer Teil der vertikalen kooperativen Beziehungen nach wie vor direkt zwischen den Sachbearbeitern und den Mitgliedern der Unternehmensleitung bestehen. Ganz offenbar ist der Umfang der Mittlerrolle, die eigentlich den Mitgliedern des mittleren Managements zukommen sollte, deutlich geringer als im Rahmen der Reorganisation beabsichtigt. Wenngleich die mittleren Manager bei einem gewissen Teil der hierarchischen Abstimmungsprozesse als Broker zwischen Unternehmensleitung und Sachbearbeiterebene fungieren, so scheinen sie bei einer Vielzahl vertikaler Koordinationsvorgängen und Informationsprozessen unberücksichtigt zu bleiben. In der Folge besteht bei Mitgliedern des mittleren Managements offenkundig ein ausgeprägtes Informationsdefizit. Darüber hinaus sind sie nicht ausreichend in koordinierenden Aktivitäten eingebunden, um ihren Aufgaben vollumfänglich nachkommen zu können.

Wenngleich ein gewisses Maß an direkter Interaktion zwischen der Unternehmensleitung und den Sachbearbeitern sicherlich unproblematisch und möglicherweise sogar wünschenswert erscheint, so überrascht in diesem Unternehmen das Ausmaß, in dem Kooperation an den Mitgliedern des mittleren Managements vorbei erfolgt. Basierend auf der grafischen Analyse der Interaktionsstruktur ist zu vermuten, dass die mittleren Manager in einem erheblichen Teil sowohl von den Mitgliedern der Unternehmensleitung als auch von den Sachbearbeitern nicht in wichtige Abstimmungs- und Informationsprozesse eingebunden sind.

Nun sagt dieser strukturelle Befund zunächst noch nichts über die dem Sachverhalt zugrunde liegenden Ursachen aus. Tatsächlich erscheint ein ganzes Spektrum möglicher Erklärungsansätze für die sich ergebenden Interaktionsbeziehungen plausibel. Sie reichen theoretisch von mangelnden Fähigkeiten oder einem fehlenden Willen der mittleren Manager, sich einzubringen, über eine zu geringe Bereitschaft der Unternehmensleitung, Aufgaben und Verantwortung zu delegieren bis hin zu einem strategischen Verhalten von Sachbearbeiten, die durch eine umfangreichere direkte Interaktion mit den Mitgliedern der Unternehmensleitung versuchen könnten, ihre Sichtbarkeit und damit verbunden ihre eigenen Karrierechancen positiv zu beeinflussen.

Um herauszufinden, warum das mittlere Management in einem so großen Umfang sowohl von der Unternehmensleitung als auch von den Sachbearbeitern nicht in Informations- und Koordinationsprozesse einbezogen wurde, führten wir qualitative Interviews mit Mitgliedern beider Hierarchieebenen durch. Diese ergaben für beide Ebenen unterschiedliche Gründe für das Übergehen des mittleren Managements. Die interviewten Sachbearbeiter gaben an, das Gefühl zu haben, die Mitglieder der Unternehmensleitung präferierten eine direkte Form der Abstimmung und Zusammenarbeit mit den Sachbearbeitern. Wann immer sie sich an Mitglieder der Leitungsebene wandten, würden sich diese Zeit für ihre Anliegen und Erfordernisse nehmen. Falls Entscheidungen notwendig seien, würden sich die Mitglieder der Unternehmensleitung persönlich darum kümmern. Nur in ganz seltenen Fällen würden die Sachbearbeiter an ihre direkten Vorgesetzen – die mittleren Manager – verwiesen. Die Mitglieder der Geschäftsleitung betonten, wie wichtig ihnen eine Unternehmenskultur der offenen Türen sei. Es entspräche der Kultur und dem Selbstverständnis des Unternehmens, die Informationswege kurz zu halten und ein möglichst hohes Maß an direkter Kommunikation zu ermöglichen. Der direkte Kontakt zu den Sachbearbeitern eröffne den Mitgliedern der Unternehmensleitung den Blick auf die Alltagssorgen und -probleme an der Basis des Unternehmens und stelle für die Sachbearbeiter ein hohes Maß an Wertschätzung für den Beitrag dar, den sie zum Unternehmenserfolg leisteten.

3.4.4 Lösungsansatz: Stärkung des mittleren Managements

Die Ergebnisse der Untersuchung zeigen deutlich, dass die Mitglieder des mittleren Managements ihren Aufgaben vor allem deshalb nicht gerecht werden konnten, weil sie von zahlreichen Koordinations- und Informationsprozessen ausgeschlossen waren. Dies geschah jedoch nicht vor dem Hintergrund eines mangelnden Engagements ihrerseits, sondern war vor allem begründet durch das Verhalten von Mitgliedern der beiden Hierarchieebenen, zwischen denen das mittlere Management eigentlich als Schnittstelle fungieren sollte. Weil Sachbearbeiter und Unternehmensleitung in einem hohen Maße direkt und unter Ausschluss der mittleren Manager miteinander interagierten, konnten diese ihre Aufgaben nicht zufriedenstellend erfüllen.

Die Lösung bestand daher in einer Stärkung der Bedeutung des mittleren Managements. Weil die ursächlichen Schwierigkeiten nicht im Verhalten der mittleren Manager selbst lagen, sondern durch die direkte Interaktion von Unternehmensleitung und Sachbearbeitern hervorgerufen wurden, wurde beschlossen, primär auf diesen beiden Ebenen anzusetzen. Für die Mitglieder der Unternehmensleitung wurde ein Workshop durchgeführt mit dem Ziel, einer Abklärung des tatsächlichen Rollenverständnisses mit den gewünschten Aspekten der aktuellen Organisationsstruktur. In diesem Workshop zeigte sich, dass die Führungskräfte des Unternehmens noch sehr an dem Rollenverständnis festhielten, dass die Zeit vor der Reorganisation reflektierte. Der Wunsch eines intensiven Austauschs mit den Sachbearbeitern war geprägt von der früher geltenden direkten Zuständigkeit der Unternehmensleitung für das operative Tagesgeschäft. Zwar hatten die Mitglieder der Unternehmensleitung mit zunehmender Größe des Unternehmens immer mehr das Gefühl, nicht strategische und operative Führungsaufgaben gleichermaßen wahrnehmen zu können, und vor diesem Hintergrund wurde ja letztlich auch die Reorganisation initiiert, dennoch erfolgte nach Implementierung des mittleren Managements offenbar eine nur unzureichende Delegation der Verantwortung für das operative Tagesgeschäft auf die Manager der neu geschaffenen Hierarchieebene.

Die Workshops halfen den Mitgliedern der Unternehmensleitung die Diskrepanz zu erkennen, die zwischen ihrem Verhalten einerseits und ihren Erwartungen an die mittleren Manager andererseits bestand. Es wurde deutlich, dass nicht etwa ein mangelndes Engagement der mittleren Manager zu den andauernd bestehenden Problemen geführt hatte, sondern die fehlende Veränderung des Rollenverständnisses der Führungskräfte selbst. Durch die von ihnen selbst eingeführte „Open-Door-Policy" ermutigten sie die Sachbearbeiter immer wieder, sich mit Fragen und Problemen direkt an sie zu wenden. Dieser Sachverhalt spiegelt sich auch in den Interviews mit Sachbearbeitern selbst wieder. Diese äußerten wiederholt, sie hätten das Gefühl gehabt, dass die Unternehmensleitung genau dieses Verhalten von ihnen erwarten würde.

Im Rahmen des Workshops wurde rasch klar, dass sich die bestehenden Probleme nur würden lösen lassen, wenn sich das Verhalten von Unternehmensleitung und Sachbearbeitern den durch die neue Organisationsstruktur veränderten Rahmenbedingungen anpassen würde. Dies wiederum setzte ein neues Rollenverständnis der Führungskräfte voraus, das eine stärkere Entkoppelung der Führungsebene von der Ebene der Sachbearbeiter notwendig machte. Hierzu bestand der erste Schritt darin, die bislang offenen Türen in einem gewissen Rahmen wieder zu schließen. Anders ausgedrückt sollten die Sachbearbeiter zur Klärung operativer Fragestellungen zunächst generell an ihre direkten Vorgesetzten verwiesen werden, anstatt diese Probleme wie bislang auf der Ebene der Unternehmensleitung zu behandeln. Darüber hinaus sollten die Sachbearbeiter ermutigt werden, auch wichtige Informationen nicht mehr unmittelbar an die Unternehmensleitung weiterzugeben, sondern den indirekten Weg über die jeweils zuständigen Manager des mittleren Managements zu gehen.

Weil befürchtet wurde, dass die Sachbearbeiter diese veränderten Rahmenbedingungen als Zurückweisung oder Herabsetzung verstehen könnten, wurden umfangreiche Kommunikationsanstrengungen unternommen, um allen Mitgliedern des Unternehmens die Notwendigkeit der neuen Prozesse zu erläutern. Dies wurde vor allem dadurch erreicht, dass die Stärkung des mittleren Managements und die daraus resultierenden Vorzüge für die Aufgabenerfüllung der Sachbearbeiter wie schnellere Entscheidungen und verkürzte Problemlösungszeiträume in den Vordergrund der Kommunikationsbemühungen gestellt wurden. Eine Reihe flankierender Maßnahmen wie Betriebsausflüge und Grillfeste sollten sicherstellen, dass die Entkoppelung von Unternehmensleitung und Sachbearbeiterebene auf den professionellen Kontext beschränkt blieb und dass die persönlichen Beziehungen, die zum Teil über viele Jahre hin gewachsen waren, unter den neuen Rahmenbedingungen nicht litten.

3.4.5 Fazit

Der kontinuierliche Erfolg des Unternehmens verbunden mit einem einhergehenden Unternehmenswachstum führte zur Notwendigkeit, die alte und wenig komplexe Organisationsstruktur durch eine neue, mehrstufige Stellenkonfiguration zu ersetzen. Durch die Schaffung eines mittleren Managements sollte versucht werden, die Unternehmensleitung zu entlasten und gleichzeitig die bisherigen Erfolgsfaktoren wie schnelle Entscheidungen und kurze Kommunikationswege zu bewahren. Insofern erscheint der Ansatz der Reorganisation durch Generierung einer neuen Struktur richtig gewesen zu sein. Offenkundig wurde jedoch versäumt, die neu geschaffene Struktur nicht nur zu entwerfen, sondern auch ausreichend zu implementieren und in den Köpfen aller Unternehmensmitglieder zu verankern. Insbesondere die Führungskräfte, die von den Organisationsproblemen am meisten beeinträchtigt waren, hatten ihr Verhalten in der Folge der Reorganisation nur unzureichend verändert. Vor diesem Hintergrund jedoch konnten die mittleren Manager ihren Aufgaben nicht gerecht werden, die Probleme bestanden weiterhin. Weil sich im weiteren Zeitverlauf eine wachsende Diskrepanz zwischen den Erwartungen von Unternehmensleitung und Sachbearbeitern einerseits und der Unternehmensrealität andererseits ergab, verfestigten sich die Probleme weiter und die Unzufriedenheit nahm zu.

Erst das Sichtbarmachen zwischen Erwartungen und tatsächlichem Verhalten bewirkte ein Umdenken. Durch die konsequente Umsetzung der lange zuvor geschaffenen neuen Organisationsstruktur gelang es, die Prozesse deutlich zu verbessern und damit die Zufriedenheit auf allen drei Unternehmensebenen wieder zu verbessern. Für die Mitglieder der Unternehmensleitung bedeuteten die Maßnahmen die längst erhoffte Entlastung von Aufgaben des operativen Tagesgeschäfts. Die Sachbearbeiter profitierten von kürzeren Entscheidungswegen verbunden mit einer Beschleunigung der Informations- und Koordinationsprozesse. Und schließlich bewirkten die Veränderungen, dass die mittleren Manager ihren Aufgaben vollumfänglich nachkommen konnten. Hatte für sie bislang wegen der Schwierigkeiten immer ein gewisser Rechtfertigungsdruck bestanden, so konnten sie nun zeigen, dass sie durchaus in der Lage waren, die in sie gestellten Erwartungen zu erfüllen.

Der Fall verdeutlicht, wie untrennbar Reorganisation mit der Implementierung der neuen Organisationslösung verknüpft sein muss, damit die Maßnahmen insgesamt erfolgreich sein können. Während in der Praxis häufig Reorganisationsprozesse fast enthusiastisch initiiert werden, wird deren Implementierung und Umsetzung nicht zuletzt deshalb deutlich weniger Beachtung geschenkt, weil präzise zu messende Erfolgsindikatoren häufig fehlen. Die Wirkung wird aber in solchen Fällen fast immer begrenzt bleiben, Enttäuschungen sind nahezu unvermeidlich. Eine Organisationsstruktur, die nicht hinreichend kommuniziert und verankert ist, wird nicht dazu führen, dass die Organisationsmitglieder ihr Verhalten an dieser neuen Struktur ausrichten. Verstärkt wird dieser Prozess häufig dadurch, dass strukturelle Veränderungen praktisch immer mit einer Neuverteilung von Zuständigkeiten und Verantwortlichkeiten einhergehen. Dies setzt ein neues Rollenverständnis auf allen Ebenen der Organisation voraus, ohne welches die Wirkung von Reorganisationsmaßnahmen beschränkt bleiben wird.

Literatur

Adler, P. S. (1999). Building better bureaucracies. *Academy of Management Executive, 13*(4), 36–47.

Agneessens, F., & Wittek, R. (2012). Where do intra-organizational advice relations come from? The role of informal status and social capital in social exchange. *Social Networks, 34*(3), 333–345.

Barney, J. B., & Hesterly, W. S. (2006). *Strategic management and competitive advantage. Concepts and cases*. Upper Saddle River: Pearson Prentice Hall.

Boissevain, J. (1974). *Friends of friends: Networks, manipulators, and coalitions*. Oxford: Basil Blackwell.

Brass, D. J., Galaskiewicz, J., Greve, H. R., & Tsai, W. (2004). Taking stock of networks and organizations: A multilevel perspective. *Academy of Management Journal, 47*(6), 795–817.

Bühner, R. (2004). *Betriebswirtschaftliche Organisationslehre* (10. Aufl.). München: Oldenbourg Verlag München.

Burt, R. S. (1992). *Structural holes: The social structural of competition*. Cambridge: Harvard University Press.

Burt, R. S. (2005). *Brokerage and closure: An introduction to social capital*. New York: Oxford University Press.

Coleman, J. S. (1990). *Foundations of social theory*. Cambridge: Harvard University Press.

Contractor, N. S., Wasserman, S., & Faust, K. (2006). Testing multitheoretical, multilevel hypotheses about organizational networks: An analytic framework and empirical example. *Academy of Management Review, 31*(3), 681–703.

Dess, G. G., Lumpkin, G. T., & Eisner, A. B. (2008). *Strategic management. Creating competitve advantages* (4. Aufl.). New York: McGraw-Hill. Irwin.

Du Plessis, J. J. (2004). The German two-tier board and the German corporate governance code. *European Business Law Review, 15*(5), 1139–1164.

Emerson, R. M. (1972a). Exchange theory, part I: A psychological basis for social exchange. In J. Berger, M. J. Zelditch, & B. Anderson (Hrsg.), *Sociological theories in progress* (Bd. 2, S. 38–57). New York: Houghton Mifflin.

Emerson, R. M. (1972b). Exchange theory, part II: Exchange relations and network structures. In J. Berger, M. J. Zelditch, & B. Anderson (Hrsg.), *Sociological theories in progress* (Bd. 2, S. 58–87). New York: Houghton Mifflin.

Gaintanides, M. (2012). *Prozessorganisation: Entwicklung, Ansätze und Programme des Managements von Geschäftsprozessen* (3. Aufl.). München: Vahlen.

Gambetta, D. (1988). *Trust: Making and breaking cooperative relations*. Oxford: Basil Blackwell.

Granovetter, M. S. (1985). Economic action and social structure: The problem of embeddedness. *American Journal of Sociology, 91*(3), 481–510.

Hansen, M. T. (2002). Knowledge networks: Explaining effective knowledge sharing in multiunit companies. *Organization Science, 13*(3), 232–248.

Huber, G. (1982). Organizational information systems: Determinants of their performance and behavior. *Management Science, 28*(2), 138–155.

Huber, G., & Daft, R. (1987). The information environments of organizations. In F. M. Jablin, L. L. Putnam, K. H. Roberts, & L. W. Porter (Hrsg.), *Handbook of organizational communication* (S. 130–163). Beverly Hills: Sage.

Johnson, J. D., Donohue, W. A., Atkin, C. K., & Johnson, S. (1994). Differences between formal and informal communication channels. *Journal of Business Communication, 31*(2), 111.

Johnson, G., Scholes, K., & Whittington, R. (2011). *Strategisches Management: Eine Einführung – Analyse, Entscheidung und Umsetzung* (9. Aufl.). München: Pearson.

Kieser, A., & Walgenbach, P. (2010). *Organisation* (6. Aufl.). Stuttgart: Schäffer-Poeschel.

Koufteros, X. A., Nahm, A. Y., Cheng, T. C. E., & Lai, K.-H. (2007). An empirical assessment of a nomological network of organizational design constructs: From culture to structure to pull production to performance. *International Journal of Production Economics, 106*(2), 468–492.

Krackhardt, D. (1992). The strength of strong ties: The importance of philos in organizations. In N. Nohria & R. Eccles (Hrsg.), *Networks and organizations: Structure, form, and action* (S. 216–239). Boston: Harvard Business School Press.

Laumann, E. O., & Pappi, F. U. (1976). *Networks of collective action: A perspective on community influence systems*. New York: Academic Press.

Lazega, E., & Pattison, P. E. (1999). Multiplexity, generalized exchange and cooperation in organizations: A case study. *Social Networks, 21*, 67–90.

Leenders, R. T. A. J., van Engelen, J. M. L., & Kratzer, J. (2003). Virtuality, communication, and new product team creativity: A social network perspective. *Journal of Engineering & Technology Management, 20*(1/2), 69.

Lin, X., & Germain, R. (2003). Organizational structure, context, customer orientation, and performance: Lessons from Chinese state-owned enterprises. *Strategic Management Journal, 24*(11), 1131–1151.

Lok, P., Westwood, R., & Crawford, J. (2005). Perceptions of organisational subculture and their significance for organisational commitment. *Applied Psychology: An International Review, 54*(4), 490–514.

Lusher, D., & Robins, G. (2013). Example exponential random graph model analysis. In D. Lusher, J. Koskinen, & G. Robins (Hrsg.), *Exponential random graph models for social networks* (S. 37–46). Cambridge: Cambridge University Press.

Macharzina, K., & Wolf, J. (2008). *Unternehmensführung. Das internationale Managementwissen: Konzepte – Methoden* (6. Aufl.). Wiesbaden: Gabler.

Mintzberg, H. (1994). *The rise and fall of strategic planning*. New York: Prentice Hall.

Molm, L. D. (1994). Dependence and risk: Transforming the structure of social exchange. *Social Psychology Quarterly, 57*(3), 163–176.

Nahm, A. Y., Vonderembse, M. A., & Koufteros, X. A. (2003). The impact of organizational structure on time-based manufacturing and plant performance. *Journal of Operations Management, 21*(3), 281.

O'Reilly, C. A., III. (1978). The intentional distortion of information in organizational communication: A laboratory and field investigation. *Human Relations, 31*(2), 173–193.

Ouchi, W. G. (1980). Markets, bureaucracies, and clans. *Administrative Science Quarterly, 25*(1), 129–141.

Pallotti, F., Lomi, A., & Mascia, D. (2013). From network ties to network structures: Exponential Random Graph Models of interorganizational relations. *Quality & Quantity, 47*(3), 1665–1685.

Pattison, P. E., & Wasserman, S. (1999). Logit models and logistic regression for social networks: II. Multivariate relations. *British Journal of Mathematical and Statistical Psychology, 52*(2), 169–193.

Rank, O. N. (2003). *Formale und informelle Organisationsstrukturen: Eine Netzwerkanalyse des strategischen Planungs- und Entscheidungsprozesses multinationaler Unternehmen* (mir-Edition Aufl.). Wiesbaden: Gabler.

Rank, O. N. (2008). Formal structures and informal networks: Structural analysis in organizations. *Scandinavian Journal of Management, 24*(2), 145–161.

Rank, O. N., & Tuschke, A. (2010). Perceived influence and friendship as antecedents of cooperation in top management teams: A network approach. *Business Research, 3*(2), 151–171.

Rank, O. N., Robins, G. L., & Pattison, P. E. (2010). Structural logic of intraorganizational networks. *Organization Science, 21*(3), 745–764.

Reid, D. M. (1989). Operationalizing strategic planning. *Strategic Management Journal, 10*(6), 553–567.

Robins, G., Pattison, P., & Wang, P. (2009). Closure, connectivity and degree distributions: Exponential random graph (p*) models for directed social networks. *Social Networks, 31*(2), 105–117.

Sackmann, S. A. (1992). Culture and subcultures: An analysis of organizational knowledge. *Administrative Science Quarterly, 37*(1), 140–161.

Scherm, E., & Pietsch, G. (2007). *Organisation. Theorie, Gestaltung, Wandel*. München: Oldenbourg Verlag München.

Schreyögg, J. (2010). *Organisation: Grundlagen moderner Organisationsgestaltung* (5. Aufl.). Wiesbaden: Gabler.

Sparrowe, R. T., Liden, R. C., Wayne, S. J., & Kraimer, M. L. (2001). Social networks and the performance of individuals and groups. *Academy of Management Journal, 44*(2), 316–325.

Tata, J., & Prasad, S. (2004). Team self-management, organizational structure, and judgments of team effectiveness. *Journal of Managerial Issues, 16*(2), 248–265.

Tsai, W., & Ghoshal, S. (1998). Social capital and value creation: The role of intrafirm networks. *Academy of Management Journal, 41*(4), 464.

Vahs, D. (2012). *Organisation: Ein Lehr- und Managementbuch* (8. Aufl.). Stuttgart: Schäffer-Poeschel.

Wagner, J. A. I. (1995). Studies of individualism-collectivism: Effects on cooperation in groups. *Academy of Management Journal, 38*(1), 152–172.

Yin, R. K. (1989). *Case study research: Design and methods*. Newbury Park: Sage.

4 Vier Fallstudien zu interorganisationalen Unternehmensnetzwerken

Zusammenfassung

In Kap. 4 erfolgt eine Behandlung von vier Fallstudien zu interorganisationalen Unternehmensnetzwerken. Die erste Studie (4.1) untersucht, wie die informelle und unternehmensübergreifende Vernetzung der Führungskräfte von Biotechnologieunternehmen nicht nur zum Erfolg, sondern sogar zum langfristigen Fortbestand ihrer Unternehmen beitragen kann. Im zweiten Fall in Abschn. 4.2 wird der Frage nachgegangen, welche Bedeutung einer unternehmerischen Einstellung bestehend aus Risikobereitschaft, Proaktivität und Innovationsneigung mit Blick auf das Erreichen günstiger Positionen in den Kooperationsnetzwerken mit externen Partnern zukommt. Der dritte Fall (4.3) analysiert den Zusammenhang zwischen Netzwerkbeziehungen auf verschiedenen Ebenen. Dabei wird untersucht, inwiefern unternehmensübergreifende persönliche Beziehungen zwischen Managern von Hightechunternehmen den Aufbau strategischer Allianzen fördern. Dem letzten Fall im Abschn. 4.4 kommt gewissermaßen eine gesamtwirtschaftliche Bedeutung zu. Hierin wird untersucht, welche strukturellen Grundmuster sogenannte Governance-Netzwerke aufweisen, die aus der Entsendung von Führungskräften in die Aufsichtsräte anderer Unternehmen entstehen, und von welchen Determinanten die Berufung von Managern in Aufsichtsräte abhängt.

4.1 Netzwerkbeziehungen zur Sicherung des Unternehmensfortbestandes: Eine Untersuchung in der Biotechnologie

4.1.1 Problemstellung

Die vergangenen Jahre haben in vielen Industrien nachhaltige Veränderungen gebracht. Nicht zuletzt die Fortschritte in den Bereichen der Informations- und Kommunikationstechnologien haben dazu geführt, dass sich Produktlebenszyklen kontinuierlich verkürzen

O. N. Rank, *Unternehmensnetzwerke*, DOI 10.1007/978-3-658-09316-7_4

und die Notwendigkeit einer kontinuierlichen Anpassung von Geschäftsmodellen ständig ansteigt. Dieser Sachverhalt lässt sich besonders in den sogenannten Hightechindustrien beobachten, in denen die Innovationsfähigkeit von Unternehmen einen zentralen Erfolgsfaktor darstellt. Beispiele für Hightechindustrien sind die Biotechnologie, Informations- und Kommunikationstechnologien oder auch die optische Industrie. Charakteristisch für diese Branchen sind ein hoher Innovationsdruck, kurze Produktlebenszyklen sowie ein hohes Maß an Veränderung und Umweltdynamik. Eine Vielzahl der Akteure in diesen Industrien besteht aus hoch innovativen kleinen und mittelgroßen Unternehmen (sogenannten KMUs), Universitäten und Forschungsinstituten sowie Unternehmen in komplementären Branchen wie Venture Capital Gesellschaften und Beratungsunternehmen (Powell 1996; Powell et al. 2005). Die KMUs verfügen aufgrund ihrer vergleichsweise geringen Größe häufig nicht selbst über die gesamte Wissensbasis, die zur Generierung von Innovationen und Wettbewerbsvorteilen notwendig ist. Stattdessen sind sie meist hochspezialisiert, was zur Folge hat, dass erfolgsrelevantes Wissen typischerweise stark zwischen den Unternehmen verteilt ist. Die Lösung des Problems einer Sicherung erfolgsrelevanter Ressourcen besteht daher in der unternehmensübergreifenden Kooperation mit anderen Unternehmen, die in ähnlichen oder verwandten Themengebieten arbeiten und daher über komplementäre Fähigkeiten verfügen. Kooperative Beziehungen zwischen Unternehmen können entweder im Sinne strategischer Allianzen formal begründet sein oder die Zusammenarbeit ergibt sich auf informeller Ebene, indem Mitarbeiter und Führungskräfte Ressourcen wie beispielsweise Know-how, Informationen oder Rat auch über Unternehmensgrenzen hinweg austauschen. Weil von den Partnern eines fokalen Unternehmens vergleichbare Kooperationsbeziehungen mit wiederum anderen Unternehmen ausgehen, entsteht in der Summe ein netzwerkartiges Geflecht von Kooperationsbeziehungen.

Die Bedeutung solcher Unternehmensnetzwerke für den Erfolg von Hightechunternehmen wurde in den vergangenen Jahren zunehmend von der öffentlichen Hand erkannt, was zur Gründung zahlreicher regionaler und öffentlich geförderter Unternehmenscluster geführt hat (McDonald et al. 2006; Newlands 2003). Im Rahmen der regionalen Industriepolitik soll dabei versucht werden, durch Schaffung attraktiver Rahmenbedingungen die Ansiedlung von Hightechunternehmen in einer Region zu fördern. Die Maßnahmen reichen dabei von der Bereitstellung von Büro- und Laborflächen, über die Beratung von vor allem jungen Hightechunternehmen bis hin zu einem breiten Angebot an Informationsveranstaltungen, Workshops und Kommunikationsplattformen. In der Regel verfügen die Cluster zur Sicherstellung einer hohen Qualität ihres Leistungsangebots über einen institutionelle Rahmen, in vielen Fällen haben sie die Rechtsform einer GmbH oder eines eingetragenen Vereins. Damit verbunden ist häufig die Implementierung administrative Einheiten sowie eines Clustermanagements, das die zahlreichen Aktivitäten und Angebote koordiniert. Im Gegensatz zur Pflichtmitgliedschaft in Kammern wie der Industrie- und Handelskammer oder der Handwerkskammer erfolgt der Beitritt zu einem regionalen Cluster typischerweise auf freiwilliger Basis für die Unternehmen. Unternehmen werden in erster Linie Mitglied eines regionalen Clusters, um von dessen Leistungsangebot profitieren zu können.

Obwohl die Kooperationsmöglichkeiten und das Leistungsangebot allen Mitgliedsunternehmen der Cluster gleichermaßen offenstehen, unterscheiden sich diese stark, was Art und Umfang ihres Engagements und ihrer Beteiligung innerhalb des Netzwerks betrifft. Während einige Unternehmen sehr umfänglich Gebrauch von den sich bietenden Möglichkeiten machen, nutzen andere das Leistungsangebot dieser Cluster in einem lediglich begrenzten Umfang. Wenngleich der Bedarf an Netzwerkaktivitäten zweifellos eng mit der spezifischen Situation eines Unternehmens zusammenhängt, stellt sich dennoch die Frage, warum einige Unternehmen bei der Nutzung ihrer unternehmensübergreifenden Kooperationsbeziehungen erfolgreicher sind als andere. Interessanterweise scheint das Ziel der meisten Hightechcluster in einer möglichst intensiven Vernetzung ihrer Mitglieder zu bestehen. Die mehr oder wenig explizit getroffene Annahme ist, dass ein intensiver Austausch zwischen den Akteuren allen Unternehmen gleichermaßen nutzt. Aus ökonomischer Sicht erscheint diese Annahme hingegen fragwürdig. Aufbauend auf der ausführlichen Diskussion in Kap. 2.2 ist das zentrales Argument hierbei, dass der Nutzen und die Kosten, die mit den einzelnen Kooperationsbeziehungen einhergehen, unterschiedlich verteilt sind. Einerseits erbringt nicht jede Kooperationsbeziehung mit einem externen Partner den gleichen Nutzen. Manche Partnerschaften sind wichtiger bzw. ertragreicher als andere, weil die Ressourcen, die das Unternehmen durch die Kooperation akquirieren kann, erfolgsrelevanter sind. Andererseits sind auch die Kosten für den Aufbau und Unterhalt der einzelnen kooperativen Beziehungen unterschiedlich ausgeprägt. Ein wesentlicher Kostenfaktor besteht dabei in der Zeit, die für die Partnersuche, Abstimmungsprozesse oder Verhandlungen aufgebracht muss. Daneben bedeutet ein kooperativer Wissensaustausch notwendigerweise, dass ein Unternehmen Wissen und Informationen in die Partnerschaft im Sinne einer Investition einbringen muss. Typischerweise sind Investitionen jedoch mit unsicheren Ergebnissen behaftet, weil der Partner das ihm zur Verfügung gestellte Wissen opportunistisch nutzen könnte, ohne einen eigenen Beitrag im Sinne einer kooperativen Gegenleistung zu erbringen. Somit dürften sich Beziehungen zu einigen Kooperationspartnern als besonders hilfreich für ein Unternehmen erweisen, weil die Kooperation problemlos verläuft und gleichzeitig einen hohen Nutzen bringt. Demgegenüber werden Beziehungen zu anderen Partnern deutlich problematischer sein, weil sich aus der Kooperation nicht die angestrebten Vorteile ergeben und/oder wiederkehrend Schwierigkeiten zwischen den Partnern auftreten.

Darüber hinaus dürfen die einzelnen Beziehungen in einem Netzwerk nicht isoliert voneinander betrachtet werden. Stattdessen stehen die Netzwerkbeziehungen eines fokalen Unternehmens zu seinen Partnern in einer engen Wechselwirkung zueinander, wofür sich mehrere Gründe anführen lassen (vgl. nochmals ausführlich Kap. 2.5.2). Erstens kann aus einer Ressourcenperspektive argumentiert werden, dass für ein Unternehmen i keine Notwendigkeit zum Aufbau einer Kooperation mit einem anderen Unternehmen j besteht, wenn es die Ressourcen, die j in die Kooperation einbringen könnte, bereits von einem anderen Kooperationspartner k erhalten würde. In diesem Fall weisen die Kooperationsbeziehungen zwischen i und j sowie zwischen i und k substituierenden Charakter auf. Umgekehrt könnte der Nutzen für i dann am größten sein, wenn das Unternehmen gleichzeitig mit *j* und *k* kooperiert, weil die von beiden Partnern eingebrachten Ressourcen komplementär sind. Schließlich ergibt sich der Nutzen für das fokale Unternehmen nicht nur aus seinen direkten Kooperationsbeziehungen mit anderen Unternehmen, weil deren Kooperationsmöglichkeiten wiederum eine Funktion der Gesamtheit all ihrer Beziehungen zu weiteren Unternehmen sind. Somit profitiert das fokale Unternehmen sowohl von seinen direkten Kooperationspartnern als auch indirekt von den Unternehmen, mit denen die Partner kooperative Beziehungen unterhalten.

Vor diesem Hintergrund wird der Erfolg, den ein Unternehmen aus seinen Netzwerkaktivitäten zieht, nicht in erster Linie eine Funktion der Anzahl seiner Kooperationsbeziehungen mit anderen Partnern sein. Stattdessen dürften zwei andere Aspekte wesentlich bedeutsamer sein: Erstens, mit welchen anderen Partnern sollte ein Unternehmen idealerweise kooperieren, über welche Eigenschaften sollten diese Partner verfügen und wie sollte das Set an Kooperationspartnern idealerweise zusammengesetzt sein? Zweitens hängt der Erfolg der Netzwerkaktivitäten eines Unternehmens nicht nur mit seinen eigenen Kooperationsbeziehungen ab, sondern auch davon, ob und in welcher Weise die Kooperationspartner untereinander verbunden sind. Somit hängt der Nutzen des Netzwerks für das einzelne Unternehmen wesentlich von der Position ab, die dieses Unternehmen im Gesamtgefüge aller unternehmensübergreifenden Beziehungen einnimmt. Diese beiden Fragen sollen in diesem und im folgenden Kap. 4.2 untersucht werden.

4.1.2 Empirische Untersuchung

Der in diesem Kapitel beschriebenen Studie liegt die Überlegung zugrunde, dass kooperative Beziehungen eines Unternehmens zu anderen Partnern nicht nur einen Beitrag zu dessen Erfolg leisten würden, sondern dass das Set an externen Partnern sogar einen Einfluss auf die langfristige Überlebenswahrscheinlichkeit des Unternehmens hat. Wie im vorangegangenen Abschnitt dargestellt dürften unternehmensübergreifende Kooperationen für praktisch alle Unternehmen bedeutsam sein. In der Entrepreneurship-Literatur wurde jedoch vielfach darauf hingewiesen, dass die Zusammenarbeit mit externen Partnern für junge Hightechunternehmen in ihrer Gründungs- und Wachstumsphase besonders bedeutsam ist. Weil die Zugangsmöglichkeiten zu wichtigen Ressourcen in diesen ersten Phasen besonders begrenzt sind, scheitert eine große Zahl von Start-up-Unternehmen bereits sehr früh (Baum et al. 2000; Raz und Gloor 2007; Shan et al. 1994). Der limitierte Zugang zu Wissen, Informationen und anderen erfolgsrelevanten Ressourcen sowie die begrenzten eigenen Fähigkeiten wurden vielfach als „liabilities of newness and smallness" bezeichnet (Stinchcombe 1965; Hallen 2008; Zhang und Li 2010).

Ein Großteil der früheren Studien hat sich auf die Untersuchung formaler Kooperationsbeziehungen und strategischer Allianzen zwischen Unternehmen konzentriert (z. B. Goerzen und Beamish 2005; Gulati et al. 2000; Dyer und Singh 1998; Koka und Prescott 2008; Bae und Gargiulo 2004; Baum et al. 2000; Singh 1997). Diese Autoren betrachten Kooperationsbeziehungen als Ergebnis bewusster bilateraler Einigungsprozesse zwischen unabhängigen Unternehmen mit dem Ziel des Ressourcenaustauschs (Ahuja 2000; Teece 1992). Im Gegensatz dazu existieren weit weniger Erkenntnisse darüber, ob und in welcher Weise informelle persönliche Beziehungen, die zwischen den einzelnen Managern der Unternehmen eines Netzwerks bestehen, die Überlebenswahrscheinlichkeit von Start-ups beeinflussen (Maurer und Ebers 2006; Raz und Gloor 2007). Das ist deswegen überraschend, weil einerseits die Bedeutung solcher informellen Beziehungen für Unternehmen in der Forschung schon seit längerem anerkannt wird (z. B. Almeida und Kogut 1999; Liebeskind et al. 1996; Singh und Mitchell 2005) und andererseits die meisten regionalen Cluster über die Schaffung von Kommunikationsplattformen explizit die informelle Vernetzung von Managern ihrer Mitgliedsunternehmen fördern wollen. Wenngleich auch die Annahme, dass die persönlichen Beziehungen ihrer Manager für Start-ups hilfreich sein können, nicht sonderlich umstritten sein dürfte, so liegt anknüpfend an die oben dargestellten Ausführungen die Vermutung doch nahe, dass auch im Falle persönlicher Verbindungen nicht alle Beziehungen gleichermaßen die Überlebenswahrscheinlichkeit eines Start-ups positiv beeinflussen (Tang und Beamish 2006). Somit stellt sich die Frage, mit welchen anderen Partnern ein Unternehmen über persönliche Beziehungen verbunden sein sollte und wie sich das Set an Partnern idealerweise zusammensetzt.

Um diesen Fragen nachzugehen, wurden die persönlichen Kooperationsnetzwerke unter den Führungskräften eines Biotechnologie-Clusters in einer größeren Stadt Süddeutschland (im Folgenden als BioNet bezeichnet) untersucht. BioNet wurde in den 80er Jahren gemeinsam von der Stadtverwaltung und der örtlichen Industrie- und Handelskammer (IHK) als regionales Cluster in der Rechtsform einer GmbH gegründet. Sowohl die Stadt als auch die IHK haben die Entwicklung des Clusters seit seiner Gründung aktiv durch zahlreiche Maßnahmen und beträchtliche finanzielle Investitionen gefördert. BioNet zählt zu den größten regionalen Biotechnologie-Clustern in Deutschland und verfügt über dreißig Biotechnologieunternehmen als Vollmitglieder (sogenannte „tenants"). Diese Mitglieder sind innerhalb des Technologieparks angesiedelt und nutzen die durch das Cluster bereitgestellte Infrastruktur wie beispielsweise Laboratorien und Büroflächen. Daneben existieren rund 100 assoziierte Mitglieder. Diese umfassen Unternehmen der Region, die in verwandten und komplementären Branchen wie der pharmazeutischen und chemischen Industrie, Banken und Venture Capital Gesellschaften sowie Unternehmensberatungen und spezialisierte Rechtsanwaltskanzleien.

Um die Vernetzung der Clusterunternehmen zu fördern, bietet BioNet seinen Mitgliedern ein breites Spektrum an Dienstleistungen an. Diese beinhalten Workshops, regelmäßige Informations- und Vortragsveranstaltungen mit Experten verschiedener Fachrichtungen, Beratungsangebote und die Vermittlung von Geschäftspartnern. Daneben unterstützt BioNet seine Mitglieder beim Kontakt zu regionalen Einrichtungen der öffentlichen Hand sowie zu nationalen und internationalen Forschungsinstitutionen. Um das Leistungsangebot umfassend und in einer gleichbleibend hohen Qualität aufrechterhalten zu können, wurde ein Clustermanagement eingerichtet, das mehrere Experten unterschiedlicher Spezialisierungsgebiete sowie administrative Mitarbeiter umfasst.

Dem realistischen Ansatz der Netzwerkabgrenzung folgend sowie aus forschungsökonomischen Gründen wurden für die empirische Untersuchung nicht alle Mitgliedsunternehmen herangezogen. Vorbereitende Gespräche mit Mitgliedern des Clustermanagements ergaben, dass insbesondere bei den assoziierten Mitgliedern erhebliche Unterschiede bestanden, was deren Engagement innerhalb des Cluster betraf. Somit wurden in einem ersten Schritt zunächst die Kooperationspartner der dreißig Vollmitglieder erhoben. Weil ein Mitglied die Teilnahme an der Untersuchung verweigerte, gingen in diesem Schritt 29 Tenants in die Untersuchung ein. Zur Erfassung der Kooperationsbeziehungen wurde den Eigentümern bzw. Geschäftsführern dieser Unternehmen eine Liste vorgelegt, auf der alle Mitgliedsunternehmen – also Tenants und assoziierte Mitglieder gleichermaßen – verzeichnet waren. Die Manager hatten dann die Möglichkeit, diejenigen Unternehmen zu markieren, zu denen persönliche kooperative Beziehungen bestanden.

Die Ergebnisse dieser Befragung bestätigen die Einschätzung des Clustermanagements hinsichtlich des Engagements vieler assoziierter Mitglieder. Von den Tenants wurden Kooperationsbeziehungen zu lediglich 24 Unternehmen dieser Gruppe angegeben. Daraufhin wurde beschlossen, nur diese Unternehmen in die weitere Analyse zu integrieren und auf eine Befragung der übrigen Unternehmen zu verzichten. Somit umfasst die Studie Angaben zu informellen Kooperationsbeziehungen zwischen insgesamt 53 Mitgliedsunternehmen von BioNet: 29 Biotechnologieunternehmen als Vollmitglieder und 24 assoziierte Mitglieder. Zu letzteren zählten drei weitere Biotechnologieunternehmen, die aus unterschiedlichen Gründen nicht den Status als Tenants hatten.

Der Erfolg von Unternehmen wurde definiert als langfristiges Überleben. Basierend auf Lebenszyklusmodellen von Hightechunternehmen (Kazanjian 1988; Hanks et al. 1993; Ciavarella et al. 2004) wurde acht Jahre nach der Erfassung der Kooperationsbeziehungen geprüft, welche der Biotechnologieunternehmen noch existierten. Von der Liste der Unternehmen, die ihre Existenz aufgegeben hatten, wurden diejenigen ausgenommen, die aufgrund ihres Erfolgs von anderen Unternehmen übernommen worden waren. Somit wurden tatsächlich nur diejenigen Unternehmen als nicht mehr existierend definiert, die ihren Geschäftsbetrieb aufgrund eines anhaltend fehlenden Geschäftserfolgs eingestellt hatten.

Die statistische Modellierung des Kooperationsnetzwerks erfolgte mit Hilfe der in Kap. 2.6.2 ausführlich dargestellten „exponential random graph models" (ERGMs). Weil in dieser Studie allerdings die Auswirkungen der Kooperationsstruktur auf die Überlebenswahrscheinlichkeit von Unternehmen untersucht werden sollte, greifen die Analysen auf eine Spezifikation der ERGMs zurück, die basierend auf den Netzwerkbeziehungen Vorhersagen bezüglich einer Kriteriumsvariable (im vorliegenden Fall „Überleben") macht. Diese Modelle werden in der Literatur als ERGMs für Prozesse des sozialen Einflusses bezeichnet (Robins et al. 2001). Das Überleben wurde als binäre Variable definiert. Somit wurde unterschieden zwischen Biotechnologieunternehmen, die überlebt hatten und solchen, die ihren Geschäftsbetrieb während der acht Jahre eingestellt hatten. Weil in dieser Untersuchung der Zusammenhang zwischen Netzwerkeinbettung und Überlebenswahrscheinlichkeit von Start-up Unternehmen analysiert werden soll, wurde das Überleben der anderen Mitgliedsunternehmen von BioNet als exogen gegeben definiert. Dies erscheint auch insofern legitim, als es sich bei vielen der assoziierten Mitglieder um etablierte Unternehmen, zum Teil sogar Großunternehmen, handelt, deren Überlebenswahrscheinlichkeit nicht von ihrer Einbettung das regionale BioNet-Netzwerk abhängen dürfte.

4.1.3 Ergebnisse und Diskussion

Bevor die Ergebnisse des statistischen Modellierung zum hier besonders interessierenden Zusammenhang zwischen Netzwerkeinbettung und Überleben von Biotechnologieunternehmen diskutiert werden, sollen zunächst einige grundlegende Aspekte der Netzwerkstruktur, die in Abb. 4.1 dargestellt ist, beschrieben werden. Das Kooperationsnetzwerk weist eine Dichte von 5,2% auf, die angesichts der Tatsache, dass die intensive Vernetzung der Mitglieder eines der vorrangigen Ziele von BioNet ist, als überraschend gering bezeichnet werden kann. Mit anderen Worten, jedes Mitgliedsunternehmen kooperiert im Schnitt mit nur einem von zwanzig möglichen Partnern. Berücksichtigt man darüber hinaus, dass die vielen wenig aktiven assoziierten Mitglieder in der empirischen Studie gar nicht erfasst wurde, so liegt dieser Wert bei einer Betrachtung der Gesamtvernetzung aller Mitgliedsunternehmen nochmals deutlich darunter. Weiterhin überrascht, dass achtzehn der in der Studie erfassten Mitgliedsunternehmen von BioNet überhaupt keine Kooperationsbeziehungen zu lokalen Partnern aufweisen, also mit dem Netzwerk unverbunden sind. Diese sogenannten isolierten Akteure sind in Abb. 4.1 nicht dargestellt.

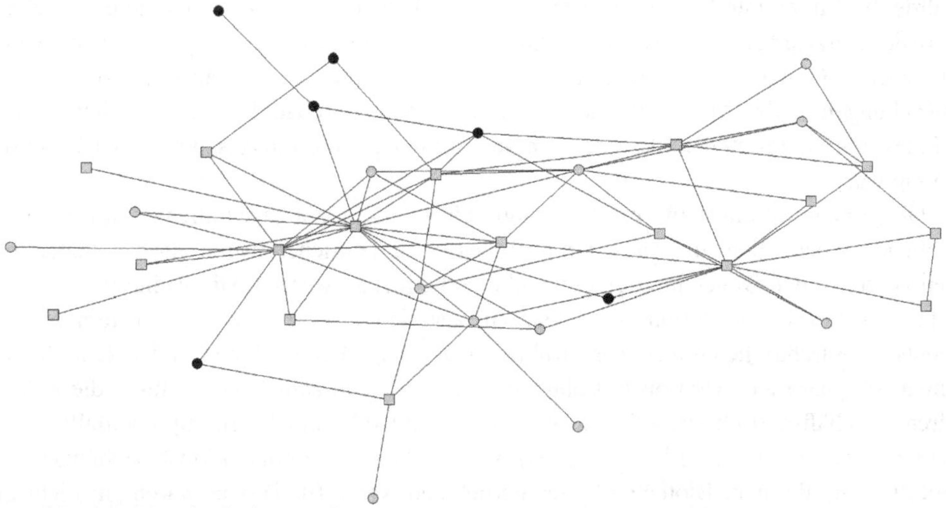

Abb. 4.1 Kooperationsnetzwerk von BioNet

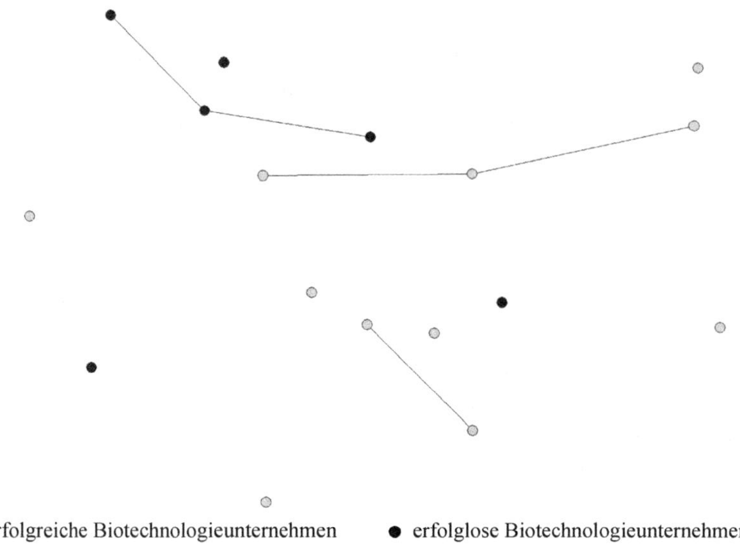

Abb. 4.2 Kooperationsbeziehungen zwischen Biotechnologie Start-ups

Von den 32 Biotechnologieunternehmen, von denen ursprünglich Informationen bezüglich ihrer Kooperationsbeziehungen erhoben worden waren, stellten acht ihren Geschäftsbetrieb in den folgenden Jahren ein. Entgegen den Erwartungen waren die Biotechnologieunternehmen insgesamt sogar in einem noch geringen Maß in das Kooperationsnetzwerk von BioNet eingebettet, als es die durchschnittliche Netzwerkdichte nahelegen würde. Im Mittel unterhielten die Start-ups nur 1,7 Beziehungen zu den anderen Mitgliedern des Netzwerks, und vierzehn von ihnen waren gar nicht in das Kooperationsnetzwerk eingebettet. Obwohl die Manager der Biotechnologieunternehmen einzelne kooperative Beziehungen zu den Managern anderer Unternehmen aufgebaut hatten, lässt sich bereits an dieser Stelle feststellen, dass der Umfang der Kooperation insgesamt vergleichsweise gering war.

Die geringe Bereitschaft von Biotechnologiemanagern zur Zusammenarbeit mit ihren Kollegen anderer Start-ups lässt sich noch besser verdeutlichen, wenn nur die Beziehungen zwischen den Biotechnologieunternehmen betrachtet werden. Diese sind in Abb. 4.2 erfasst. Aus dieser Darstellung wird deutlich, dass sich die von Seiten des Clustermanagements angestrebte dichte Netzwerkstruktur unter diesen Unternehmen in der Realität auf einige singuläre Kooperationsbeziehungen reduziert. Die acht Unternehmen, die später ihren Geschäftsbetrieb einstellen sollten, waren entweder mit langfristig ebenfalls nicht erfolgreichen Partnern verbunden (drei), unterhielten nur Kooperationsbeziehungen zu Mitgliedern, die nicht Biotechnologieunternehmen waren (drei) oder waren gar nicht in das Netzwerk eingebunden (zwei). Interessanterweise verfügte keines der acht Unternehmen über Kooperationsbeziehungen zu langfristig erfolgreichen Biotechnologieunternehmen. Ein erster Erklärungsansatz für den fehlenden Erfolg dieser acht Unternehmen besteht also möglicherweise in der Auswahl der falschen Kooperationspartner. Es lässt sich also vermuten, dass Kooperationsbeziehungen mit nicht erfolgreichen Partnern zu negativen Spillover-Effekten führen können, bei denen erfolglose Praktiken unter den Partnern weitergegeben werden. Darüber hinaus bewirken fehlende Verbindungen zu erfolgreichen Biotechunternehmen, dass wichtige Erfolgsimpulse ausbleiben.

Die Ergebnisse der statistischen Modellierung liefern darüber hinaus einige unerwartete Ergebnisse. Zunächst bestätigt sich die oben geäußerte kritische Einschätzung bezüglich der Nützlichkeit möglichst vieler Kooperationsbeziehungen. Diejenigen Unternehmen, die ihren Betrieb aufgrund eines fehlenden Geschäftserfolgs einstellen mussten, hatten in der Tendenz mehr kooperative Beziehungen als solche Unternehmen, die dauerhaft erfolgreich waren. Dies erlaubt die Schlussfolgerung, dass der Aufbau kooperativer Beziehungen an sich die Überlebenswahrscheinlichkeit von Biotechnologieunternehmen noch nicht begünstigt. Um den langfristigen Erfolg sicherzustellen scheinen weitere Eigenschaften dieser Kooperationsbeziehungen notwendig zu sein, die im Folgenden dargestellt werden sollen.

Zunächst erscheint es naheliegend davon auszugehen, dass die Zusammenarbeit mit Unternehmen, die ihrerseits erfolgreich sind, die Überlebenswahrscheinlichkeit des fokalen Unternehmens positiv beeinflussen sollte. Überraschenderweise lässt sich ein solcher Effekt in den statistischen Ergebnissen der vorliegenden Analyse nicht nachweisen. Einschränkend muss allerdings nochmals darauf hingewiesen werden, dass der Umfang an Zusammenarbeit zwischen den Start-up-Unternehmen insgesamt sehr begrenzt ist, was möglicherweise die statistische Insignifikanz der entsprechenden Effekte im Modell erklärt. Ungeachtet dessen kann sich die Zusammenarbeit zwischen erfolgreichen Biotechnologieunternehmen für diese durchaus auszahlen. Aus den oben dargestellten deskriptiven Befunden wurde bereits deutlich, dass keines der Unternehmen, die ihren Geschäftsbetrieb einstellten, Kooperationsbeziehungen zu erfolgreichen Start-ups unterhielten.

Ebenso wenig scheint die Heterogenität der Partner eines Unternehmens einen Einfluss auf dessen Überlebenswahrscheinlichkeit zu haben. Von Beziehungen zu einem Set möglichst unterschiedlicher Partner könnte zunächst theoretisch angenommen werden, dass sie die Wissensbasis eines Unternehmens vergrößern und Zugang zu heterogenen Ressourcen, Wissen und Informationen ermöglichen. Den hier gefundenen Resultaten zufolge bestehen allerdings keine statistisch bedeutsamen Unterschiede zwischen erfolgreichen und erfolglosen Biotechnologieunternehmen.

Im nächsten Schritt wurde geprüft, inwiefern die Beziehungen der Kooperationspartner eines fokalen Unternehmens dessen Überlebenschancen beeinflussen. Hierbei wurden zunächst strukturelle Pfade betrachtet, bei denen das fokale Unternehmen i eine Kooperationsbeziehung mit Unternehmen j unterhält, das seinerseits über eine entsprechende Beziehung zu Unternehmen k verfügt. Aus theoretischer Sicht lässt sich argumentieren, dass die indirekte Beziehung zwischen i und k mit ähnlichen Vorteilen verbunden ist wie eine direkte Zusammenarbeit, weil Ressourcen und Informationen auch indirekt unter den Partnern weitergegeben werden können. Gleichzeitig sind indirekte Beziehungen für das Unternehmen i aber nicht mit den Kosten des Beziehungsaufbaus und -unterhalts verbunden (vgl. hierzu nochmals Kap. 2.5.2). Auch ein solcher Effekt lässt ich jedoch in den empirischen Ergebnissen nicht nachweisen.

Abschließend wurde der Frage nachgegangen, ob die Verbundenheit der Partner *j* und *k* eines fokalen Unternehmens *i* untereinander dessen Überlebenswahrscheinlichkeit beeinflusst. Solche Konfigurationen sind durch Cliquen von Unternehmen gekennzeichnet, die alle untereinander in kooperative Beziehungen eingebettet sind. Diese Cliquen grenzen sich möglicherweise von anderen Cliquen ab und repräsentieren innerhalb der Gesamtstruktur des Netzwerks dichte Subgruppen von Akteuren. Tatsächlich weisen die Ergebnisse diesbezüglich auf einen statistisch signifikanten Unterschied zwischen erfolgreichen und erfolglosen Biotechnologieunternehmen hin. Im Gegensatz zu Unternehmen, die ihren Geschäftsbetrieb einstellen mussten, arbeiten dauerhaft erfolgreiche Start-ups mit Partnern zusammen, die ihrerseits auch untereinander kooperieren. Im Einklang mit dem Konzept der „network closure" (Coleman 1988, 1990) scheint in dichten Netzwerkstrukturen ein hohes Maß an wechselseitigem Vertrauen zwischen den Kooperationspartnern zu bestehen, was die Art und den Umfang der Kooperation positiv beeinflusst. Weil das Verhalten der Partner in dichten Strukturen besser beobachtbar ist, reduziert sich die Neigung von Unternehmen, sich opportunistisch zu verhalten. Stattdessen werden den Partnern wichtige Ressourcen zur Verfügung gestellt, welche diese als Basis für eine erfolgreiche Geschäftstätigkeit nutzen können.

4.1.4 Fazit: Subgruppen als Erfolgstreiber

Die Vernetzung von Unternehmen in Hightechbranchen hat in den vergangenen Jahren enorm an Bedeutung gewonnen. Um insbesondere junge Start-up-Unternehmen in ihren diesbezüglichen Bemühungen zu unterstützen und ihnen gleichzeitig attraktive Standortbedingungen zu bieten, haben zahlreiche Länder und Kommunen regionale Unternehmenscluster gegründet. Die Ergebnisse dieser Studie weisen allerdings darauf hin, dass die Erwartungen der Gründer, was die Vernetzung der Mitgliedsunternehmen eines Clusters betrifft, häufig zu optimistisch sein dürften. Weder scheint das primäre Ziel einer Mitgliedschaft von Start-ups darin zu bestehen, sich möglichst umfassend mit den anderen Mitgliedern des Clusters zu vernetzen, noch dürfte das „Mehr-ist-besser"-Paradigma (Raz und Gloor 2007) mit Blick auf die Vernetzung auf einer soliden Grundlage zu fußen. Vielmehr scheinen Manager von Start-up-Unternehmen sorgsam den Nutzen und die Kosten kooperativer Beziehungen zu Managern anderer Unternehmen des Clusters gegeneinander abzuwägen, was letztlich zu einer sehr selektiven Etablierung einzelner Kooperationsbeziehungen führt. In jedem Fall erscheint die Mitgliedschaft innerhalb des lokalen Clusters allein noch nicht ausreichend zu sein, um Manager zu einem umfassenden Ressourcenaustausch mit ihren Kollegen zu motivieren.

Trotz allem wäre es falsch, aus den Ergebnissen zu schließen, dass der Erfolg junger Biotechnologieunternehmen nicht durch die persönlichen Beziehungen ihrer Manager und somit durch ihre Einbettung in kooperative Netzwerke beeinflusst würde. Wenngleich die

Überlebenswahrscheinlichkeit von Start-ups nicht durch die Anzahl ihrer Kooperationsbeziehungen zu lokalen Partnern beeinflusst zu werden scheint, so ließ sich ein solcher Effekt doch für den Fall nachweisen, dass die Kooperation im Rahmen von Cliquen erfolgt, in denen alle Kooperationspartner miteinander verbunden sind. Innerhalb regionaler Netzwerkcluster scheinen Unternehmen dann langfristig erfolgreicher zu sein, wenn sie sich in dichte Cliquen von wechselseitig miteinander kooperierenden Partnern einbetten. Mit anderen Worten, die Zusammenarbeit mit Partnern, die auch untereinander in einem kooperativen Austausch stehen, erhöht nachweislich die Überlebenswahrscheinlich junger Start-up-Unternehmen.

Bei der Interpretation der hier gefundenen Resultate ist zu bedenken, dass es sich bei den Beziehungen um informelle interpersonelle Beziehungen zwischen den Eigentümern und Managern verschiedener Unternehmen handelt. Im Gegensatz zu formal begründeten strategischen Allianzen könnte argumentiert werden, dass informelle Beziehungen zwischen Managern ein höheres Maß an Vertrauen für eine funktionierende Kooperation voraussetzen. Die Einbettung solcher Kooperationsbeziehungen in dichte Cliquen scheint demnach die Entstehung und Intensivierung genau dieses Vertrauen zu fördern.

Ein weiterer Grund für die Bedeutung dichter Substrukturen innerhalb des Clusters könnte in der Komplementarität der Ressourcen liegen, über welche die einzelnen Partner verfügen. Wenngleich die Notwendigkeit zur Kooperation von Hightechunternehmen angesichts ihrer geringen Größe wie oben ausführlich dargestellt zwar häufig betont wird, so gehen viele Autoren offenbar zumindest implizit davon aus, dass es sich dabei um bilaterale Kooperationen zwischen zwei Unternehmen handelt. Die Ergebnisse der vorliegenden Untersuchung weisen allerdings darauf hin, dass Start-up-Unternehmen offenbar sinnvollerweise Partnerschaften mit mehreren Partnern gleichzeitig eingehen. Die vollständige Nutzung komplementärer Ressourcen scheint nicht nur den intensiven Austausch zwischen einem fokalen Unternehmen und seinen Partnern vorauszusetzen, sondern auch eine Zusammenarbeit zwischen den Partnern selbst zu erfordern.

Interessanterweise veranlasst die Mitgliedschaft in einem regionalen Cluster allein die Unternehmen noch nicht zu einer umfassenden Zusammenarbeit mit anderen Biotechnologieunternehmen. Stattdessen verbindet die Mehrzahl der bestehenden Kooperationsbeziehungen Biotechnologiefirmen mit anderen Organisationen innerhalb des Cluster, wie beispielsweise Hochschulen und Forschungseinrichtungen, große Pharmazie- und Chemieunternehmen sowie Venture Capital Gebern. Wenngleich dies weder einen Widerspruch zu den Zielsetzungen regionaler Cluster im Allgemeinen noch zu den Zielen von BioNet im Besonderen beinhaltet, so wird dadurch nicht die Idee des gegenseitigen Lernens der Start-up-Unternehmen untereinander gestützt. Möglicherweise überwiegen kompetitive Aspekte im Verhältnis der Biotechnologieunternehmen untereinander, die sie von einem umfangreicheren Ressourcenaustausch abhalten. Dies führt im Fall von BioNet sogar dazu, dass sich ein überraschend großer Anteil von Start-ups gar nicht an kooperativen Aktivitäten innerhalb des Netzwerks beteiligt.

Wenige Arbeiten haben sich bislang mit der Frage beschäftigt, ob solche regionalen Cluster selbst effektiv sind. Der diesbezüglich kritischen Einschätzung Caspers (2007) folgend könnte man auf der Basis der hier gefundenen Ergebnisse schließen, dass BioNet die selbst gesteckten Ziele, die ja im Angebot einer Kommunikationsplattform für den Ressourcenaustausch bestehen, weitgehend verfehlt. Zwar scheint die Realität bei BioNet zumindest mit Blick auf den Kooperationsumfang unter den Mitgliedern deutlich hinter den Erwartungen der Gründer des Clusters zurückzubleiben, allerdings dürfte es sich beim Erfolg auf der Netzwerkebene um ein mehrdimensionales Konstrukt handeln, bei dem die Intensität des Ressourcenaustauschs nur einen möglichen Aspekt darstellt. Tatsächlich scheint die Mitgliedschaft bei BioNet sowohl für Start-ups als auch für etablierte Großunternehmen nur teilweise durch den Wunsch zur Kooperation motiviert zu sein, wie qualitative Informationen verdeutlichen, die im Rahmen von Interviews mit Managern der Mitgliedsunternehmen gewonnen werden konnten. Für Großunternehmen besteht demnach ein dominierendes Motiv für die Mitgliedschaft, „einen Fuß in die Türe zu stellen". Mit anderen Worten, etablierte Pharmazie- und Chemieunternehmen verbinden eine Mitgliedschaft mit der Hoffnung, Informationen aus erster Hand bezüglich wichtiger Entwicklungen innerhalb der Branche zu erhalten. Ihre Strategie besteht darin, diese Entwicklungen zu beobachten und im Erfolgsfall mit den entsprechenden Start-up-Unternehmen zu kooperieren oder diese sogar zu akquirieren. Für die Biotechnologieunternehmen stellt die Verfügbarkeit administrativer Ressourcen wie Laboratorien oder Büroflächen einen wichtigen Anreiz zur Mitgliedschaft dar. Darüber hinaus scheint die Mitgliedschaft in einem Cluster die Reputation von Start-up-Unternehmen zu erhöhen, was wiederum deren Möglichkeiten zu Etablierung kooperativer Beziehungen mit Partnern außerhalb des Clusters vergrößert.

Für die Beurteilung der Ergebnisse dürfte es entscheidend sein, zwischen einer Unternehmensebene und einer Netzwerkebene zu unterscheiden. Während einige Unternehmen durch die Identifikation geeigneter Kooperationspartner sowie die Etablierung dichter Cliquen an Kooperationspartnern innerhalb des Netzwerks ihre Überlebenswahrscheinlichkeit tatsächlich erhöhen können, sind anderen Unternehmen offenbar deutlich weniger erfolgreich bei der Nutzung der sich bietenden Möglichkeiten. Auf der Netzwerkebene scheint der Umfang der Zusammenarbeit unter den Mitgliedsunternehmen nur bedingt zur Erfolgsmessung geeignet. Im Fall von BioNet wurden die Resultate mit großer Ernüchterung und Enttäuschung auf Seiten des Clustermanagements sowie der Verantwortlichen bei Stadt und IHK zur Kenntnis genommen. Allerdings soll an dieser Stelle nochmals betont werden, dass die Studie keinerlei Aussagen über die Effektivität des Netzwerks selbst machen kann, weil lediglich die Kooperationsstrategien der einzelnen Mitgliedsunternehmen und ihre Erfolgswirkung untersucht wurden.

Für das Gesamtnetzwerk besteht der grundlegende Bedarf an einer Entwicklung umfangreicherer Instrumente zur Erfolgsmessung. Allerdings kann bereits die Durchführung regelmäßiger Analysen des Kooperationsverhaltens der Mitgliedsunternehmen zu einer entsprechenden Anpassung des Angebots regionaler Cluster führen. Momentan scheint dieses eher durch wohlgemeinte Hoffnungen denn durch eine detaillierte Kenntnis der Kooperationsbedürfnisse der Mitglieder geprägt zu sein. Erstaunlicherweise zeichnen sich Clustermanager in der Praxis vielfach durch eine gewisse Zurückhaltung bezüglich solcher

Untersuchungen aus. Über die Gründe hierfür kann an dieser Stelle nur spekuliert werden. Sie mögen einerseits in dem legitimen Wunsch bestehen, die Mitgliedsunternehmen in einem nicht zu großen Umfang Datenerhebungen und Untersuchungen auszusetzen. Andererseits könnte die Ablehnung aber auch von der Furcht getrieben sein, die eigenen, im Widerspruch zu den offiziellen Zielsetzungen stehenden Erwartungen bezüglich der Verflechtungsdichte bestätigt zu sehen. Diese Befürchtungen scheinen allerdings weitgehend unbegründet. Keines der hier befragten Unternehmen äußerte sich unzufrieden mit der Arbeit von BioNet und dessen Management. Eine Abkehr von der eindimensionalen Erfassung des Netzwerkerfolgs könnte bei der Überwindung der Skepsis bezüglich solcher Untersuchung hilfreich sein.

4.2 Unternehmerische Orientierung als Voraussetzung günstiger Netzwerkpositionen

4.2.1 Problemstellung

Wie im vorangegangenen Kapitel deutlich wurde, sind externe Kooperationsnetzwerke nicht per se nützlich für Unternehmen. Anders ausgedrückt hängt der Nutzen, den ein fokales Unternehmen aus seinen Beziehungen zu anderen Unternehmen ziehen kann von mehreren Aspekten ab. Im Fall der Biotechnologieunternehmen wurden dafür vor allem zwei Gründe betrachtet: Erstens bestehen zwischen den einzelnen Kooperationsbeziehungen eines Unternehmens Wechselwirkungen, die sowohl positiver als auch negativer Art sein können. Die Beziehungen können sich also entweder gegenseitig substituierenden oder sie weisen einen komplementären Charakter auf. Als Folge beeinflussen die Wechselwirkungen den Nutzen und die Kosten der Gesamtheit aller externen Kooperationsbeziehungen gleichermaßen. Zweitens werden die Möglichkeiten der Kooperationspartner eines Unternehmens, Ressourcen in die Kooperation einzubringen, durch ihre eigenen Kooperationsbeziehungen zu weiteren Partnern beeinflusst. Aus Sicht des fokalen Unternehmens bedeutet dies, dass sich der Nutzen seines Kooperationsnetzwerks als Funktion sowohl seiner direkten als auch seiner indirekten Beziehungen ergibt.

Neben diesen beiden Gründen gibt es einen weiteren Aspekt, der für die Nützlichkeit eines externen Kooperationsnetzwerks entscheidend ist, nämlich die Position, die ein Unternehmen innerhalb des Gesamtsystems aller Unternehmensbeziehungen einnimmt. Diese Position wird nicht nur durch die direkten und indirekten Kooperationsbeziehungen des fokalen Unternehmens bestimmt, sondern auch vom Umfang, in dem die Kooperationspartner des fokalen Unternehmens untereinander verbunden sind. Dabei lassen sich in der Netzwerkliteratur zwei grundlegende Ansätze unterscheiden, die jeweils auf einer unterschiedlichen Argumentationslogik aufbauen.

Das auf Coleman (1990) zurückgehende Konzept der „network closure“ postuliert, dass die Einbettung in dichte Beziehungsstrukturen vorteilhaft sind. Ursächlich dafür ist die Überlegung, dass in dichten Beziehungsstrukturen das Handeln der Partner wechselseitig gut beobachtbar ist, wodurch die Gefahr opportunistischen Verhaltens einzelner Akteure, bei dem also ein Unternehmen seine Kooperationsbeziehungen einseitig zu seinem eigenen Vorteil nutzt, reduziert wird. Aus der gegenseitigen Beobachtbarkeit wächst im Zeitverlauf ein höheres Maß an Vertrauen unter den Akteuren, was den Ressourcenaustausch fördert und die Neigung einzelner zu opportunistischem Verhalten weiter reduziert.

Demgegenüber beschreibt das von Burt (1992) entwickelte Konzept der „structural holes“ solche Netzwerkpositionen als besonders günstig, die durch die Möglichkeit einer „brokerage“ gekennzeichnet sind. Ein Broker hat kooperative Beziehungen zu anderen Partnern, die ihrerseits nicht miteinander verbunden sind. Durch das indirekte Verbinden anderweitig unverbundener Netzwerkakteure überspannt der Broker strukturelle Löcher innerhalb des Netzwerks. Aus einer Position als Broker ergeben sich nach diesem Ansatz mehrere Vorteile. Weil der Broker Beziehungen zu anderweitig unverbundenen Teilen des Netzwerks hat, hat er Zugang zu mehr und heterogeneren Ressourcen als Netzwerkakteure, die in dichte Beziehungen eingebunden sind. Infolgedessen lassen sich mit Hilfe einer Brokerposition Redundanzen in den Kooperationsbeziehungen vermeiden, weil Partner, die auch miteinander verbunden sind, mit einer höheren Wahrscheinlichkeit ähnliche oder sogar gleiche Ressourcen in die Kooperation mit dem fokalen Unternehmen einbringen werden. Dies lässt sich im Falle von Informationen gut illustrieren: Der Informationsvorteil für den fokalen Akteur ist dann am größten, wenn seine Partner keine Informationen austauschen. Sind auch die Partner miteinander verbunden, so besteht die Gefahr besteht, dass mehrfach die gleichen Informationen weitergegeben werden.

Daneben reduziert die Vermeidung von Redundanz die Kosten des Beziehungsaufbaus und -unterhalts für den Broker. Weil redundante Beziehungen zwar mit entsprechenden Kosten einhergehen, jedoch keinen nennenswerten Mehrwert bieten, sollten Unternehmen geneigt sein, redundante Beziehungsstrukturen zu vermeiden. Schließlich kann argumentiert werden, dass die Abhängigkeit des fokalen Unternehmens von seinen Kooperationspartnern eine Folge von deren Verbundenheit untereinander ist. Ist das fokale Unternehmen in ein dichtes Netzwerk eingebunden, in dem auch seine Partner untereinander verbunden sind, steigt die Abhängigkeit von den Partnern, weil diese für das fokale Unternehmen ungünstige Koalitionen eingehen können. Ein Unternehmen hingegen, das eine Brokerposition innerhalb des Netzwerks einnimmt, reduziert seine Abhängigkeit, weil die Entstehung unvorteilhafter Koalitionen unter den Partnern unwahrscheinlicher wird. Stattdessen besitzt der Broker gegenüber seinen Partnern schon deshalb eine mächtigere Position, weil diese aufgrund ihrer fehlenden alternativen Kooperationsmöglichkeiten auf den Broker angewiesen sind. Als Folge besteht für den Broker sogar die Möglichkeit, seine Partner gegeneinander auszuspielen.

Bislang ist nicht abschließend geklärt, ob für Unternehmen die Einbettung in dichte und damit durch „closure“ gekennzeichnete Netzwerkstrukturen oder die Position als Broker und das damit verbundene Überspannen struktureller Löcher vorteilhafter ist. Aus theoretischer Sicht unterscheiden sich zwar die Mechanismen und Ursachen beider Konzepte, die jeweils die Vorteilhaftigkeit einer Struktur determinieren, in sich erscheint die jeweilige Argumentation aber zweifellos stimmig und überzeugend. Überraschenderweise sind auch die empirischen Belege nicht eindeutig. Einerseits existieren Untersuchungen, welche den Nutzen dichter Netzwerke dokumentieren (z. B. Ahuja 2000; Coleman 1990; Uzzi 1996), andererseits konnten viele Arbeiten den Nutzen von Brokerage empirisch nachweisen (Batjargal et al. 2013; Lee 2007; Stam 2010; Vissa und Chacar 2009; Zaheer und Bell 2005). Insbesondere im Fall von Hightechunternehmen in wissensintensiven Branchen kann allerdings davon ausgegangen werden, dass der mit einer Brokerposition verbundene Informationsvorteil von besonderer Relevanz sein sollte. Dementsprechend habe einige Autoren darauf hingewiesen, dass besonders in diesen Branchen effiziente Netzwerkstrategien definieren, welche Unternehmen schnellen Zugang zu wichtigem Wissen und Informationen generieren können und damit strategische Entscheidung besser und schneller treffen können als ihre Konkurrenten (Lee 2007; Zaheer und Zaheer 1997). Daher konzentriert sich diese Studie auf die Untersuchung von Netzwerkpositionen, die durch Brokerage gekennzeichnet sind.

Die möglichen Vorteile, die mit einer Brokerposition innerhalb von Unternehmen verbunden sind, sind Gegenstand zahlreicher Arbeiten und werden in der Regel kaum in Frage gestellt. Allerdings ist weitgehend unerforscht, warum es manchen Unternehmen besser gelingt als anderen, solche Brokerposition aufzubauen und einzunehmen. Zunächst erscheint es legitim anzunehmen, dass es keine Frage des Zufalls sein dürfte, ob Unternehmen eine Position als Broker einnehmen oder nicht. Brokerage dürfte demnach weniger das Ergebnis eines pfadabhängigen Prozesses sein, dem das Unternehmen primär passiv entgegensteht. Stattdessen kann vermutet werden, dass der Umfang, in dem Unternehmen die Rolle eines Brokers innerhalb der Netzwerkstruktur zukommt, eher das Resultat ihrer strategischen Kooperationsaktivitäten ist. Somit besteht Klärungsbedarf bezüglich der unternehmensseitigen Determinanten, die das Brokerverhalten von Unternehmen fördern. Ein Konstrukt, das in den vergangenen Jahren eine sehr umfangreiche Beachtung in zahlreichen Untersuchungen zu Unternehmen und ihrer Performance gefunden hat, ist die Orientierung von Unternehmen hin zu einem ausgeprägten Unternehmertum. Bei der im Englischen als „entrepreneurial orientation" (EO) bezeichneten Einstellung handelt es sich um ein Konstrukt, das die Praktiken eines Unternehmens hinsichtlich der Strategiefindung, seiner Management-Philosophien sowie seines Wettbewerbsverhaltens reflektiert (Covin und Slevin 1989; Lumpkin und Dess 1996). Vielfach wird EO als dreidimensionales Konstrukt definiert, welches die Aspekte Innovationsneigung, Proaktivität und Risikoneigung umfasst (Miller 1983; Rauch et al. 2009).

Wenngleich die positiven Effekte einer ausgeprägte EO auf die Unternehmensperformance gut dokumentiert sind (z. B. Hult et al. 2003; Lee et al. 2001), bleibt dennoch unklar, mit Hilfe welcher Mechanismen es Unternehmen gelingt, ihre Einstellung zum Unternehmertum auch tatsächlich in einen höheren Unternehmenserfolg umzuwandeln. Ausgangsüberlegung dieser Studie ist, dass eine Einstellung innerhalb des Unternehmens noch nicht automatisch Auswirkungen auf die Performance haben wird. Stattdessen wird davon ausgegangen, dass eine ausgeprägte EO ein bestimmtes strategisches Verhalten des Unternehmens bewirkt, welches wiederum Auswirkungen auf seine Performance haben sollte. In Verbindung mit den oben angestellten Überlegungen lässt sich die Erwartung

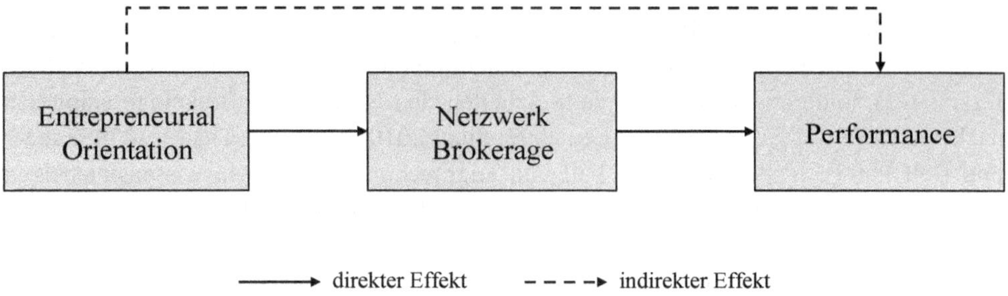

Abb. 4.3 Untersuchungsrahmen

ableiten, dass die EO eines Unternehmens Auswirkungen auf die Günstigkeit der Position hat, die dieses Unternehmen innerhalb des Kooperationsnetzwerks einnimmt, was wiederum Auswirkungen auf seine Performance hat. Mit anderen Worten, es kann von einem mediierten Effekt ausgegangen werden, bei dem ein hohes Maß an EO die Wahrscheinlichkeit eines Unternehmens erhöht, eine Brokerposition einzunehmen, die angesichts der dargestellten Vorteile die Unternehmensperformance positiv beeinflussen sollte. Das theoretische Modell ist in Abb. 4.3 dargestellt.

4.2.2 Empirische Untersuchung

Die empirische Untersuchung zur Überprüfung der postulierten Wirkungsbeziehungen erfolgte unter allen Mitgliedsunternehmen von zwei regionalen Hightechclustern in Deutschland. Bei diesen handelt es sich einerseits um ein Cluster der optischen Industrie, andererseits um einen Unternehmensverbund im Bereich der Messtechnik. Die beiden Cluster haben die Rechtsform eines eingetragenen Vereins und verfügen über eine administrative Einheit, welcher das Management der Clusteraktivitäten zukommt. Die Zielsetzungen der beiden Cluster bestehen darin, ihren Mitgliedsunternehmen eine gemeinsame Kommunikations- und Kooperationsplattform zu bieten, den Austausch zwischen den Mitgliedern zu fördern sowie Schulungen und Workshops zu industriespezifischen Themenstellungen anzubieten. An der Studie nahmen 24 von 28 Mitgliedsunternehmen des Messtechnik-Clusters teil, was einer Rücklaufquote von rund 86 % entspricht. Im Cluster der optischen Industrie war die Beteiligung etwas geringer, hier beteiligten sich 58 von 78 Mitgliedsfirmen, was eine Quote von etwa 74 % bedeutet. Insgesamt konnten die im Modell postulierten Wirkungsbeziehungen zwischen den Konstrukten also anhand der Informationen von 82 Hightechunternehmen empirisch untersucht werden. Bei diesen handelte es sich in der großen Mehrzahl (89 %) um hochspezialisierte kleine und mittelständische Unternehmen (KMUs) mit maximal 500 Mitarbeitern.

Die Daten wurden mit Hilfe einer online-basierten Befragung unter den Führungskräften der Mitgliedsunternehmen erhoben. Diese waren mehrheitlich Geschäftsführer oder Gründer, was angesichts der relative geringen Größer vieler Mitglieder naheliegend erscheint. In

Tab. 4.1 Variablen und Operationalisierung

Variable	Operationalisierung
Entrepreneurial Orientation (EO)	Covin und Slevin (1989); Lumpkin und Dess (1996, 2001)
Brokerage im Kooperationsnetzwerk	Burt (1992)
Unternehmensperformance	Wiklund und Shepherd (2003)
Marktliche Turbulenz (KV)	Jaworski und Kohli (1993)
Verschiedenartigkeit der Kooperationspartner (KV)	Baum et al. (2000)
Unternehmensalter (KV)	Anzahl der Jahre seit Unternehmensgründung
Unternehmensgröße (KV)	Anzahl der Mitarbeiter (Vollzeitäquivalent)

KV Kontrollvariable

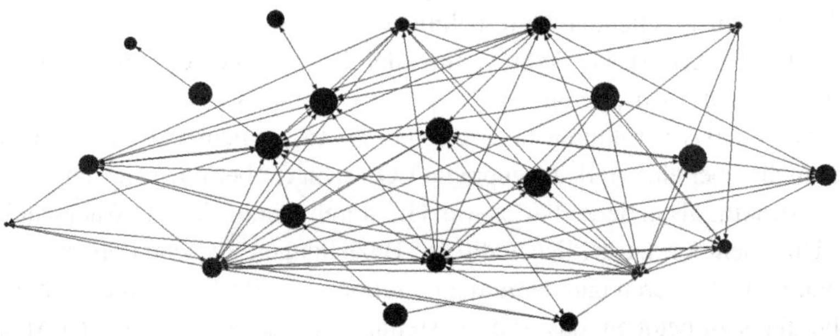

Abb. 4.4 Zusammenhang Netzwerkposition und EO – Messtechnik

größeren Unternehmen hingegen sind einzelne Manager typischerweise kaum noch in der Lage, allein Auskunft über die Gesamtheit aller externen Kooperationsbeziehungen ihres Unternehmens zu geben. Für diese Unternehmen basieren die Daten daher auf den Informationen, die wir von mehreren Managern – in Einzelfällen bis zu vier – erheben konnten. Eine solche Mehrfacherhebung erfolgte in rund einem Drittel der Fälle (25 Unternehmen). Die Messung der in die Untersuchung integrierten Variablen erfolgte mit Hilfe etablierter Messinstrumente. Neben den eigentlich interessierenden Konstrukten EO, Brokerage und Unternehmensperformance wurden einige Kontrollvariablen in den statistischen Modellen berücksichtigt, um für mögliche exogene Effekte kontrollieren zu können. Tabelle 4.1 gibt Auskunft über die Operationalisierung der im Modell enthaltenen Variablen.

Die Visualisierung der Netzwerkstrukturen in Abb. 4.4 (Messtechnik) und Abb. 4.5 (optische Industrie) erlaubt die Ableitung erster Erkenntnisse hinsichtlich der hier interessierenden Forschungsfragen. Die Darstellungen für beide Unternehmenscluster beinhalten die clusterinternen Kooperationsnetzwerke zwischen den Unternehmen. Aufgrund der begrenzten Möglichkeiten grafischer Darstellung wurde auf die Integration der Unternehmensperformance in den Abbildungen verzichtet. Stattdessen beinhalten die Abbildungen neben den Netzwerkbeziehungen die EO als Unternehmenseigenschaft. Die Größe der

Abb. 4.5 Zusammenhang Netzwerkposition und EO – Optische Industrie

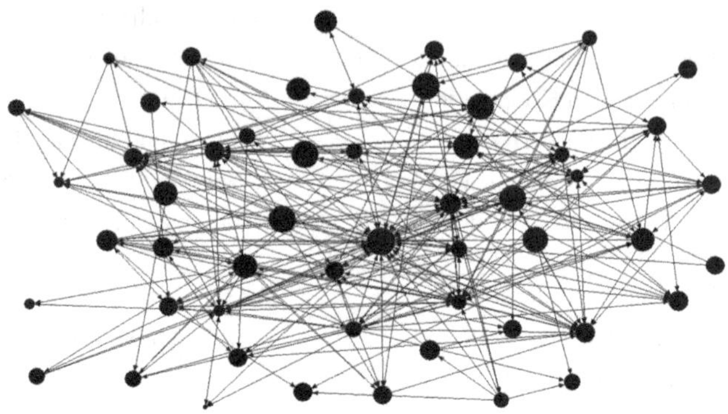

Netzwerkknoten entspricht ihrer EO-Ausprägung: Je größer der Knoten, desto ausgeprägter ist die EO des entsprechenden Unternehmens.

Aus den Abbildungen ist zu erkennen, dass den Erwartungen entsprechend ein Zusammenhang zwischen der Ausprägung der EO von Unternehmen einerseits und ihrer Einbettung in die Netzwerkstrukturen andererseits ein Zusammenhang zu bestehen scheint. Unternehmen, die über eine stark ausgeprägte EO verfügen, befinden sich eher im Zentrum der Netzwerkstruktur als in deren Peripherie. Hierdurch erhöht sich die Wahrscheinlichkeit, dass diese Unternehmen tatsächlich indirekte Beziehungen zwischen anderweitig unverbundenen Partnern etablieren und damit die Funktion eines Brokers einnehmen. Einschränkend ist allerdings zu betonen, dass die Darstellung hierfür nur einen ersten Anhaltspunkt bietet. Wenngleich ein gewisser Zusammenhang naheliegend erscheint, erfordert die Ableitung fundierter Schlussfolgerungen eine über die grafische Analyse hinausgehende Analyse.

Um das in Abb. 4.3 dargestellte Mediationsmodell auch statistisch zu testen, wurde auf das Bootstrapping-Verfahren zurückgegriffen. Bootstrapping ist eine Methode des Resampling, bei der das Modell wiederholt auf der Grundlage von Stichproben aus dem gesamten zur Verfügung stehenden Datensatz berechnet werden. Hauptvorteil dieser Methode ist, dass sie auch im Fall kleinerer Stichproben wie der hier verfügbaren valide Schätzergebnisse liefert.

Die Ergebnisse bestätigen das auf theoretischer Ebene postulierte Modell. Tatsächlich lässt sich der erwartete Zusammenhang zwischen EO und Brokerage nachweisen: Je stärker die EO in Unternehmen ausgeprägt ist, desto größer ist die Anzahl der strukturellen Löcher, die dieses Unternehmen innerhalb der Netzwerkstruktur überspannt. Je ausgeprägter wiederum die Brokerage-Aktivitäten eines Unternehmens sind, umso erfolgreicher ist dieses Unternehmen. In der Summe lässt sich auf Basis der statistischen Analyse der postulierte mediierende Effekt von Brokerage auf den Zusammenhang zwischen EO und Performance nachweisen.[1]

[1] Einschränkend ist anzumerken, dass es sich lediglich um einen teilweise mediierenden Effekt handelt (vgl. hierzu grundlegend Maxwell et al. 2011).

4.2.3 Implikationen der Ergebnisse

Die in dieser Untersuchung gefundenen Ergebnisse bestätigen Erkenntnisse aus früheren Studien, die jeweils separat den positiven Einfluss von EO (z. B. Hult et al. 2003; Lee et al. 2001) und Brokerage (z. B. Batjargal et al. 2013; Lee 2007; Stam 2010; Vissa und Chacar 2009; Zaheer und Bell 2005) auf die Performance von Unternehmen dokumentiert haben. Dementsprechend ist zunächst der Nachweis eines positiven Effekts von Netzwerk-Brokerage auf die Unternehmensperformance nicht notwendigerweise überraschend. Unternehmen, die innerhalb interorganisationaler Netzwerke strukturelle Löcher überspannen, sind signifikant erfolgreicher als solche Unternehmen, die dies nicht oder nur in geringem Maße tun. Ganz offenkundig zahlen sich die mit Brokerage verbundenen Vorteile gerade für Unternehmen in wissensintensiven Branchen wie der hier betrachteten optischen Industrie oder der Messtechnik für Unternehmen nachhaltig aus. Broker verfügen gegenüber Unternehmen, die keine strukturellen Löcher überspannen, über einen Informationsvorsprung, haben niedriger Kosten bei der Akquisition wichtiger Ressourcen, weisen eine höhere Unabhängigkeit von ihren Kooperationspartner auf und steigern dadurch insgesamt ihre Netzwerkeffizienz. Diese Vorteile sind offenkundig so bedeutsam, dass sie nachhaltige Auswirkungen auf den Erfolg der Unternehmenstätigkeit haben. Mit anderen Worten, Brokerage zahlt sich für wissensintensive Unternehmen aus.

Bedeutsamer sind die vorliegenden Ergebnisse mit Blick auf die Determinanten von Brokerage. Zwar ist das Überspannen struktureller Löcher innerhalb des Netzwerks vorteilhaft, weitgehend unklar ist bislang jedoch, wodurch das Brokerage-Verhalten von Unternehmen determiniert wird. Ausgangsüberlegung war, dass es sich bei der Position eines Unternehmens innerhalb des Netzwerks externer Kooperationsbeziehungen nicht ausschließlich um das Ergebnis eines pfadabhängigen oder gar evolutionären Prozesses handelt, dessen Kontrolle sich dem Handeln des Unternehmens weitgehend entzieht. Stattdessen wurde davon ausgegangen, dass Unternehmen in unterschiedlichem Maße in der Lage sind, ihre Netzwerkposition aktiv und strategisch zu beeinflussen. Hierbei ergeben sich aus Unternehmenssicht allerdings mehrere relevante Aspekte: Erstens verlangt Brokerage die Möglichkeit der Identifikation struktureller Löcher. Wie oben dargestellt entstehen strukturelle Löcher nicht nur in Folge der Beziehungen des fokalen Unternehmens, ursächlich ist ebenfalls der Umfang, in dem die Partner untereinander verbunden sind. Somit hängt die Identifikation von Brokeragemöglichkeiten von den Fähigkeiten eines Unternehmens ab, das Kooperationsverhalten seiner Partner zu beobachten. Während dies selbst für strategische Allianzen vielfach eine Herausforderung sein dürfte, weil nicht alle dieser Allianzen auch öffentlich bekannt werden, selbst dann nicht, wenn sie auf formalen Verträgen beruhen, ist die Beobachtbarkeit einer informellen Kooperation von Unternehmen im Sinne eines nicht-kodifizierten Ressourcen- und Erfahrungsaustauschs durch Dritte noch wesentlich schwieriger. Hierzu bedarf es in einem gewissen Sinn einer wettbewerblichen Intelligenz auf Unternehmensebene (Ahearne et al. 2013), welche die Beobachtung des Kooperationsverhaltens von Wettbewerbern sowie die Analyse der Wirkung auf die eigene Netzwerkstrategie beinhaltet.

Zweitens ist die Identifikation von Möglichkeiten allein nicht ausreichend zur Realisierung von Brokerage. Stattdessen bedarf es einer geeigneten Strategie, die sich bietenden Möglichkeiten bezüglich des Überspannens struktureller Löcher auch tatsächlich umzusetzen. Die Ergebnisse dieser Untersuchung weisen darauf hin, dass EO ein wesentlicher Treiber für Brokerage ist. Mit anderen Worten, eine ausgeprägte Orientierung hin zum Unternehmentum kann erklären, warum manche Unternehmen besser als andere in der Lage sind, vorteilhafte und durch Brokerage charakterisierte Netzwerkpositionen zu erlangen und zu behaupten. Hierbei scheinen alle drei Dimensionen von EO, also Innovationsneigung, Proaktivität und Risikobereitschaft gleichermaßen hilfreich zu sein.

Innovationsneigung wurde vielfach mit einer Lernorientierung von Unternehmen sowie der Entwicklung neuer organisationaler Routinen in Verbindung gebracht, die es Unternehmen erlauben, neue Ideen zu entwickeln und neue Wege bei der Identifikation und Lösung von Problemen einzuschlagen (Kreiser et al. 2013; Tsai und Yang 2013). Innovative Unternehmen neigen verstärkt dazu, hergebrachtes Wissen und bestehende Praktiken in Frage zu stellen und stattdessen sich ergebende Möglichkeiten zu nutzen (Neill et al. 2007). Weil die Innovationsneigung in einem engen Zusammenhang mit informationsintensiven Aktivitäten steht, welche die Suche nach neuen Ideen und Lösungen verlangt, ist die Verfügbarkeit relevanten Wissens ein wesentlicher Aspekt für innovative Unternehmen. Innovative Unternehmen überspannen demnach strukturelle Löcher, um von den Erfahrungen anderer Unternehmen in anderen Bereichen zu profitieren. Sie werden also gezielt versuchen, Redundanzen in ihren externen Kooperationsbeziehungen zu vermeiden und dadurch die Effizienz ihres Netzwerks zu erhöhen (Lee 2007; Zaheer und Bell 2005).

Proaktivität unterstützt ebenfalls die Herausbildung von Brokerage. So lässt sich argumentieren, dass proaktive Unternehmen nicht passiv auf sich ihnen bietende Möglichkeiten warten. Stattdessen werden sie aktiv versuchen, ihr aus kooperativen Beziehungen zu anderen Unternehmen bestehendes Netzwerk strategisch zu entwickeln mit dem Ziel, die Möglichkeiten einer Akquisition von Ressourcen zu vergrößern. Proaktive Unternehmen ergreifen also die Initiative, um Wissen über Kunden und Wettbewerber zu generieren (Li et al. 2009) und ihre Umwelt mit Blick auf die Generierung eigener Vorteile zu beeinflussen (Lumpkin und Dess 2001; Kreiser et al. 2013).

Risikobereitschaft impliziert schließlich den Willen, sich von altbewährten Strategien zu lösen. Wenngleich das Überspannen struktureller Löcher in den externen Kooperationsbeziehungen mit Vorteilen verbunden ist, so ist Brokerage auch mit gewissen Kosten und Risiken verbunden (Gilsing et al. 2008). Die Nutzung der Vorteile, die sich aus dem Zugang zu heterogenen Informationen ergeben, erfordert Zeit und Ressourcen, die sich nicht für andere wichtige Unternehmensaktivitäten einsetzen lassen. Darüber hinaus führt ein starker Fokus auf die Suche nach neuen Informationen möglicherweise dazu, dass sich die Wissensbasis eines Unternehmens in unterschiedliche und zum Teil unverbundene Richtungen entwickelt, was sich negativ auf komplexe Unternehmensentscheidungen auswirken könnte (Ahuja und Katila 2004; Fleming und Sorenson 2001). Schließlich könnten die Partner des fokalen Unternehmens die strategischen Absichten von dessen Kooperationsverhalten erkennen und entsprechende Gegenstrategien entwickeln. Je stärker solche Gegenmaßnahmen das Brokerverhalten des fokalen Unternehmens effektiv sanktionieren können, umso mehr Risikobereitschaft setzt Brokerage voraus (Xiao und Tsui 2007).

4.2.4 Fazit: Unternehmerische Einstellung als Basis einer erfolgreichen Netzwerkstrategie

Auf der Basis der gefundenen Resultate lässt sich die Vermutung bestätigen, dass Brokerage einen wichtigen Mechanismus bei der Umsetzung von EO in einen größeren Unternehmenserfolg darstellt. Einerseits zahlt sich das Überspannen struktureller Löcher innerhalb des Netzwerks externer Beziehungen aus, weil ein solches Verhalten in Netzwerken positive Auswirkungen auf den Unternehmenserfolg hat. Andererseits erscheinen eine unternehmerische Orientierung, die Innovationsneigung, Proaktivität und Risikobereitschaft gleichermaßen beinhaltet, unerlässlich für die Generierung vorteilhafter und durch Brokerage charakterisierter Netzwerkpositionen. Unternehmen sollten sich daher ermutigt sehen, ihre kooperativen Beziehungen mit anderen Unternehmen basierend auf den drei EO-Dimensionen strategisch aufzubauen. Hierbei ist nicht nur die Auswahl der Partner basierend auf deren Eigenschaften und Fähigkeiten ausschlaggebend. Ebenso relevant sind die Kooperationsbeziehungen, in die diese Partner ihrerseits eingebunden sind.

Alle drei Dimensionen einer EO zahlen sich demnach bei der Umsetzung solcher effektiver Netzwerkstrategien aus. Während Innovationsneigung und Proaktivität diesbezüglich weitgehend unkritisch sein dürften und möglicherweise primär von dem zur Verfügung stehenden Umfang an Ressourcen abhängen, verdient der Aspekt der Risikobereitschaft eine genauere Betrachtung. Wenngleich in der vorliegenden Untersuchung nur lineare Wirkungsbeziehungen getestet wurden, dürfte speziell im Fall der Risikobereitschaft ein „mehr ist besser" nur bedingt gelten. Risikobereitschaft im Sinne einer EO impliziert nicht das Treffen von Entscheidungen mit unübersehbaren Konsequenzen. Stattdessen beinhaltet es die Bereitschaft, kalkulierbare geschäftsbezogene Risiken einzugehen, gewagte Entscheidungen zu treffen wie beispielsweise das Investieren in unbekannte Märkte, die umfangreiche Aufnahme von Fremdkapital zur Finanzierung von Investitionen sowie eine weitreichende Allokation von Ressourcen auch auf solche Projekte, bei denen die Kosten im Falle des Fehlschlagens hoch sind (Dess und Lumpkin 2005; Lumpkin und Dess 1996; Miller und Friesen 1978; Wiklund und Shepherd 2003). Wenngleich risikoreiche Projekte notwendigerweise eine höhere Wahrscheinlichkeit des Scheiterns haben, so zahlt sich langfristig betrachtet eine höhere Risikoneigung deshalb aus, weil die Erträge aus erfolgreichen riskanten Projekten die Verluste aus den nicht erfolgreichen mehr als kompensieren. Wenngleich also die Erfolgsvarianz der einzelnen Projekte bei einer höheren Risikobereitschaft größer ist, dürfte sich der durchschnittliche Erfolg langfristig betrachtet erhöhen (Wiklund und Shepherd 2005; McGrath 2001).

Die Ergebnisse der Untersuchung verdeutlichen, dass sich Netzwerkvorteile nicht etwa aus der bloßen Mitgliedschaft in einem Unternehmenscluster ergeben. Vielmehr erfordert die Generierung eines erfolgsrelevanten Nutzens aus den Kooperationsbeziehungen mit anderen Unternehmen ein aktives Handeln der Unternehmen dergestalt, dass sie die Gesamtheit aller externen Beziehungen zu Partnern aktiv und strategisch gestalten. Insofern erscheinen auch die Zielsetzungen vieler Unternehmenscluster, die darin bestehen, einen möglichst intensiven Austausch zwischen allen Mitgliedsunternehmen zu stimulieren, zumindest fragwürdig. Nicht diejenigen Unternehmen sind besonders erfolgreich, die in einem besonders hohen Maße mit den anderen Mitgliedern eines Clusters kooperieren sondern solche, die ihre Kooperationsbeziehungen strategisch mit Blick auf das Überspannen struktureller Löcher entwickeln. Für Unternehmen erscheint es daher empfehlenswert, die sich durch das Cluster bietenden Möglichkeiten zur Kooperation sorgfältig abzuwägen. Allerdings ist festzuhalten, dass diese individuelle Rationalität, also eine Optimierung der Netzwerkstruktur aus Sicht des einzelnen Unternehmens nichts über die Effektivität des Netzwerks als Ganzes aussagt. Es könnte sein, dass Brokerage und die damit verbundene Realisierung von Vorteilen ein Nullsummenspiel ist: Je stärker einige Broker innerhalb des Clusters von ihrer Netzwerkposition profitieren, umso weniger vorteilhaft ist die Beziehungsstruktur für alle anderen Unternehmen. Dementsprechend erscheint es hilfreich, bei der Beurteilung der Effektivität von Netzwerkstrukturen sorgfältig zwischen der Akteurs- und Netzwerkebene zu unterscheiden. Für die Gesamtstruktur dürfte der Umfang, in dem die einzelnen Unternehmen miteinander kooperieren, ein wenig geeigneter Indikator zu sein, wenn es darum geht, den Erfolg eines regionalen Clusters zu determinieren.

4.3 Nutzung persönlicher Beziehungen zur Bildung strategischer Allianzen

4.3.1 Problemstellung

Die beiden vorangegangen Studien untersuchten unterschiedliche Aspekte der informellen Vernetzung von Unternehmen und deren Auswirkungen auf den Unternehmenserfolg. Allerdings wurde ebenfalls dargestellt, dass die zwischen selbständigen Unternehmen bestehenden kooperativen Beziehungen keinesfalls ausschließlich informeller Natur sind oder auf den persönlichen Beziehungen der einzelnen Manager beruhen. Vielmehr bestehen zahlreiche Kooperationsbeziehungen, die durch die Unternehmen bewusst etabliert wurden und die meist das Ergebnis eines mehr oder weniger stark formalisierten Verhandlungs- und Entscheidungsprozesses sind. Solche vielfach auch als strategischen Allianzen bezeichneten Beziehungen erfüllen zunächst einen den informellen persönlichen Kooperationsbeziehungen vergleichbaren Zweck: Insbesondere in Hightechbranchen sind Unternehmen vielfach zu klein, um über alle erfolgsrelevanten Ressourcen selbst zu verfügen. Eine Lösung für das Problem der Ressourcenakquisition besteht daher in einer unternehmensübergreifenden Kooperation mit solchen externen Partnern, die ihrerseits über die benötigten Ressourcen verfügen. Dementsprechend sind die Inhalte strategischer Allianzen vielfältig, sie reichen von einem institutionalisierten Erfahrungsaustausch über

Zuliefer-Abnehmer-Beziehungen bis hin zu Joint-Ventures, bei denen zwei oder mehrere Partner gemeinsam auf der Basis eines Kooperationsvertrags gemeinsam ein Tochterunternehmen gründen und betreiben (Todeva und Knoke 2005).

Zur Bedeutung strategischer Allianzen insbesondere für den Erfolg von Unternehmen in den sich schnell wandelnden Hightechbranchen liegen diverse Untersuchungen vor (z. B. Baum et al. 2000; Powell et al. 1996; Brouthers et al. 2014; Stuart 2000). Ebenfalls waren zahlreiche Aspekte der sich aus strategischen Allianzen ergebenden interorganisationalen Unternehmensnetzwerke Gegenstand vielfältiger Forschungsbemühungen (z. B. Lomi und Pattison 2006; Ahuja et al. 2009; Goerzen und Beamish 2005; Provan et al. 2007; Koka und Prescott 2008). Wenn allerdings formal angelegte Kooperationsbeziehungen zwischen Unternehmen und informeller kooperativer Austausch zwischen Managern einem ähnlichen Zweck dienen, nämlich der Akquisition wichtiger Ressourcen, so liegt die Vermutung nahe, dass ein Zusammenhang zwischen den beiden Beziehungsarten besteht. Einerseits wäre ein substituierendes Verhältnis dergestalt denkbar, dass Unternehmen Ressourcen entweder auf der Grundlage formaler Verträge oder eben alternativ auf informeller Basis austauschen. Andererseits könnten sich formale und informelle Beziehungen gegenseitig ergänzen und somit komplementär zueinander verhalten. So ließe sich beispielsweise vermuten, dass sich Manager bei gemeinsamen Aktivitäten innerhalb eines Clusters kennenlernen und daraufhin eine informelle Beziehung etablieren. Weil beide Partner im weiteren Verlauf positive Erfahrungen mit dieser Form der Kooperation machen, könnte der informelle Austausch in eine formal angelegte Zusammenarbeit beider Unternehmen münden.

Die Grundannahme der Interdependenz formaler und informeller Beziehungen wird in dieser Studie aufgegriffen. Tatsächlich erscheint es naheliegend, zur Untersuchung interorganisationaler Netzwerke beide Beziehungsarten simultan in die Analyse mit einzubeziehen unabhängig davon, ob die Wechselwirkungen nun primär substituierenden oder komplementären Charakter haben. Aus konzeptioneller Sicht lässt sich das aus formalen und informellen Beziehungen bestehende interorganisationale Netzwerk als Mehrebenensystem betrachten, innerhalb dessen die Unternehmen über formal geschlossene strategische Allianzen und die Manager durch informelle kooperative Beziehungen miteinander verbunden sind. Beide Ebenen sind über die Zugehörigkeit (Affiliation) der Manager zu den Unternehmen miteinander verbunden (Lazega et al. 2008; Moliterno und Mahony 2011; Barden und Mitchell 2007; Berends et al. 2011). Abbildung 4.6 stellt ein solches Mehrebenennetzwerk schematisch dar.

Zunächst verlangt die simultane Betrachtung von Netzwerkbeziehungen auf mehreren Ebenen nicht notwendigerweise Annahmen bezüglich des kausalen Wirkungszusammenhangs zwischen Unternehmensbeziehungen und persönlichen Beziehungen. Im Rahmen dieser Studie soll jedoch gezielt der Frage nachgegangen werden, ob informelle persönliche Beziehungen zwischen Managern unterschiedlicher Unternehmen, sogenannten „boundary spanners“ (Perrone et al. 2003), den Aufbau strategischer Allianzen zwischen ihren Unternehmen begünstigen und auf welche Weise beide Beziehungsebenen miteinander zusammenhängen. Entsprechend der im Grundlagenkapitel dargestellten Überlegungen,

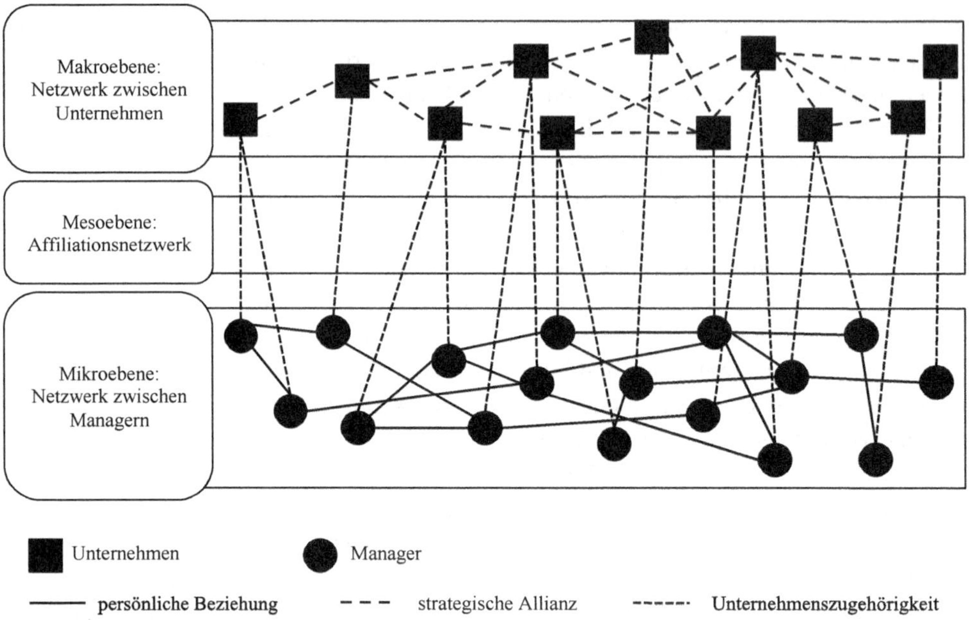

Abb. 4.6 Mehrebenennetzwerk

wonach Netzwerkbeziehungen durch zahlreiche Interdependenzen gekennzeichnet sind, dürften formale Unternehmensbeziehungen und informelle persönliche Beziehungen nicht nur direkt voneinander abhängig sein. Vielmehr ist anzunehmen, dass sich komplexe Wechselwirkungen zwischen den persönlichen Beziehungen eines Managers und den strategischen Allianzen seines Unternehmens ergeben, die über das rein dyadische Verhältnis zweier Akteure hinausgehen.

4.3.2 Empirische Untersuchung

Um die Frage nach dem Zusammenhang zwischen informellen persönlichen Beziehungen und formal angelegten strategischen Allianzen zu untersuchen, wurden Daten in einem regionalen Cluster in der Biotechnologie erhoben. Das Biotech-Cluster (im Folgenden BiotechNet bezeichnet) liegt im Westen Deutschlands und wurde im Jahr 2000 durch die dortige Universität, ein großes Forschungszentrum, die lokale Industrie- und Handelskammer (IHK) sowie Vertretern aus Wissenschaft und Wirtschaft als eingetragener Verein gegründet. Die Ziele des Clusters umfassen unter anderem die Förderung des Austauschs von Wissen, Informationen und Kompetenzen unter den Mitgliedsunternehmen, die Unterstützung des Personaltransfers sowie die Bereitstellung eines breiten Angebots an Seminaren, Konferenzen, Messen und Ausstellungen. Heute hat BiotechNet rund 60 Mitglieder, die sich aus Unternehmen der Biotechnologie, Hochschulinstituten und

Forschungseinrichtungen sowie Unternehmen und Organisationen in komplementären Tätigkeitsfeldern zusammensetzen. Zu letzteren gehören beispielsweise Beratungsunternehmen, Gründerzentren und Wirtschaftsförderungsagenturen.

Für die empirische Untersuchung wurden alle Geschäftsführer bzw. Vorstandsvorsitzenden der Mitgliedsunternehmen sowie die Leiter und Direktoren der Hochschulinstitute und Forschungseinrichtungen zu einer Teilnahme an der Datenerhebung eingeladen. Darüber hinaus baten wir diese Personen um Angaben darüber, ob es in ihren Unternehmen und Organisationen weitere Mitarbeiter gab, die aktiv an den Aktivitäten von BiotechNet teilnahmen. Mit Hilfe mehrerer Kontaktaufnahmen gelang es letztlich, Informationen von 41 Mitgliedsorganisationen und 57 Personen zu erhalten. Aus den Rohdaten wurden mit Blick auf den gewählten Mehrebenenansatz zwei Berührungsmatrizen der Größe 41 × 41 (formale strategische Allianzen zwischen Unternehmen) bzw. 57 × 57 (persönliche kooperative Beziehungen zwischen Managern) gebildet. Darüber hinaus konstruierten wir eine Affiliationsmatrix der Größe 57 × 41, welche die Zugehörigkeit der Personen zu den Unternehmen und Organisationen abbildete.

Aus den oben angestellten konzeptionellen und in Abb. 4.6 visualisierten Überlegungen wird deutlich, dass im Fall einer Mehrebenenanalyse von Netzwerkstrukturen deutlich komplexere Interdependenzen zu berücksichtigen sind, als dies in anderen Arten von Netzwerken der Fall ist. Um die Vielzahl der möglichen Wechselwirkungen auf allen drei Ebenen (Mikro-, Meso- und Makroebene) adäquat abbilden zu können, schätzten wir „exponential random graph models“ (ERGMs) in ihrer erst jüngst publizierten Spezifikation für Mehrebenennetzwerke (Wang et al. 2013). ERGMs für Mehrebenennetzwerke stellen gewissermaßen eine Synthese aus multivariaten Netzwerken (siehe Kap. 3.1 und 3.2) und den im nächsten Abschn. 4.4 erläuterten Affiliationsnetzwerken dar: Die analysieren simultan verschiedenartige Ressourcenbeziehungen auf unterschiedlichen Analyseebenen sowie die beiden Ebenen verbindenden Zuordnungen („Affiliationen“). Dementsprechend erfolgt eine ergänzende Integration struktureller Muster, die alle drei Beziehungstypen gleichzeitig berücksichtigen.

4.3.3 Ergebnisse und Diskussion

Die Gesamtstruktur des Mehrebenennetzwerks bestehend aus strategischen Allianzen, informellen persönlichen Kooperationsbeziehungen sowie aus den Zuordnungsbeziehungen der Manager und Forscher zu den Mitgliedsorganisationen ist in Abb. 4.7 dargestellt. Das Netzwerk der strategischen Allianzen (Makroebene) weist eine Dichte von 6,8 % auf, was bedeutet, dass jedes Mitglied von BiotechNet im Durchschnitt etwas weniger als eine von fünfzehn Möglichkeiten zur formalen Zusammenarbeit mit anderen Partnern des Netzwerks nutzt. Ob dies nun viel oder wenig ist, soll hier nicht beurteilt werden. Allerdings ist wie zuvor schon bei der Interpretation solcher Werte zu berücksichtigen, dass eine sehr hohe Netzwerkdichte weder realistisch ist noch erstrebenswert erscheint. Dies liegt insbesondere daran, dass der Kooperationsbedarf der einzelnen Mitglieder aufgrund ihrer

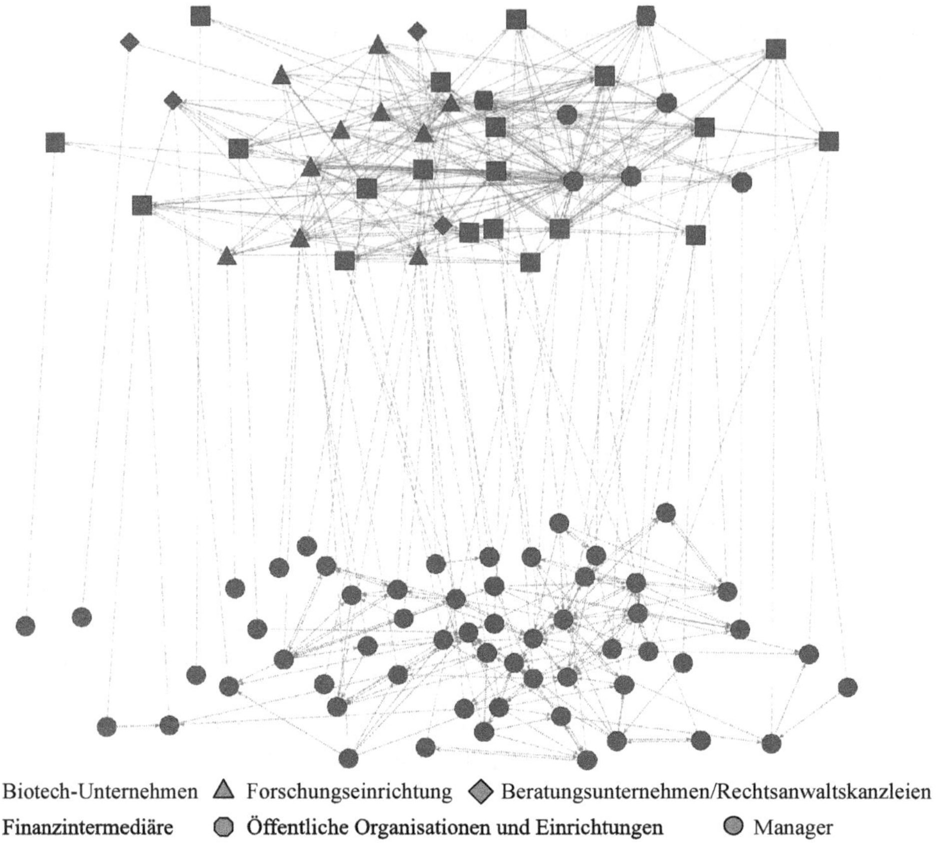

Abb. 4.7 Mehrebenennetzwerk im Biotechnologie-Cluster

unterschiedlichen Ausrichtungen und Spezialisierungen sehr unterschiedlich ausgeprägt sein dürfte, und somit eine Zusammenarbeit mit einigen Netzwerkpartnern sehr viel wahrscheinlicher ist als mit anderen. Das Netzwerk der persönlichen Kooperationsbeziehungen (Mikroebene) weist mit 7,7 % eine etwas höhere Dichte auf, wobei für die Interpretationen dieses Werts die gleichen Einschränkungen gelten wie für das Netzwerk der strategischen Allianzen.

Nicht alle Mitglieder von BiotechNet verfügen über Beziehungen auf beiden Ebenen gleichermaßen. So lassen sich einige Mitgliedsunternehmen identifizieren, die zwar keine strategischen Allianzen mit Partnern haben, die jedoch über persönliche Beziehungen mit anderen Organisationen des Netzwerks verbunden sind. Umgekehrt existieren Mitglieder, die nicht auf einer persönlichen Ebene mit anderen Organisationen kooperieren, sondern ausschließlich über strategische Allianzen verfügen. Angemerkt werden soll darüber hinaus, dass es keine gänzlich isolierten Akteure innerhalb des Netzwerks gab. Jede Mitgliedsorganisation verfügte über kooperative Verbindungen auf zumindest einer der beiden Ebenen. Aus diesem Sachverhalt lässt sich nochmals der zentrale Vorteil einer

Mehrebenenbetrachtung deutlich machen. Zwar wurden im Fall der Analyse von BioNet (siehe Kap. 4.1) eine ganze Reihe von Unternehmen als isolierte, also nicht mit dem Netzwerk verbundene Akteure identifiziert. Allerdings kann nicht ausgeschlossen werden, dass zumindest einige davon über Beziehungen auf anderen Ebenen (wie beispielsweise strategische Allianzen) verfügt hätten und somit in die Gesamtstruktur des Netzwerks eingebunden gewesen wären.

Die Darstellung und Diskussion der Resultate des statistischen Modells sollen schrittweise erfolgen. Zunächst lässt sich für das Netzwerk der strategischen Allianzen feststellen, dass formale Kooperationen tendenziell innerhalb von Gruppen von Organisationen geschlossen werden, die über das bilaterale Verhältnis von zwei Partnern hinausgehen. Des Weiteren begründen einige der Mitgliedsunternehmen offenbar gezielt Allianzen mit solchen Partnern, die ihrerseits über mehrere formale Kooperationen mit anderen Partnern verfügen. Die potenziellen Vorteile solcher indirekten Beziehungen wurden in Kap. 2.5.2 bereits ausführlicher behandelt und sollen daher an dieser Stelle nur nochmals kurz dargestellt werden. Hauptargument ist, dass indirekte Beziehungen möglicherweise mit ähnlichen Vorteilen bezüglich der Ressourcenakquisition verbunden sind wie direkte Beziehungen (Ressourcen fließen indirekt zum fokalen Unternehmen), gleichzeitig aber für das fokale Unternehmen keine zusätzlichen Kosten mit Blick auf Beziehungsaufbau und -pflege implizieren. Akteure, die über solche Positionen innerhalb des Netzwerks verfügen, werden in der Literatur dementsprechend auch als „tertius gaudens" beschrieben (Burt 2005; Obstfeld 2005).

Auch für das Netzwerk der persönlichen Kooperationsbeziehungen lässt sich die Tendenz zur Bildung kooperativer Gruppen von Managern und Forschern nachweisen. Dies bedeutet, dass auch der informelle Austausch von Ressourcen meist nicht isoliert zwischen zwei Individuen erfolgt, sondern typischerweise in größere kooperative Gruppen eingebettet ist. Bei dieser Gruppenbildung von Kooperationen innerhalb von Clustern scheint es sich um eine über den Einzelfall hinausgehende Tendenz zu handeln, sie ließ sich wie oben ausführlich beschrieben auch im Fall des anderen Biotechnologieclusters (BioNet) nachweisen (vgl. hierzu nochmals Kap. 4.1). Interessanterweise sind die Manager von Biotechnologieunternehmen auf der Ebene der persönlichen Beziehungen die weniger aktiven Akteure des Netzwerks, die Leiter der Hochschulinstitute und Forschungseinrichtungen weisen signifikant mehr solcher Beziehungen auf als Biotechnologiemanager. Schließlich lassen sich Ähnlichkeitseffekte für die informelle Kooperation nachweisen. Basierend auf dem Prinzip der Homophilie (vgl. hierzu grundlegend McPherson et al. 2001) ist die Neigung zur Bildung informeller kooperativer Beziehungen umso größer, je ähnlicher sich die beiden Partner bezüglich ihres Lebensalters und ihres Ausbildungshintergrunds sind.[2]

[2] Grundlegend besagt das Prinzip der Homophilie, dass Akteure, die sich aufgrund ihrer Eigenschaften oder Einstellungen ähnlich sind, eine höhere Wahrscheinlichkeit haben, über Beziehungen miteinander verbunden zu sein als unähnliche Akteure.

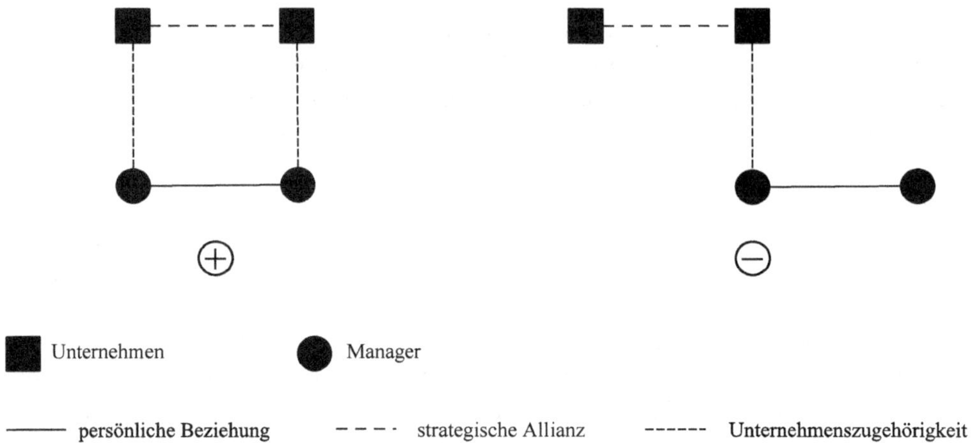

Abb. 4.8 Interdependenzen in Mehrebenennetzwerken

Besonders interessant sind die Resultate, welche die Wechselwirkungen zwischen persönlichen Beziehungen und strategischen Allianzen betreffen. Diese werden nachfolgend beschrieben und sind in Abb. 4.8 grafisch dargestellt. Zunächst lässt die Vermutung bestätigen, wonach zwischen beiden Beziehungsarten ein enger Zusammenhang besteht (siehe linker Teil von Abb. 4.8). Unternehmen, deren Manager auf einer persönlichen und informellen Ebene miteinander kooperieren, bilden signifikant häufiger auch eine strategische Allianz als solche Unternehmen, deren Manager über keine persönlichen Beziehungen verfügen. Die enge Wechselwirkung zwischen persönlichen Beziehungen und strategischen Allianzen bestätigen sich auch bei einer über diese paarweise Betrachtung hinausgehende Analyse. Demnach besteht ein negativer Zusammenhang zwischen der Anzahl der persönlichen Beziehungen, die Manager eines Unternehmens haben und der Zahl der strategischen Allianzen ihres Unternehmens. Offenbar akquirieren Unternehmen wichtige Ressourcen wie Informationen entweder informell auf einer persönlichen Ebene oder einer vertraglichen formalisierten Unternehmensebene. Dieser Sachverhalt ist im rechten Teil von Abb. 4.8 dargestellt.

4.3.4 Fazit: Persönliches Networking als Wegbereiter der Unternehmenskooperation

Die Ergebnisse der Untersuchung verdeutlichen die zahlreichen Wechselwirkungen, die zwischen den persönlichen Beziehungen von Managern und der Bildung strategischer Allianzen ihrer Unternehmen in Unternehmensclustern bestehen. Wie dargestellt besteht eine der grundlegenden Zielsetzungen dieser Cluster darin, über die Schaffung von Kommunikationsplattformen und gemeinsamen Veranstaltungen die persönlichen Beziehungen zwischen den Managern zu verbessern und dadurch die Kooperation unter den

Mitgliedsunternehmen zu intensivieren. Dementsprechend bestand die in dieser Studie untersuchte Fragestellung darin, ob von persönlichen Beziehungen zwischen einzelnen Managern tatsächlich positive Wirkungen auf die Bildung strategischer Allianzen ausgehen. Wenngleich diese Überlegungen plausibel sind, ist anzumerken, dass anstelle dieser gerichteten Wirkungsweise aus konzeptioneller und empirischer Perspektive auch eine umgekehrte Kausalität denkbar ist. Danach könnten bestehende strategische Allianzen zu einer Intensivierung der persönlichen Beziehungen führen, weil sich die Manager im Zuge der Zusammenarbeit besser kennenlernen und mehr Vertrauen aufbauen. In der Folge beginnen sie, auch auf einer informellen Ebene Ressourcen auszutauschen.

Vor diesem Hintergrund erscheint es also legitim anzunehmen, dass sich die Beziehungen auf beiden Ebenen wechselseitig beeinflussen, wobei sowohl bottom-up als auch topdown Prozesse gleichzeitig operieren dürften. Ungeachtet dessen erfolgt die nachfolgende Interpretation der Ergebnisse der Studie primär auf Basis der Ausgangsperspektive, wonach persönliche Beziehungen zur Bildung strategischer Allianzen führen, weil diese Perspektive den Zielsetzungen der meisten Unternehmenscluster Rechnung trägt. Das Wissen um die Wechselwirkungen zwischen persönlichen Beziehungen und strategischen Allianzen kann somit helfen, die Effektivität der Arbeit in Unternehmensclustern zu verbessern, weil die Kenntnisse um die Wechselwirkungen von Beziehungen auf beiden Ebenen die Entwicklung passgenauerer Angebote für die Mitgliedsunternehmen und ihre Manager ermöglichen.

Zunächst erscheint der Ansatz, die Manager von Mitgliedsunternehmen im Rahmen gemeinsamer Veranstaltungen miteinander in Kontakt zu bringen, hilfreich zu sein, weil die Ergebnisse tatsächlich auf einen engen Zusammenhang zwischen persönlichen Beziehungen und strategischen Allianzen hinweisen. Mit anderen Worten, zwei Unternehmen haben tatsächlich eine signifikant höhere Wahrscheinlichkeit zur Bildung einer strategischen Allianz, wenn ihre Manager auch über persönliche Beziehungen miteinander verbunden sind. Die Bildung strategischer Allianzen scheint also in einem gewissen Rahmen durch persönliche Beziehungen zwischen den handelnden Managern und dem damit einhergehenden hohen Maß an wechselseitigem Vertrauen komplettiert zu werden. Die isolierte Bildung formaler Unternehmenskooperationen, die nicht durch entsprechende persönliche Beziehungen begleitet werden, ist hingegen deutlich unwahrscheinlicher. Gleichzeitig bestätigen sich in anderen Untersuchungen gefundene Erkenntnisse, wonach Kooperation in Unternehmensclustern typischerweise über rein bilaterale Konstellationen zwischen zwei Partnern hinauszugehen scheinen. Die Bildung kooperativer Gruppen lässt sich sowohl für die informellen persönlichen Beziehungen wie auch für die Ebene der strategischen Allianzen nachweisen. Offenkundig entsteht das für eine nachhaltige Kooperation erforderliche hohe Maß an Vertrauen vor allem in solchen Netzwerkstrukturen, die durch dichte Subgruppen gekennzeichnet sind. Innerhalb dieser Subgruppen sind die Unternehmen und Manager durch vielfältige kooperative Beziehungen sowohl informeller als auch formaler Art miteinander verbunden.

Auf der Ebene der strategischen Allianzen weisen die Resultate darüber hinaus auf eine hohe Bedeutung struktureller Pfade und damit Brokerage hin. Eine mögliche Interpretation hierfür ist, dass einige Unternehmen offenbar gezielt die Vorteile solcher indirekten

Beziehungen nutzen. Sie profitieren dabei von einem indirekten Ressourcenfluss über ihre Kooperationspartner, ohne gleichzeitig die Kosten für weitere Kooperationsbeziehungen selbst tragen zu müssen. Alternativ ließe sich dieser Sachverhalt aber auch aus der Perspektive des intermediären Unternehmens, also des Brokers, interpretieren. Wie die Ausführungen in Kap. 4.2 bereits deutlich gemacht haben, wird Brokerage mit verschiedenen Vorteilen assoziiert. Insbesondere wird angenommen, dass Broker über Informationsvorteile verfügen, weil sie über heterogene Beziehungen zu anderweitig unverbundenen Partnern verfügen. Gleichzeitig können Broker von ihrer intermediären Position profitieren, indem sie über die Weitergabe von Ressourcen strategisch entscheiden.

Die Tendenz zu Brokerage ließ sich nur für das Netzwerk der strategischen Allianzen nachweisen, nicht aber für die persönlichen Beziehungen der Manager. Dies ist einerseits interessant, weil es die Wichtigkeit des Beziehungsinhalts für die Frage hervorhebt, ob dichte Netzwerke oder Strukturen, die durch Brokerage gekennzeichnet sind, förderlicher sind. So scheint Brokerage in instrumentellen Netzwerken wie strategischen Allianzen eine höhere Bedeutung zuzukommen als im Rahmen persönlicher Beziehungen, die neben instrumentellen Eigenschaften auch affektive Aspekte beinhalten. Andererseits verdeutlichen die Resultate, dass strategische Allianzen und persönliche Formen der Kooperation zwischen Unternehmen nicht notwendigerweise zwei Seiten einer Medaille sind. Zwar bestehen zwischen beiden Ebenen enge Wechselwirkungen, gleichzeitig scheinen die beiden Beziehungsarten aber zumindest in Teilen einer jeweils eigenen Logik zu folgen. Manager wissensintensiver Unternehmen scheinen demnach unterschiedliche Strategien bezüglich des Aufbaus und Unterhalts kooperativer Beziehungen zu verfolgen je nachdem, ob diese formal-vertraglich angelegt sind oder ob die Zusammenarbeit auf einer informellen Ebene erfolgt.

Mit Blick auf die Beurteilung der Tätigkeit von Unternehmensclustern und der darin tätigen Verantwortlichen weisen die Ergebnisse darauf hin, dass die Grundidee solcher Netzwerke richtig zu sein scheint, Manager mit der Absicht zusammenzubringen, dass über Beziehungen auf einer persönlichen Ebene mit der Zeit formale Formen der Zusammenarbeit zwischen Unternehmen entstehen. Allerdings sollte dies nicht an die Erwartung gekoppelt sein, dass die Mitglieder eines solchen Clusters deswegen sehr intensive Formen der Vernetzungen mit den lokalen Partnern wählen würden. Trotz der gemeinsamen Mitgliedschaft scheinen Unternehmen und deren Manager selektiv und strategisch vorzugehen, wenn es um den Aufbau kooperativer Beziehungen mit anderen Partnern geht. Dies ist keinesfalls verwunderlich und entspricht letztlich einer rationalen Grundlage unternehmerischen Handelns. Umgekehrt dürfen die vermeintlich geringen Dichten der Netzwerkstrukturen, die innerhalb des Clusters bestehen, nicht mit einem Scheitern des Clusters und seines Managements gleichgesetzt werden. Ob allerdings der mit der Gründung und Etablierung solcher Cluster verbundene Aufwand angesichts des insgesamt begrenzten Kooperationsumfangs gerechtfertigt ist, kann auf Basis dieser Studie nicht geklärt werden. Zwar scheinen die Netzwerkaktivitäten innerhalb des Clusters die angestrebten Effekte einer Intensivierung der Zusammenarbeit von Mitgliedsunternehmen auf unterschiedlichen Ebenen tatsächlich zu bewirken. Allerdings könnten Unternehmen solche Kooperationen möglicherweise auch gänzlich ohne Mitgliedschaft in einem Cluster etablieren.

4.4 Strukturelle Logik von Aufsichtsratsnetzwerken

4.4.1 Problemstellung

Gegenstand der vorangegangenen drei Studien waren vor allem kleine und mittelständische Unternehmen (KMUs). Ausgehend von der Überlegung, dass diese Unternehmen zu klein sind, um selbst über alle erfolgsrelevanten Ressourcen zu verfügen, wurde deren kooperative Vernetzung mit externen Partnern untersucht. Allerdings ist nicht davon auszugehen, dass externe kooperative Beziehungen notwendigerweise auf KMUs beschränkt bleiben. Auch Großunternehmen verfügen vielfach über Formen der Zusammenarbeit mit externen Partnern, wofür Forschungs- und Entwicklungsallianzen oder auch langfristige Zulieferbeziehungen nur zwei Beispiele sind (Oxley und Sampson 2004; Lazzarini et al. 2008). Im Gegensatz zu KMUs etablieren Großunternehmen sogar vielfach flankierende Maßnahmen zur Sicherungen und Stärkung dieser kooperativen Beziehungen. Dabei handelt es sich einerseits um Kapitalbeteiligungen, bei denen die Unternehmen einseitig oder wechselseitig Eigenkapital des jeweiligen Partners halten. Andererseits existieren personelle Verflechtungen, bei denen ein Unternehmen eine Führungskraft in den Aufsichtsrat eines anderen Unternehmens entsendet. Das Ziel des Aufbaus von personellen und kapitalmäßigen Beziehungen besteht typischerweise darin, Einfluss auf die Entscheidungsprozesse des jeweiligen Partners nehmen zu können. Weil auch die Partner ihrerseits auf diese Weise versuchen werden, Einfluss auf die Entscheidung ihrer Partner zu nehmen, entsteht in der Summe ein Geflecht von Beziehungen, das hier als Governance-Netzwerk bezeichnet werden soll (vgl. hierzu ausführlich Rank 2005, 2006). Zwar bestehen solche Beziehungen durchaus auch über Landesgrenzen hinweg, aus empirischer Sicht lässt sich aber ein großer Teil dieser Verflechtungsbeziehungen innerhalb einer nationalen Volkswirtschaft feststellen. Für das deutsche System dieser Governance-Beziehungen wurde vielfach der Begriff der „Deutschland AG" verwendet (Heinze 2004; Wójcik 2003).

Während in zwei früheren Studien (Rank 2005, 2006) finanzielle und personelle Beziehungen simultan betrachtet wurden, erfolgt in dieser Untersuchung eine Konzentration auf das Personennetzwerk zwischen den Führungskräften der größten deutschen Unternehmen. Neben dem Kontrollaspekt wird in der Literatur ein weiteres Motiv für den Aufbau personeller Verflechtungen angeführt. Danach versuchen Unternehmen, über die Berufung bestimmter Manager in ihren Aufsichtsrat, spezifische Fähigkeiten und Expertise zu akquirieren (Lester et al. 2008; Haynes und Hillman 2010). Vor dem Hintergrund der Kombination aus Kontroll- und Akquisitionsmotiven stellt sich die Frage, auf Basis welcher Selektionskriterien einzelne Manager in die Aufsichtsräte bestimmter Unternehmen entsandt werden. Dies hängt einerseits zweifellos von den Eigenschaften ab, über die diese Manager verfügen. Hierzu zählen beispielsweise spezifische Fähigkeiten, Wissen und Erfahrungen, Position im Unternehmen (z. B. Vorstandsmitglied, Vorstandsvorsitzender), Reputation sowie angesichts des in jüngerer Zeit wachsenden Bewusstseins für Gleichstellungsfragen das Geschlecht. Ebenso dürften die Eigenschaften der Unternehmen selbst wie Größe, Alter, Branche oder auch Performance einen Einfluss haben (Withers et al.

2012). Daneben existieren aber auch Studien, die dem Netzwerkgedanken folgend festgestellt haben, dass die bereits bestehenden Aufsichtsratsmandate eines zu berufenden Kandidaten sowie das Set der Aufsichtsratsmitglieder eines Unternehmens und deren weitere Mandate die Wahl eines bestimmten Kandidaten beeinflussen (Keys und Li 2005; Geletkanycz und Hambrick 1997).

4.4.2 Empirische Untersuchung

Um die Determinanten der Berufung von Aufsichtsratsmitgliedern innerhalb des deutschen Systems zu untersuchen, wurde das Netzwerk der 80 wichtigsten börsennotierten Unternehmen in Deutschland untersucht. Dabei handelt es sich um alle im DAX-30 und M-DAX gelisteten Unternehmen und ihre 838 Vorstands- und Aufsichtsratsmitglieder.[3] Im Gegensatz zum angelsächsischen „one-tier" System, besteht im deutschen „two-tier" System der Corporate Governance eine strikte Trennung zwischen Vorstand und Aufsichtsrat. Diese drückt sich darin aus, dass Manager nur einem der beiden Gremien eines Unternehmens angehören können. Mit anderen Worten, ein Manager kann entweder als Vorstand oder als Aufsichtsrat für ein Unternehmen tätig sein, nicht jedoch beide Funktionen gleichzeitig ausüben. Trotz dieser formalen Zweiteilung arbeiten Vorstand und Aufsichtsrat auch im deutschen System in vielen Fragen eng miteinander zusammen, tauschen intensiv Informationen aus und diskutieren regelmäßig strategische Aspekte der Unternehmensführung. Aufgrund der im Aktiengesetz und dem deutschen Corporate Governance Kodex festgeschriebenen engen und vielfältigen Interaktion zwischen beiden Gremien werden beide simultan in den Analysen dieser Studie betrachtet und – analog dem angelsächsischen System – als ein Board bestehend aus Vorstands- und Aufsichtsratsmitgliedern definiert.

Von besonderer Bedeutung innerhalb des deutschen Governance-Systems ist der Sachverhalt der Mitbestimmung. Danach wird in Abhängigkeit von der Unternehmensgröße bis zur Hälfte der Aufsichtsratsmandate von Arbeitnehmervertretern wahrgenommen. Die Mitbestimmung verfolgt neben anderen das Ziel, den Informationsaustausch zwischen Unternehmensleitung und Belegschaft zu intensivieren und dadurch Informationsasymmetrien abzubauen (Freeman und Lazear 1995). Im Gegensatz zu den Mitgliedern des Aufsichtsrats, die von den Kapitaleignern gewählt werden, verfügt nur ein sehr kleiner Teil der Arbeitnehmervertreter über mehrere Mandate. Für die hier untersuchten 838 Führungskräften der waren dies lediglich 13 Personen. Weil jedoch Personen, die nur über ein einzelnes Mandat verfügen, per Definition nicht zur Vernetzung der Unternehmen beitragen, und weil das Unternehmensnetzwerk im Zentrum der Untersuchung steht, wur-

[3] Exakt verfügten die 80 Unternehmen im Jahr 2007, in dem die Daten erhoben wurden, über 859 Führungskräfte bestehend aus Vorstands- und Aufsichtsratsmitgliedern. Aufgrund fehlender Daten konnten allerdings 21 Führungskräfte nicht in die Analysen integrierte werden.

den anderen Studien zum deutschen Governance-Netzwerk folgend (vgl. beispielsweise Tuschke et al. 2014) Arbeitnehmervertreter nicht berücksichtigt.

Die Berufung von Aufsichtsräten ist in Deutschland wie vielen anderen Ländern auch durch eine Reihe gesetzlicher Bestimmungen reglementiert. Diese sollen insbesondere Problemen wie Interessenskonflikten oder kartellrechtlichen Aspekten vorbeugen. So darf ein Manager in Deutschland nach dem Aktiengesetz (§ 100, Abs. 2) nicht mehr als zehn Aufsichtsratsmandate gleichzeitig wahrnehmen. Ebenso ist das wechselseitige Halten von Aufsichtsratsmandaten zwischen zwei Unternehmen untersagt. Darüber hinaus besagt der deutsche Corporate Governance Kodex, dass Vorstandsmitglieder die Genehmigung ihres Aufsichtsrats benötigen, bevor sie selbst ein Aufsichtsratsmandat in einem anderen wahrnehmen können. Auch sollen die Mitglieder des Aufsichtsrats eine möglichst große Bandbreite an Wissen, Fähigkeiten und Erfahrungen repräsentieren. Darüber hinaus sollen Vorstandsmitglieder nicht als Aufsichtsräte oder Berater für direkte Konkurrenten ihres eigenen Unternehmens tätig werden, und jedes Aufsichtsratsgremium soll eine angemessene Anzahl unabhängiger Mitglieder haben, also Mitglieder, die keine persönlichen oder geschäftlichen Beziehungen mit dem Unternehmen, ihren Managern und Eigentümern oder assoziierten Unternehmen haben. Um Kollusion vorzubeugen, überwacht die deutsche Monopolkommission alle persönlichen Verflechtungen zwischen Unternehmen und veröffentlicht einen halbjährlichen Bericht zum Stand des deutschen Governance-Netzwerks.

Aus methodischer Sicht handelt es sich bei dem Netzwerk um ein Affiliationsnetzwerk. Dieses besteht aus zwei Arten von Akteuren, einerseits den 80 Unternehmen, andererseits den 838 Managern. Innerhalb des Netzwerks besteht eine Beziehung immer dann, wenn ein Manager ein Mandat (Vorstands- oder Aufsichtsratsmandat) in einem Unternehmen wahrnimmt. Eine Verflechtung zwischen zwei Unternehmen entsteht dadurch, dass ein bestimmter Manager Mandate in beiden Unternehmen wahrnimmt. Dabei kann es sich entweder um zwei Aufsichtsratsmandate oder um ein Aufsichtsrats- und ein Vorstandsmandat handeln.

Die Auswahl der zu berücksichtigenden Eigenschaften der Manager erfolgte auf der Basis bestehender Studien (Hambrick und Mason 1984; Bell et al. 2011). Hierbei berücksichtigten wir den fachlichen Ausbildungshintergrund, die funktionale Zuständigkeit im eigenen Unternehmen sowie das Alter der Manager als Indikator für deren Erfahrung. Schließlich wurde unterschieden, ob die Manager besonders herausragende Positionen als Vorstandsvorsitzende oder Vorsitzende eines Aufsichtsrats einnahmen, oder ob sie einfache Mitglieder dieser Gremien waren.[4] Darüber hinaus wurden zwei Unternehmenseigenschaften in der Studie berücksichtigt. Weil im deutschen System Finanzinstituten traditionell eine besonders zentrale Stellung innerhalb des Netzwerks zukommt, wurde zwischen Finanzunternehmen (Banken und Versicherungen) und Nichtfinanzunterneh-

[4] Andere Eigenschaften, die in internationalen Studien häufig Berücksichtigung finden, konnten aufgrund der sehr geringen Fallzahlen im deutschen System nicht in die statistischen Modelle integriert werden. Hierzu zählen beispielsweise Geschlecht, ethnische Herkunft und nationale Zugehörigkeit.

Tab. 4.2 Strukturmuster in Affiliationsnetzwerken

Strukturmuster/Parameter	Darstellung
Dichte: Manager nehmen Aufsichtsratsmandate wahr	
Manager-Popularität: Ein Manager nimmt *k* Aufsichtsratsmandate in verschiedenen Unternehmen wahr	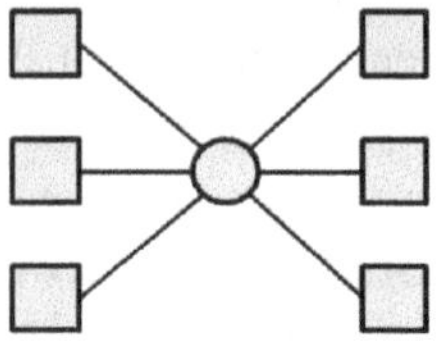
Unternehmen-Popularität: Ein Unternehmen hat *k* Manager anderer Unternehmen als Aufsichtsräte	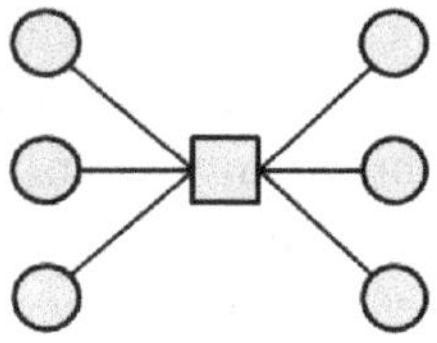
Multiple Interlocks: Mehrere Unternehmen sind über ein Paar von Managern, die jeweils Aufsichtsratsmandate wahrnehmen, miteinander verbunden	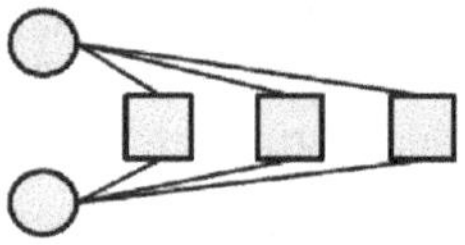
○ = Manager; □ = Unternehmen	

men unterschieden. Darüber hinaus kontrollierten wir für die Unternehmensgröße, weil große Unternehmen möglicherweise bei der Berufung von Aufsichtsratsmitgliedern anders vorgehen als kleinere Firmen. Zur Messung der Größe wurde der Umsatz herangezogen, für die Finanzunternehmen Zinserträge bzw. Versicherungsbeiträge. Die statistische Modellierung zur Untersuchung der Forschungsfragen erfolgte mit Hilfe von „exponential random graph Modellen" (ERGMs) für Affiliationsnetzwerke. Im Gegensatz zur „Grundform" von ERGMs, die ausführlich in Kap. 2.6.2 behandelt wurden, bestehen die verschiedenen strukturellen Muster in Affiliationsnetzwerken aus Interdependenzen, die sich aus der Zugehörigkeit der Akteure des einen Sets (im vorliegenden Fall „Manager") zu den Akteuren des anderen Sets („Unternehmen") ergeben. Tabelle 4.2 stellt einige der im Rahmen der vorliegenden Analyse berücksichtigten Strukturmuster exemplarisch dar.

4.4.3 Ergebnisse und Diskussion

In der Summe hielten die 838 Manager 1.021 Mandate innerhalb des Netzwerks. Durchschnittlich ließen sich 13 Manager einem Unternehmen zuordnen, wenngleich die Zahlen im Einzelfall zwischen fünf und 22 schwankten. Abbildung 4.9 visualisiert die gesamte Netzwerkstruktur.

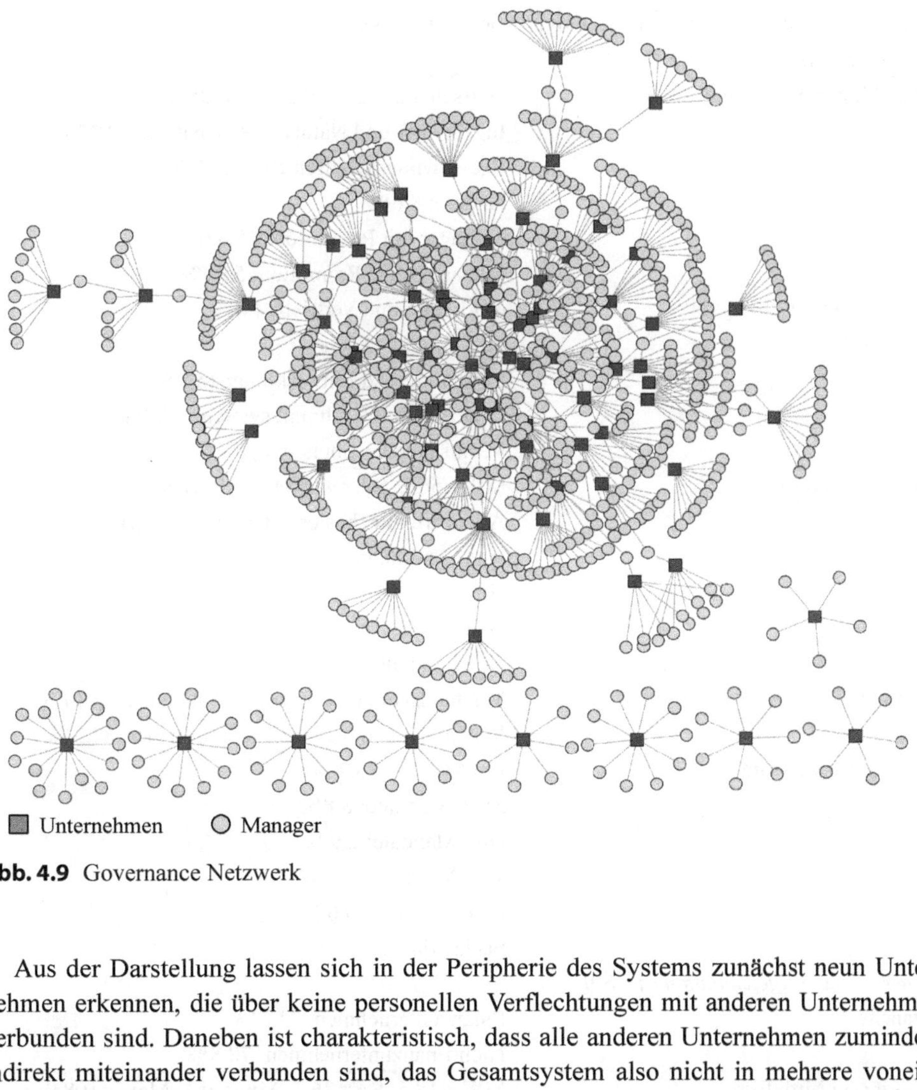

Abb. 4.9 Governance Netzwerk

Aus der Darstellung lassen sich in der Peripherie des Systems zunächst neun Unternehmen erkennen, die über keine personellen Verflechtungen mit anderen Unternehmen verbunden sind. Daneben ist charakteristisch, dass alle anderen Unternehmen zumindest indirekt miteinander verbunden sind, das Gesamtsystem also nicht in mehrere voneinander isolierte Teilgruppen zerfällt. Für diese im englischen als „giant component" bezeichnete Gruppe lässt sich eine Zentrum-Peripherie-Struktur erkennen: Im Kern befinden sich danach einige vergleichsweise stark untereinander vernetzte Unternehmen. An diesen Kern sind eine Reihe weiterer Unternehmen entweder direkt oder indirekt über einzelne Beziehungen angekoppelt.

Weitere Einzelheiten zu den Eigenschaften der Manager und Unternehmen lassen sich Tab. 4.3 entnehmen. Während es sich dabei überwiegend um rein deskriptive Befunde handelt, verdienen die strukturbezogenen Aspekte nochmals besondere Aufmerksamkeit. Für die Manager ist zu erkennen, dass die große Mehrzahl lediglich über ein einzelnes Mandat verfügt. Dabei handelt es sich also um Personen, die entweder nur Mitglied im Vorstand oder Aufsichtsrat in einem der 80 Unternehmen sind. Etwa 15 % aller Manager

Tab. 4.3 Deskriptive Statistiken des Governance Netzwerks

Eigenschaften der Manager (n = 838)	
Ausbildungshintergrund	Wirtschaftswissenschaften: 45,0 % Ingenieurs- und Naturwissenschaften: 29,2 % Rechtswissenschaften/Jura: 17,2 % Andere: 8,6 %
Promotion	Manager mit Promotion: 45,0 % Manager ohne Promotion: 55,0 %
Funktionale Zuständigkeit	Marketing und Vertrieb: 4,8 % Produktion: 45,0 % Forschung und Entwicklung: 15,9 % Finanzen und Rechnungswesen: 27,7 % Rechtsangelegenheiten: 6,7 %
Alter (in Jahren)	MW = 56,2; SA = 9,0; Min. 34; Max. 83 Altersstruktur (basierend auf Quartilen): 1. 49 und jünger 2. 50 bis 56 3. 57 bis 63 4. 64 und älter
Position	Vorstandsvorsitz/Vorsitz des Aufsichtsrats: 17,5 % Vorstands- und Aufsichtsratsmitglieder: 82,5 %
Anzahl der Mandate	Ein Mandat: 86,2 % Zwei Mandate: 8,8 % Drei Mandate: 2,9 % Vier Mandate: 1,4 % Fünf Mandate: 0,6 % Sechs Mandate: 0,1 %
Unternehmenseigenschaften (n = 80)	
Branche	Finanzunternehmen: 21,3 % Nichtfinanzunternehmen: 78,8 %
Umsatz (in Mrd. Euro)	MW = 18,5; SA = 26,7; Min. = 0,1; Max. = 108,9
Anzahl Beziehungen zu anderen Unternehmen	MW = 7,1; SA = 6,5; Min. = 0; Max. = 24

MW Mittelwert, *SA* Standardabweichung, *Min.* Minimum, *Max.* Maximum

verfügen jedoch über mehr als ein einzelnes Mandat, was im vorliegenden Fall bedeutet, dass sie entweder Vorstands- und Aufsichtsratsmitglied (in verschiedenen Unternehmen) sind oder mindestens zwei Aufsichtsratsmandate halten. Allerdings lässt sich erkennen, dass sich die Zahl der multiplen Mandatsträger in engen Grenzen hält. Tatsächlich wird der rechtlich mögliche Rahmen von bis zu zehn Aufsichtsratsmandaten einer Person bei Weitem nicht erreicht. Damit reflektieren diese Zahlen die Befunde früherer Arbeiten, wonach das ehemals dichte deutsche Governance-Netzwerk einem gewissen Auflösungsprozess unterworfen ist (Rank 2006; Heinze 2004; Wójcik 2003).[5] Für die Unternehmen ist erkennbar, dass durchschnittlich jedes Unternehmen über personelle Verbindungenmit sieben anderen Unternehmen verfügt. Wie jedoch bereits aus der grafischen Darstellung ersichtlich wurde, ist dieser durchschnittliche Wert wenig aussagekräftig. Tatsächlich sind einige Unternehmen gar nicht mit dem Netzwerk verbunden, wohingegen das am stärksten verflochtene Unternehmen über 24 Beziehungen zu anderen Firmen des Netzwerks verfügt.

Auch die Resultate der statistischen Modelle weisen auf äußerst interessante Befunde hin. Auf der Unternehmensebene lässt sich zunächst feststellen, dass zwischen Finanz- und Nichtfinanzunternehmen keine signifikanten Unterschiede bezüglich der Berufung von Aufsichtsratsmitgliedern und damit bezüglich deren Einbettung in das Governance-Netzwerk insgesamt bestehen. Auch dies reflektiert den bereits angesprochenen Auflösungsprozess des Netzwerks, der im Wesentlichen durch einen Rückgang des früher sehr ausgeprägten Engagements der Finanzunternehmen (Banken und Versicherungen) getrieben ist. Demgegenüber hat die Unternehmensgröße einen Effekt auf die Verflechtung. Erwartungsgemäß berufen größere Unternehmen mehr Manager in ihren Aufsichtsrat als kleinere Unternehmen. Gleichzeitig lässt sich ein Ähnlichkeitseffekt (Homophilie) bezüglich der Größe der verbundenen Unternehmen feststellen. Mit anderen Worten, je ähnlicher sich zwei Unternehmen bezüglich ihrer Unternehmensgröße sind, umso wahrscheinlicher ist es, dass diese beiden Unternehmen über einen Manager miteinander verbunden sind, der Mandate in beiden Unternehmen hält.

Auf der Ebene der Manager lässt sich zunächst festhalten, dass die Position einen signifikanten Einfluss auf die Wahrscheinlichkeit einer Berufung hat. Den Erwartungen entsprechend halten Vorstands- und Aufsichtsratsvorsitzende signifikant mehr Mandate, als normale Mitglieder von Vorstand und Aufsichtsrat. Interessant sind jedoch auch hier wieder die Befunde bezüglich der Homophilie von Managern. Solche Ähnlichkeitseffekte lassen sich bezogen auf den Ausbildungshintergrund, die funktionale Zuständigkeit sowie das Alter nachweisen. Mit anderen Worten, Unternehmen neigen dazu, solche Personen in ihre Aufsichtsräte zu berufen, die den bestehenden Aufsichtsratsmitgliedern in diesen Eigenschaften ähnlich sind. Zwar könnte beispielsweise bezogen auf den Ausbildungshintergrund argumentiert werden, dass einige Unternehmen einen besonders großen Bedarf an Führungskräften mit spezifischen Kenntnissen haben – beispielsweise könnten Automobilhersteller besonders viele Ingenieure akquirieren – allerdings gehen die hier nachgewiesenen Ähnlichkeitseffekte signifikant über solche Besonderheiten einzelner Unternehmen hinaus. Damit widersprechen die Resultate nachhaltig den Empfehlungen des deutschen Corporate Governance Kodex, wonach die Mitglieder des Aufsichtsrats möglichst die gesamte im Unternehmen vorhandene Heterogenität reflektieren sollen.

[5] Hierbei ist allerdings nochmals anzumerken, dass nur Mandate der 80 im DAX und M-DAX gelisteten Unternehmen erfasst wurden. Nicht berücksichtigt wurden hingegen Aufsichtsratsmandate in Kapitalgesellschaften, die nicht in diesen beiden Aktienindizes erfasst werden sowie konzerninterne Mandate.

4.4.4 Fazit: Die strukturelle Logik des Governance-Netzwerks

Zunächst reflektieren die im Rahmen der vorliegenden Studie gefundenen Resultate frühere Erkenntnisse. Zwar handelt es sich hier nicht um die Untersuchung der Entwicklung des deutschen Governance-Netzwerks, gleichwohl lässt sich aber das Ergebnis der Veränderungen der letzten Jahre aufzeigen. Wenngleich das Governance-System noch immer aus einem Netzwerk besteht, in das die meisten börsennotierten Großunternehmen so eingebettet sind, dass sie zumindest indirekt miteinander verbunden sind, kann von einem dichten Beziehungsgeflecht, das früher vielfach für die Deutschland AG postuliert wurde (Adams 1994), heute nicht mehr gesprochen werden. Neben einigen wenigen Unternehmen, welche den Kern des Netzwerks darstellen, existiert eine große Zahl von Firmen, die entweder nur über einzelne Beziehungen mit dem Netzwerk verbunden sind oder die gar keine Verflechtungen aufweisen. Diese Befunde werden weiterhin durch die Tatsache gestützt, dass Manager den ihnen nach dem Aktiengesetz zustehenden Rechtsrahmen von zehn Aufsichtsratsmandaten nicht annähernd ausschöpfen. Einschränkend ist allerdings anzumerken, dass in dieser Studie keine Mandate in kleineren, nicht in DAX-30 oder MDAX gelisteten Unternehmen erfasst sind. Ebenfalls nicht berücksichtigt sind Aufsichtsratsmandate, die Manager in eigenen Konzerngesellschaften wahrnehmen.

Sicherlich wenig überraschend ist der Befund, dass den Vorstandsvorsitzenden und Aufsichtsratsvorsitzenden eine besondere Bedeutung innerhalb des Governance-Systems zukommt. Dies betrifft nicht nur ihre durch die Position definierten besonderen Aufgaben und Funktionen, sie stellen vor diesem Hintergrund auch besonders attraktive Kandidaten für die Berufung in Aufsichtsräte dar. Im Ergebnis verläuft ein beträchtlicher Teil aller Unternehmensverflechtungen über Mehrfachmandate dieser Personengruppe. Mit anderen Worten, Vorstands- und Aufsichtsratsvorsitzende repräsentieren besonders häufige Verbindungsglieder innerhalb des Netzwerks (Fahlenbrach et al. 2010), weswegen sie auch als „big linkers" bezeichnet werden können.

Besonders interessant sind die Resultate bezüglich der hohen Bedeutung von Homophilie. So sind sich nicht nur die miteinander verbundenen Unternehmen in ihrer Größe ähnlich, auch bezogen auf die Manager lassen sich gleich mehrere Ähnlichkeitseffekte nachweisen. Demnach ist die Wahrscheinlichkeit, dass ein Manager in einen Aufsichtsrat berufen wird, signifikant größer, je ähnlicher er den bereits bestehenden Mitgliedern in den Eigenschaften Alter, Ausbildungshintergrund und funktionale Zuständigkeit ist. Dies ist vor allem deswegen bedeutsam, weil heterogen besetzte Aufsichtsräte mit zahlreichen Vorteilen assoziiert werden. Beispielsweise treffen heterogene Gruppen bessere Entscheidungen in komplexen Situationen, generieren innovativere Lösungen und bewältigen turbulente Umweltbedingungen besser als homogene Gruppen (Bell et al. 2011; Keck 1997; Stewart 2006). Die Schaffung des deutschen Corporate Governance Kodex verfolgte insbesondere das Ziel, solchen Ähnlichkeitstendenzen bei der Besetzung von Aufsichtsräten entgegenzuwirken und dadurch die genannten Vorteile tatsächlich realisieren zu können.

Auf Basis der vorliegenden Ergebnisse kann allerdings nicht beurteilt werden, aus welchen Gründen Unternehmen bei der Besetzung freie Aufsichtsratsposten den Empfehlungen des Corporate Governance Kodex zumindest in diesem Aspekt so wenig folgen. Einerseits könnten die Ursachen in einer bewussten Ignorierung der Empfehlungen liegen, beispielsweise weil die bestehenden Mitglieder eine Präferenz für ähnliche neue Mitglieder haben. Dabei ist anzumerken, dass auch homogene Gruppen Vorteile haben können, insbesondere weil sie durch ein höheres Maß an gegenseitigem Vertrauen und damit verbunden durch weniger Konflikte charakterisiert sind (Stewart 2006; Useem und Karabel 1986). Andererseits ließe sich dieser Sachverhalt aber auch durch soziale Präferenzen der bestehenden Aufsichtsratsmitglieder erklären, die möglicherweise sogar unterhalb der Bewusstseinsschwelle bestehen. Weil letztlich die Berufung neuer Kandidaten kollektiv durch die Mitglieder des Aufsichtsrats erfolgt, könnten die bestehenden Aufsichtsratsmitglieder bewusst oder unbewusst ihren individuellen Präferenzen bei der Auswahl der neuen Mitglieder folgen. Weil die Neigung zu Homophilie menschliches Verhalten in vielen Lebensbereichen kennzeichnet (z. B. McPherson et al. 2001; Ibarra 1992; Ingram und Morris 2007), erscheint die hierauf basierende Berufung neuer Aufsichtsratsmitglieder durchaus verständlich insbesondere dann, wenn der zugrundeliegende Mechanismus unbewusst verläuft. Vor diesem Hintergrund weisen die Resultate dieser Untersuchung auf die Notwendigkeit hin, unbewusste Entscheidungspräferenzen im Zusammenhang mit der Berufung von Aufsichtsratsmitgliedern sichtbar zu machen und entsprechend zu berücksichtigen. Nur so lässt sich den begründeten Empfehlungen des Corporate Governance Kodex angemessen Rechnung tragen.

Literatur

Adams, M. (1994). Die Usurpation von Aktionärsbefugnissen mittels Ringverflechtung in der „Deutschland AG". *Die Aktiengesellschaft, 39*(4), 148–158.

Ahearne, M., Lam, S. K., Hayati, B., & Kraus, F. (2013). Intrafunctional competitive intelligence and sales performance: A social network perspective. *Journal of Marketing, 77*(5), 37–56.

Ahuja, G. (2000). Collaboration networks, structural holes, and innovation: A longitudinal study. *Administrative Science Quarterly, 45*(3), 425–455.

Ahuja, G., & Katila, R. (2004). Where do resources come from? The role of idiosyncratic situations. *Strategic Management Journal, 25*(8/9), 887–907.

Ahuja, G., Polidoro, F., & Mitchell, W. (2009). Structural homophily or social asymmetry? The formation of alliances by poorly embedded firms. *Strategic Management Journal, 30,* 941–958.

Almeida, P., & Kogut, B. (1999). Localization of knowledge and the mobility of engineers in regional networks. *Management Science, 45*(7), 905–917.

Bae, J., & Gargiulo, M. (2004). Partner substitutability, alliance network structure, and firm profitability in the teleconmmunications industy. *Academy of Management Journal, 47*(6), 843–859.

Barden, J. Q., & Mitchell, W. (2007). Disentangling the influences of leaders' relational embeddedness on interorganizatoinal exchange. *Academy of Management Journal, 50*(6), 1440–1461.

Batjargal, B., Hitt, M. A., Tsui, A. S., Arregle, J.-L., Webb, J. W., & Miller, T. L. (2013). Institutional polycentrism, entrepreneurs' social networks, and new venture growth. *Academy of Management Journal, 56*(4), 1024–1049.

Baum, J. A. C., Calabrese, T., & Silverman, B. S. (2000). Don't go it alone: Alliance network composition and startups' performance in Canadian biotechnology. *Strategic Management Journal, 21*(3), 267.

Bell, S. T., Villado, A. J., Lukasik, M. A., Belau, L., & Briggs, A. L. (2011). Getting specific about demographic diversity variable and team performance relationships: A meta-analysis. *Journal of Management, 37*(3), 709–743.

Berends, H., van Burg, E., & van Raaij, E. M. (2011). Contacts and contracts: Cross-level network dynamics in the development of an aircraft material. *Organization Science, 22*(4), 940–960.

Brouthers, K. D., Nakos, G., & Dimitratos, P. (2014). SME entrepreneurial orientation, international performance, and the moderating role of strategic alliances. *Entrepreneurship Theory and Practice*, in press.

Burt, R. S. (1992). *Structural holes: The social structural of competition.* Cambridge: Harvard University Press.

Burt, R. S. (2005). *Brokerage and closure: An introduction to social capital.* New York: Oxford University Press.

Casper, S. (2007). How do technology clusters emerge and become sustainable? Social network formation and inter-firm mobility within the San Diego biotechnology cluster. *Research Policy, 36*(4), 438–455.

Ciavarella, M. A., Buchholtz, A. K., Riordan, C. M., Gatewood, R. D., & Stokes, G. S. (2004). The big five and venture survival: Is there a linkage? *Journal of Business Venturing, 19*(4), 465–483.

Coleman, J. S. (1988). Social capital in the creation of human capital. *The American Journal of Sociology, 94,* S95–S120.

Coleman, J. S. (1990). *Foundations of social theory.* Cambridge: Harvard University Press.

Covin, J. G., & Slevin, D. P. (1989). Strategic management of small firms in hostil and benign environments. *Strategic Management Journal, 10*(1), 75–87.

Dess, G. G., & Lumpkin, G. T. (2005). The role of entrepreneurial orientation in stimulating effective corporate entrepreneurship. *Academy of Management Executive, 19*(1), 147–156.

Dyer, J. H., & Singh, H. (1998). The relational view: Cooperative strategy and sources of interorganizational competitive advantage. *Academy of Management Review, 23*(4), 660–679.

Fahlenbrach, R., Low, A., & Stulz, R. M. (2010). Why do firms appoint CEOs as outside directors? *Journal of Financial Economics, 97*(1), 12–32.

Fleming, L., & Sorenson, O. (2001). Technology as a complex adaptive system: Evidence from patent data. *Research Policy, 30*(7), 1019.

Freeman, R. B., & Lazear, E. P. (1995). An economic analysis of works councils. In J. Rogers & W. Streeck (Hrsg.), *Works councils: Consultation, representation, and cooperation in industrial relations* (S. 27–50). Chicago: The University of Chicago Press.

Geletkanycz, M. A., & Hambrick, D. C. (1997). The external ties of top executives: Implications for strategic choice and performance. *Administrative Science Quarterly, 42*(4), 654–681.

Gilsing, V., Nooteboom, B., Vanhaverbeke, W., Duysters, G., & van den Oord, A. (2008). Network embeddedness and the exploration of novel technologies: Technological distance, betweenness centrality and density. *Research Policy, 37*(10), 1717–1731.

Goerzen, A., & Beamish, P. W. (2005). The effect of alliance network diversity on multinational enterprise performance. *Strategic Management Journal, 26*(4), 333–354.

Gulati, R., Nohria, N., & Zaheer, A. (2000). Strategic networks. *Strategic Management Journal, 21*(3), 203–215.

Hallen, B. L. (2008). The causes and consequences of the initial network positions of new organizations: From whom do entrepreneurs receive investments? *Administrative Science Quarterly, 53*(4), 685–718.

Hambrick, D. C., & Mason, P. A. (1984). Upper echelons: The organization as a reflection of its top managers. *Academy of Management Review, 9*(2), 193–206.

Hanks, S. H., Watson, C. J., Jansen, E., & Chandler, G. N. (1993). Tightening the life-cycle construct: A taxonomic study of growth stage configurations in high-technology organizations. *Entrepreneurship: Theory & Practice, 18*(2), 5–30.

Haynes, K. T., & Hillman, A. (2010). The effect of board capital and CEO power on strategic change. *Strategic Management Journal, 31*(11), 1145–1163.

Heinze, T. (2004). Dynamics in the German system of corporate governance? Empirical findings regarding interlocking directorates. *Economy & Society, 33*(2), 218–238.

Hult, G. T. M., Snow, C. C., & Kandemir, D. (2003). The role of entrepreneurship in building cultural competitiveness in different organizational types. *Journal of Management, 29*(3), 401–426.

Ibarra, H. (1992). Homophily and differential returns: Sex differences in network structure and access in an advertising firm. *Administrative Science Quarterly, 37*(3), 422–447.

Ingram, P., & Morris, M. W. (2007). Do people mix at mixers? Structure, homophily, and the „life of the party". *Administrative Science Quarterly, 52,* 558–585.

Jaworski, B. J., & Kohli, A. K. (1993). Market orientation: Antecedents and consequences. *Journal of Marketing, 57*(3), 53.

Kazanjian, R. K. (1988). Relation of dominant problems to stages growth in techology-based new ventures. *Academy of Management Journal, 31*(2), 257–279.

Keck, S. L. (1997). Top management team structure: Differential effects by environmental context. *Organization Science, 8*(2), 143–156.

Keys, P. Y., & Li, J. (2005). Evidence on the market for professional directors. *Journal of Financial Research, 28*(4), 575–589.

Koka, B. R., & Prescott, J. E. (2008). Designing alliance networks: the influence of network position, environmental change, and strategy on firm performance. *Strategic Management Journal, 29*(6), 639–661.

Kreiser, P. M., Marino, L. D., Kuratko, D. F., & Weaver, K. M. (2013). Disaggregating entrepreneurial orientation: The non-linear impact of innovativeness, proactiveness and risk-taking on SME performance. *Small Business Economics, 40*(2), 273–291.

Lazega, E., Jourda, M.-T., Mounier, L., & Stofer, R. (2008). Catching up with big fish in the big pond? Multi-level network analysis through linked design. *Social Networks, 30*(2), 159–176.

Lazzarini, S. G., Claro, D. P., & Mesquita, L. F. (2008). Buyer-supplier and supplier-supplier alliances: Do they reinforce or undermine one another? *Journal of Management Studies, 45*(3), 561–584.

Lee, G. K. (2007). The significance of network resources in the race to enter emerging product markets: The convergence of telephony communications and computer networking, 1989–2001. *Strategic Management Journal, 28*(1), 17–37.

Lee, C., Lee, K., & Pennings, J. M. (2001). Internal capabilities, external networks, and performance: A study on technology-based ventures. *Strategic Management Journal, 22*(6/7), 615.

Lester, R. H., Hillman, A. M. Y., Zardkoohi, A., & Cannella, A. A. (2008). Former government officials as outside directors: The role of human and social capital. *Academy of Management Journal, 51,* 999–1013.

Li, Y.-H., Huang, J.-W., & Tsai, M.-T. (2009). Entrepreneurial orientation and firm performance: The role of knowledge creation process. *Industrial Marketing Management, 38*(4), 440–449.

Liebeskind, J. P., Oliver, A. L., Zucker, L., & Brewer, M. (1996). Social networks, learning, and flexibility: Sourcing scientific knowledge in new biotechnology firms. *Organization Science, 7*(4), 428.

Lomi, A., & Pattison, P. (2006). Manufacturing relations: An empirical study of the organization of production across multiple networks. *Organization Science, 17*(3), 313–332.

Lumpkin, G. T., & Dess, G. G. (1996). Clarifying the entrepreneurial orientation construct and linking it to performance. *Academy of Management Review, 21*(1), 135.

Lumpkin, G. T., & Dess, G. G. (2001). Linking two dimensions of entrepreneurial orientation to firm performance: The moderating role of environment and industry life cycle. *Journal of Business Venturing, 16*(5), 429–451.

Maurer, I., & Ebers, M. (2006). Dynamics of social capital and their performance implications: Lessons from biotechnology start-ups. *Administrative Science Quarterly, 51*(2), 262–292.

Maxwell, S. E., Cole, D. A., & Mitchell, M. A. (2011). Bias in cross-sectional analyses of longitudinal mediation: Partial and complete mediation under an autoregressive model. *Multivariate Behavioral Research, 46*(5), 816–841.

McDonald, F., Tsagdis, D., & Huang, Q. (2006). The development of industrial clusters and public policy. *Entrepreneurship & Regional Development, 18*(6), 525–542.

McGrath, R. G. (2001). Exploratory learning, innovative capacity, and managerial oversight. *Academy of Management Journal, 44*(1), 118–131.

McPherson, M., Smith-Lovin, L., & Cook, J. M. (2001). Birds of a feather: Homophily in social networks. *Annual Review of Sociology, 27*(1), 415–444.

Miller, D. (1983). The correlates of entrepreneurship in three types of firms. *Management Science, 29*(7), 770.

Miller, D., & Friesen, P. H. (1978). Archetypes of strategy formulation. *Management Science, 24*(9), 921–933.

Moliterno, T. P., & Mahony, D. M. (2011). Network theory of organization: A multilevel approach. *Journal of Management, 37*(2), 443–467.

Neill, S., McKee, D., & Rose, G. M. (2007). Developing the organization's sensemaking capability: Precursor to an adaptive strategic marketing response. *Industrial Marketing Management, 36*(6), 731–744.

Newlands, D. (2003). Competition and cooperation in industrial clusters: The implications for public policy. *European Planning Studies, 11*(5), 521–532.

Obstfeld, D. (2005). Social networks, the tertius iungens orientation, and involvement in innovation. *Administrative Science Quarterly, 50*(1), 100–130.

Oxley, J. E., & Sampson, R. C. (2004). The scope and governance of international R & D alliances. *Strategic Management Journal, 25*(8/9), 723–749.

Perrone, V., Zaheer, A., & McEvily, B. (2003). Free to be trusted? Organizational constraints on trust in boundary spanners. *Organization Science, 14*(4), 422–439.

Powell, W. W. (1996). Inter-organizational collaboration in the biotechnology industry. *Journal of Institutional and Theoretical Economics, 152*(1), 197–215.

Powell, W. W., Koput, K. W., & Smith-Doerr, L. (1996). Interorganizational collaboration and the locus of innovation: Networks of learning in biotechnology. *Administrative Science Quarterly, 41*(1), 116–145.

Powell, W. W., White, D. R., Koput, K. W., & Owen-Smith, J. (2005). Network dynamics and field evolution: The growth of interorganizational collaboration in the life sciences. *American Journal of Sociology, 110*(4), 1132–1205.

Provan, K. G., Fish, A., & Sydow, J. (2007). Interorganizational networks at the network level: A review of the empirical literature on whole networks. *Journal of Management, 33*(3), 479–516.

Rank, O. N. (2005). Interdependenzen in den Governance-Strukturen deutscher Großunternehmen. *Zeitschrift für Betriebswirtschaft, 75*(1), 15–41.

Rank, O. N. (2006). Dynamics of the German governance-network. *Zeitschrift für Betriebswirtschaft, 76,* 75–98. (Special Issue 5/2006).

Rauch, A., Wiklund, J., Lumpkin, G. T., & Frese, M. (2009). Entrepreneurial orientation and business performance: An assessment of past research and suggestions for the future. *Entrepreneurship: Theory & Practice, 33*(3), 761–787.

Raz, O., & Gloor, P. A. (2007). Size really matters – New insights for start-ups' survival. *Management Science, 53*(2), 169–177.

Robins, G., Pattison, P. E., & Elliott, P. (2001). Network models for social influence processes. *Psychometrika, 66*(2), 161–190.

Shan, W., Walker, G., & Kogut, B. (1994). Interfirm cooperation and startup innovation in the biotechnology industry. *Strategic Management Journal, 15*(5), 387–394.

Singh, K. (1997). The impact of technological complexity and interfirm cooperation on business survival. *Academy of Management Journal, 40,* 339–367.

Singh, K., & Mitchell, W. (2005). Growth dynamics: The bidirectional relatinship between interfirm collaboration and business sales in entrant and incumbent alliances. *Strategic Management Journal, 26*(6), 497–521.

Stam, W. (2010). Industry event participation and network brokerage among entrepreneurial ventures. *Journal of Management Studies, 47*(4), 625–653.

Stewart, G. L. (2006). A meta-analytic review of relationships between team design features and team performance. *Journal of Management, 32*(1), 29–55.

Stinchcombe, A. L. (1965). Organizations and social structure. In J. G. March (Hrsg.), *Handbook of organizations* (S. 142–193). Chicago: Rand McNally.

Stuart, T. E. (2000). Interorganizational alliances and the performance of firms: A study of growth and innovation. *Strategic Management Journal, 21*(8), 791–811.

Tang, J. A., & Beamish, P. W. (2006). *Which ties matter when? The strategic impact of network linkages on foreign subsidiary survival.* Academy of Management Annual Meeting Proceedings, 2006/08//2006 (S. V1–V6): Academy of Management.

Teece, D. J. (1992). Competition, cooperation, and innovation: Organizational arrangements for regimes of rapid technological progress. *Journal of Economic Behavior and Organization, 18*(1), 1–25.

Todeva, E., & Knoke, D. (2005). Strategic alliances and models of collaboration. *Management Decision, 43*(1), 123–148.

Tsai, K.-H., & Yang, S.-Y. (2013). Firm innovativeness and business performance: The joint moderating effects of market turbulence and competition. *Industrial Marketing Management, 42*(8), 1279–1294.

Tuschke, A., Sanders, W. M. G., & Hernandez, E. (2014). Whose experience matters in the boardroom? The effects of experiential and vicarious learning on emerging market entry. *Strategic Management Journal, 35*(3), 398–418.

Useem, M., & Karabel, J. (1986). Pathways to top corporate management. *American Sociological Review, 51*(2), 184–200.

Uzzi, B. (1996). The sources and consequences of embeddedness for the economic performance of organizations: The network effect. *American Sociological Review, 61*(4), 674–698.

Vissa, B., & Chacar, A. S. (2009). Leveraging ties: The contingent value of entrepreneurial teams' external advice networks on Indian software venture performance. *Strategic Management Journal, 30*(11), 1179–1191.

Wang, P., Pattison, P., & Robins, G. (2013). Exponential random graph model specifications for bipartite networks: A dependence hierarchy. *Social Networks, 35*(2), 211–222.

Wiklund, J., & Shepherd, D. (2003). Knowledge-based resources, entrepreneurial orientation, and the performance of small and medium-sized businesses. *Strategic Management Journal, 24*(13), 1307–1314.

Wiklund, J., & Shepherd, D. (2005). Entrepreneurial orientation and small business performance: A configurational approach. *Journal of Business Venturing, 20*(1), 71–91.

Withers, M. C., Hillman, A. J., & Cannella, A. A. (2012). A multidisciplinary review of the director selection literature. *Journal of Management, 38*(1), 243–277.

Wójcik, D. (2003). Change in the German model of corporate governance: Evidence from blockholdings 1997–2001. *Environment and Planning A, 35,* 1431–1458.

Xiao, Z., & Tsui, A. S. (2007). When brokers may not work: The cultural contingency of social capital in Chinese high-tech firms. *Administrative Science Quarterly, 52*(1), 1–31.

Zaheer, A., & Bell, G. G. (2005). Benefiting from network position: Firm capabilities, structural holes, and performance. *Strategic Management Journal, 26*(9), 809–825.

Zaheer, A., & Zaheer, S. (1997). Catching the wave: Alertness, responsiveness, and the market influence in global electronic networks. *Management Science, 43*(11), 1493–1509.

Zhang, Y., & Li, H. (2010). Innovation search of new ventures in a technology cluster: The role of ties with service intermediaries. *Strategic Management Journal, 31*(1), 88–109.

Implikationen und praktische Fragestellungen

5

Zusammenfassung

Kapitel 5 diskutiert einige praxisbezogene Implikationen, die sich im Rahmen der Anwendung von Netzwerkanalysen in Unternehmen ergeben. Zunächst wird in Abschn. 5.1 der Frage nachgegangen, warum auf netzwerkanalytischen Verfahren aufbauende Strukturanalysen in der Praxis trotz der zahlreichen Vorteile bislang so selten angewandt werden. Hierauf aufbauend werden im zweiten Abschnitt des Kapitels einige ethische Aspekte der Durchführung von Strukturanalysen im Allgemeinen und netzwerkanalytischer Verfahren im Besonderen thematisiert. Schließlich wird in Kap. 5.3 ein vierstufiges Modell vorgestellt, das eine idealtypische Anwendung netzwerkanalytischer Strukturuntersuchungen vorstellt. Das vierstufige Modell thematisiert nicht nur einzelne Aspekte und Fragestellungen, die sich im Zusammenhang mit der Erhebung, Analyse und Nutzung netzwerkanalytischer Beziehungsdaten ergeben. Es propagiert vielmehr das kontinuierliche Monitoring der Veränderungen von Beziehungsstrukturen in und zwischen Unternehmen im Zeitverlauf und verdeutlicht die damit einhergehenden Möglichkeiten und Vorteile für Unternehmen.

5.1 Gründe für die zögerliche Anwendung

Die Fallstudien haben ein breites Spektrum unterschiedlicher Aspekte im Zusammenhang mit organisationalen Netzwerkstrukturen beleuchtet und diskutiert. Trotz der Heterogenität der in den einzelnen Studien untersuchten Fragestellungen lassen sich einige übergeordnete Erkenntnisse ableiten, die – wenngleich in unterschiedlicher Ausprägung – für praktisch alle Unternehmen von grundlegendem Interesse sind.

O. N. Rank, *Unternehmensnetzwerke*, DOI 10.1007/978-3-658-09316-7_5

Zunächst verdeutlichen die in den Fallstudien dargestellten Untersuchungen die weitreichende Bedeutung, die Netzwerke und netzwerkartige Strukturen für Unternehmen, ihre Tätigkeit und Funktionsweise sowie ihren Erfolg haben. Zwar wird in der Regel die Wichtigkeit von Netzwerken weder in der Wissenschaft noch in der Unternehmenspraxis in Frage gestellt, was bereits die einleitende Diskussion in Kap. 1 deutlich gemacht hat. Allerdings lässt sich vielfach beobachten, dass Manager nicht zuletzt vor dem Hintergrund fehlender Erfahrungen Netzwerkstrukturen häufig pauschal und auf einer primär intuitiven Basis in ihre Überlegungen einbeziehen. Wenngleich dies nicht dem Grunde nach falsch sein muss, so birgt ein auf Intuition basierender Umgang mit Netzwerkstrukturen die Gefahr, deren Potenziale nicht vollständig auszuschöpfen oder möglicherweise sogar gänzlich ungenutzt zu lassen. Im schlimmsten Fall kann der intuitive Umgang mit Netzwerken sogar dazu führen, erkannte Probleme und Schwierigkeiten weiter zu vergrößern, anstatt sie zu beheben. Dies wurde beispielsweise in der Fallstudie zur Reorganisation deutlich (vgl. Kap. 3.4). Vergegenwärtigt man sich nochmals die Tatsache, dass informelle, netzwerkartige Beziehungsstrukturen in Unternehmen letztlich darüber entscheiden können, ob Reorganisationsmaßnahmen und Aktivitäten im Rahmen von Change Management erfolgreich sind oder nicht, und dass die Netzwerkposition von Unternehmen in interorganisationalen Kooperationsstrukturen sogar einen Einfluss auf deren langfristiges Überleben habt, so wird deutlich, dass viele Unternehmen durch eine eher pauschale Integration von Netzwerkstrukturen in ihre Unternehmensführung erhebliche Erfolgspotenziale verschenken.

Auf solche Argumente hin wenden Manager häufig ein, dass sowohl ihre Unternehmen als auch sie persönlich informelle Strukturen als zentrales Element ihres intra- wie interorganisationalen unternehmerischen Handelns betrachten. Als Beispiele werden für die Förderung der unternehmensinternen Vernetzung von Mitarbeitern Maßnahmen wie Unternehmensevents, Trainings oder Teambuildings angeführt, und auch die interorganisationale Vernetzung ihrer Unternehmen fördern Manager vielfach durch Teilnahme an entsprechenden Networking-Aktivitäten und Veranstaltungen. Zweifellos werden solche Aktivitäten die unternehmensinternen und -übergreifenden Netzwerke tatsächlich in ihren strukturellen Eigenschaften beeinflussen. Dieser Beeinflussungsprozess ist jedoch in den meisten Fällen wenig zielgerichtet und dürfte in erster Linie von dem Wunsch getrieben sein, den Grad der Vernetzung unter den Akteuren zu erhöhen. Dass ein solcher „mehr-ist-besser" Ansatz häufig nicht hilfreich ist, wurde sowohl auf der Basis der theoretischen Ausführungen als auch im Rahmen mehrerer Fallstudien deutlich. Nicht allein die Dichte eines Netzwerks sondern seine strukturelle Eigenschaften insgesamt determinieren dessen Funktionsweise, weswegen der generelle Versuch, den Vernetzungsgrad zu erhöhen, sogar kontraproduktive Wirkungen entfalten kann.

Der pauschale Umgang mit Netzwerkstrukturen überrascht auch insofern, als dass viele Unternehmen beträchtliche Summen in die – vermeintliche – Verbesserung ihrer internen und externen Vernetzung investieren. Mit Blick auf intraorganisationale Strukturen sind hier exemplarisch die Kosten für Reorganisationsmaßnahmen, Teambuilding, Organisationsentwicklung und Change Management zu nennen. Dabei fallen nicht nur die Kosten für die Durchführung der Maßnahmen selbst an. Zu berücksichtigen sind ebenfalls Mehraufwendungen, die durch den Wegfall produktiver Arbeitszeit entstehen (während der Zeit, in der die Maßnahmen durchgeführt werden, stehen Mitarbeiter in der Regel nicht für ihre eigentliche Aufgaben zur Verfügung), Friktionen durch die Umstellung der Organisation (in der Regel brauchen Veränderungsmaßnahmen Zeit, bis die Veränderungen auch tatsächlich sichtbar werden), Kosten für die Information von Mitarbeitern und deren Überzeugung hinsichtlich der Bedeutung der durchzuführenden Maßnahmen sowie schließlich Kosten, die durch die Integration externer Berater und Experten entstehen. Auch für Maßnahmen der unternehmensübergreifenden Vernetzung tätigen Unternehmen häufig Investitionen in einem bemerkenswerten Umfang, wobei neben den tatsächlich anfallenden Kosten für die Teilnahme an bzw. Durchführung von Networking-Veranstaltungen in erster Linie wiederum die eingesetzte Zeit der teilnehmenden Manager relevant sein dürfte.

Welchen Umfang die personal- und damit letztlich netzwerkbezogenen Investitionen nun im Einzelfall annehmen, mag jeder Leser für sein eigenes Unternehmen beziffern. Unbestreitbar sind sie in den meisten Unternehmen jedoch erheblich und in ihrer Höhe letztlich mit Investitionen in anderen Bereichen wie IT oder Produktionstechnologie vergleichbar. Warum aber engagieren sich Unternehmen in einem solch erheblichen Umfang, ohne sich in vielen Fällen der Wirkung der Maßnahmen bewusst zu sein? Während für Investitionen in neue Technologien oder Unternehmensstandorte regelmäßig detaillierte Investitionsrechnungen durchgeführt werden, scheinen viele HR-bezogene Investitionen in Netzwerkstrukturen eher von der Hoffnung getragen zu werden, „dass es schon das Richtige für das Unternehmen sein wird“. Zweifellos lassen sich personal- und organisationsbezogene Maßnahmen meist nicht analog zu anderen Investitionen einer klassischen Investitionsrechnung unterziehen, weil sich der durch den Faktor „Mensch“ induzierte Unsicherheitsgrad aus vielen Gründen nachhaltig von anderen Investitionen unterscheidet. Während sich der Amortisationszeitpunkt für eine Produktionsmaschine beispielsweise relativ exakt bestimmen lässt, wenngleich auch hierfür in der Regel Annahmen getroffen werden müssen, erscheint eine seriöse Beurteilung, ob und gegebenenfalls wann sich Maßnahmen zur Verbesserung des informellen Austauschs und der Kooperation unter Mitarbeitern auch monetär für das Unternehmen lohnen, weitgehend unmöglich. Das darf allerdings im Umkehrschluss nicht bedeuten, die Erfolgswirkung solcher Maßnahmen gänzlich dem Prinzip Hoffnung oder gar dem Zufall zu überlassen.

Einer der Hauptgründe für die seltene Anwendung netzwerkanalytischer Verfahren zur Beurteilung existierender Strukturen und zur Abschätzung personalpolitischer und organisationsbezogener Maßnahmen in der Unternehmenspraxis dürfte vor allem in ihrer relativen Unbekanntheit liegen, was sowohl für Manager selbst als auch für viele Organisationsberater und -experten gilt. Weil netzwerkanalytische Methoden wie eingangs dargestellt erst in der jüngeren Zeit eine umfassendere Verbreitung in den Wirtschaftswissenschaften erfahren haben, kommen in der Praxis nach wie vor vor allem Methoden und Verfahren zum Einsatz, die zwar einen hohen Bekanntheitsgrad aufweisen, die aber zur Erhebung, Analyse, Beurteilung und Veränderung von Strukturen in und zwischen

Unternehmen nur bedingt geeignet sind. Die Fallstudien in diesem Buch haben gezeigt, wie breit das Anwendungsfeld netzwerkanalytischer Verfahren ist, wie heterogen die Organisationsprobleme und Forschungsfragen sein können, die sich mit Hilfe der Netzwerkanalyse untersuchen lassen, welche Stärken die Netzwerkanalyse gegenüber anderen Verfahren hat, die klassischerweise in der Personal- und Organisationsforschung und -beratung angewendet werden und welche zum Teil unerwarteten Erkenntnisse bezüglich des eigenen Unternehmens sich durch ihre Anwendung generieren lassen.

Neben ihrer Unbekanntheit hält der vermeintliche Aufwand, der durch die Anwendung der Netzwerkanalyse in Unternehmen entsteht, viele Manager davon ab, Personal- und Organisationsproblemen auf dieser Grundlage zu begegnen. Vielfach habe ich die Erfahrung gemacht, dass Manager, die zunächst von den Möglichkeiten netzwerkanalytischer Verfahren begeistert waren, dann zurückhaltend reagieren, wenn Fragen nach dem konkreten Vorgehen beantwortet werden müssen. Insbesondere die Tatsache, dass Netzwerkanalysen in der Regel nicht auf Stichprobenverfahren zurückgreifen können, sondern stattdessen eine Vollerhebung der Beziehungsdaten unter allen Mitarbeitern eines Unternehmens bzw. Unternehmensbereichs erfordern, scheint eine abschreckende Wirkung auf viele Manager zu haben. Dies ist allerdings nicht zuletzt deshalb überraschend, weil viele Unternehmen in regelmäßigen Zeitabständen Mitarbeiterbefragungen zu unterschiedlichen Themen und Aspekten durchführen und weil diese häufig ebenfalls auf Vollerhebungen zurückgreifen.

Angesichts der aus der bislang geringen Verbreitung resultierenden Ungewissheit, welche Art von Ergebnissen sich durch die Anwendung netzwerkanalytischer Verfahren erwarten lassen, scheuen noch immer viele Manager den Schritt, methodisch neue Wege bei der Behandlung und Lösung struktureller Fragestellungen und Probleme zu beschreiten. Dabei spielt einerseits die erwartete zeitliche Belastung der Mitarbeiter eine Rolle, andererseits die damit in Zusammenhang stehenden vermeintlichen Kosten. Beiden Argumenten kann relativ leicht begegnet werden. Entgegen der weit verbreiteten Befürchtung nimmt die Erhebung netzwerkanalytischer Daten in der Regel nicht mehr Zeit in Anspruch, als andere Verfahren der empirischen Personal- und Organisationsforschung. Wenngleich die eingesetzten Fragebögen durch die Netzwerklisten, mit denen die Beziehungsstrukturen erhoben werden (vgl. hierzu nochmals die Ausführungen zur Datenerhebung im Rahmen der einzelnen Fallstudien in den Kap. 3 und 4), vor allem in größeren Netzwerken optisch zunächst umfangreich erscheinen, haben die Erfahrungen gezeigt, dass Mitarbeiter in den meisten Fällen nur wenig Zeit für die Angabe ihrer Beziehungen benötigen. Weil Mitarbeiter ihr Unternehmen in der Regel gut kennen und auch Manager meist einen guten Überblick über die externen Kooperationsbeziehungen ihres Unternehmens oder die Mitglieder eines Unternehmensclusters haben, ermöglicht eine zielgerichtete Gliederung der Netzwerklisten eine schnelle Handhabung der Fragebögen. Selbst bei umfangreichen Netzwerkerhebungen mit mehreren hundert Akteuren benötigen Mitarbeiter und Manager unter diesen Voraussetzungen zum Ausfüllen der Fragebögen in der Regel nicht mehr als zehn bis maximal fünfzehn Minuten. Dies relativiert auch den finanziellen Aufwand, der mit der Durchführung von Netzwerkanalysen einhergeht.

Sowohl die zeitlichen als auch die finanziellen Belastungen lassen sich weiter reduzieren, wenn Netzwerkanalysen nicht separat durchgeführt werden, sondern mit anderen Erhebungen kombiniert werden. Dies eignet sich insbesondere dann, wenn netzwerkanalytische Erhebungen und Untersuchungen als fester Bestandteil eines Strukturmonitoring betrachtet werden und auf regelmäßiger Basis durchgeführt werden. Durch eine solche Kombination kann der Gefahr einer zunehmenden Reaktanz gegenüber Erhebungen bei Managern und Mitarbeitern begegnet werden, die diese typischerweise dann entwickeln, wenn sie wiederkehrend mit der Bitte um Teilnahme an Untersuchungen zu verschiedenen Themen konfrontiert werden. Für die Untersuchung und Behandlung dringender Fragestellungen eignet sich diese Kopplung freilich in den meisten Fällen nicht.

Dem Argument vermeintlich hoher Kosten lässt sich darüber hinaus in zweierlei Hinsicht begegnen. Erstens sind zeitliche und finanzielle Aufwendungen für die Durchführung von Netzwerkanalysen in Relation zu den entsprechenden Aufwendungen für alternative Maßnahmen zu setzen. Nochmals sei hier das beträchtliche Engagement vieler Unternehmen für Teambuilding, Reorganisation, Organisationsentwicklung oder Change Management angeführt. Verglichen mit den Kosten, die mit der Durchführung solcher Maßnahmen in möglicherweise weiten Teilen eines Unternehmens einhergehen, sind die Aufwendungen, die durch netzwerkanalytische Untersuchungen von Unternehmensstrukturen verursacht werden, oftmals gering. Ebenfalls sind für die Beurteilung der Kosten die Konsequenzen zu berücksichtigen, die sich aus der Anwendung bzw. der Nicht-Durchführung von Netzwerkanalysen ergeben können. Dies sei an einigen Beispielen verdeutlicht. So stellt sich beispielsweise für die in Kap. 3.3 untersuchten Vertriebsteams die Frage, welcher Aufwand aus betriebswirtschaftlicher Sicht für die Durchführung eines Netzwerkprojekts gerechtfertigt erscheint, wenn die Vertriebsleistung von Teams aufgrund von netzwerkanalytischen Erkenntnissen um bis zu zwanzig Prozent gesteigert werden kann. In ähnlicher Weise sollten sich Personalverantwortliche fragen, ob die mit einer netzwerkanalytischen Untersuchung der Unternehmensstrukturen einhergehenden Kosten nicht schon dann gerechtfertigt sind, wenn sich dadurch die Fluktuation von Mitarbeitern verringern lässt.[1] Die Kosten für den Weggang eines einzelnen Mitarbeiters belaufen sich nach konservativer Schätzung auf rund 30.000 €, im Fall des unerwünschten Weggangs eines Angehörigen des mittleren Managements steigen diese Kosten bereits auf etwa 120 % des Jahresgehalts (Wolf 2014; Berkemeyer 2014) für Führungskräfte sogar mindestens das Zweifache (Cascio 2012; Allen 2008). Ferner ist zu bedenken, dass die durchschnittliche Fluktuationsrate in deutschen Unternehmen Schätzungen zufolge bei etwa 13 % liegt (Schenkel 2008). Auch wenn diese Fluktuationsraten in Abhängigkeit verschiedener Faktoren stark schwanken, so lassen diese Zahlen dennoch erkennen, dass bereits eine geringfügige Reduzierung der Mitarbeiterfluktuation um beispielsweise nur ein Prozent, die durch eine Kenntnis und Verbesserung der informellen Netzwerkstrukturen

[1] Der Zusammenhang zwischen Netzwerkeinbettung von Mitarbeitern und deren Kündigungsneigung bzw. Neigung zum Verbleib im Unternehmen ist gut dokumentiert, vgl. beispielsweise Cao et al. 2014; Moynihan und Pandey 2008).

erzielt werden kann, enorme Einsparungspotenziale birgt. Ein ähnliches Bild ergibt sich bei Betrachtung des Zusammenhangs zwischen Netzwerkstruktur und der Motivation von Mitarbeitern (Reinholt et al. 2011; Aalbers et al. 2013). Resultiert aus einer ungeeigneten Netzwerkstruktur ein durchschnittlicher Rückgang der Motivation von Mitarbeitern um lediglich fünf Prozent, so beläuft sich der hieraus ergebende Leistungsverlust nach einer Studie von Lohaus und Habermann (2002) in einem Unternehmen mit 400 Mitarbeitern jährlich auf etwa 1,85 Mio. €.

Schließlich besteht ein gelegentlicher Vorbehalt gegen die Durchführung netzwerkanalytischer Strukturuntersuchungen in der Befürchtung, dass sich die durch die Netzwerkstrukturen hervorgerufenen Probleme dadurch verschlimmern könnten, dass Mitarbeiter oder Unternehmen zu ihren Beziehungen befragt werden. Manchen Manager treibt dabei offenbar die Sorge um, nur nicht „in das Wespennest zu stechen", um noch gravierendere Konsequenzen zu vermeiden. Sicherlich kann nicht vollständig ausgeschlossen werden, dass bei Mitarbeitern als Reaktion auf eine Erhebung ihrer Beziehungen ein Denkprozess einsetzt, der seinerseits Einfluss auf das Verhalten von Individuen und damit die Beziehungsstrukturen hat. Ein Verschließen der Augen vor der Realität dürfte jedoch mit noch wesentlich ungünstigeren Konsequenzen einhergehen. Schließlich erscheint im Falle einer Erkrankung die Vermeidung des Arztbesuchs wegen der Furcht vor unangenehmen Behandlungsmethoden ebenfalls nicht sinnvoll. Die Auswirkungen der Strukturanalyse selbst auf das Beziehungssystem dürften schon deshalb gering bleiben, weil ja jeder Akteur nur zu seinen eigenen Beziehungen befragt wird. Aufgrund des in Kap. 2 diskutierten Phänomens der lokalen Rationalität in Netzwerken sind einzelne Akteure praktisch nicht in der Lage, die Konsequenzen ihres eigenen Beziehungsverhaltens auf die Gesamtstruktur des Netzwerks abzuschätzen. Darüber hinaus hat die jahrelange netzwerkanalytische Arbeit in Unternehmen gezeigt, dass Mitarbeiter zwar in der Regel nur ein begrenztes Bild der Gesamtstruktur haben, meist aber ein gutes Gefühl dafür entwickeln, ob das Beziehungssystem insgesamt gut oder weniger gut funktioniert. Weil eine Erhebung der Netzwerkstrukturen oftmals erst dann angegangen wird, wenn die strukturellen Probleme bereits evident geworden sind, empfinden die Mitarbeiter eine solche Untersuchung häufig eher als ein positives Signal in Richtung auf die Behandlung und Lösung der vorhandenen Probleme. Dass Mitarbeiter die Untersuchung der Strukturen als Problem selbst wahrgenommen hätten, ist bislang in keiner der von mir durchgeführten Forschungsprojekte vorgekommen.

5.2 Ethische Fragestellungen der Netzwerkanalyse

Der letzte Punkt weist auf einen Aspekt hin, der sich im Rahmen praktisch aller personal- und organisationswirtschaftlicher Untersuchungen stellt, nämlich die Frage, wem die Erkenntnisse in erster Linie nützen sollen. Anknüpfend an die Diskussion bezüglich des Nutzens von Netzwerken in Kap. 2.2, wo zwischen einem individuellen Nutzen und einem Nutzen für das Gesamtsystem unterschieden wurde, können die im Rahmen netzwerkanalytischer Untersuchungen gewonnenen Erkenntnisse primär einzelnen Mitarbeitern oder dem Unternehmen als Ganzes nützlich sein.[2] Insbesondere dann, wenn das Ziel einer Verbesserung der Gesamtstruktur verfolgt wird, besteht auf Seiten von Mitarbeitern häufig die Befürchtung, dass die Ergebnisse mit für sie negativen Konsequenzen einhergehen könnten wie beispielsweise Optimierungs- und Rationalisierungsbestrebungen durch die Unternehmensleitung. Ebenfalls lässt sich häufig die latente Sorge feststellen, dass Unternehmen möglicherweise auf solche Mitarbeiter leicht verzichten können, die lediglich periphere oder vermeintlich anderweitig unattraktive oder unbedeutende Positionen innerhalb der Struktur einnehmen. Auch im Rahmen interorganisationaler Netzwerkstudien bestehen vielfach Bedenken bei den teilnehmenden Unternehmen. So wird häufig die Sorge artikuliert, dass die Reputation eines Unternehmens dann leiden könnte, wenn die Resultate eine eher periphere Einbettung in das Beziehungsnetzwerk dokumentieren. Schließlich wird gelegentlich die Befürchtung geäußert, aus den Angaben zur Beziehungsstruktur ließen sich möglicherweise Hinweise auf die strategische Ausrichtung von Unternehmen ableiten, von denen mögliche Wettbewerber idealerweise aber keine Kenntnis erlangen sollten.

Wenngleich sich derartige Schwierigkeiten dem Grunde nach praktisch im Zusammenhang mit allen empirischen Personal- und Organisationsuntersuchungen ergeben, sind sie im Rahmen netzwerkanalytischer Projekte besonders relevant. Dies liegt vor allem daran, dass sich Netzwerkdaten in den meisten Fällen nicht anonym erheben lassen. Während Befragte in anderen empirischen Untersuchungen darauf vertrauen, dass sich ihre individuellen Angaben vor dem Hintergrund der Anonymität nicht zurückverfolgen lassen, weil sie gewissermaßen im Durchschnitt über die Informationen aller Befragungsteilnehmer aufgehen, verlangt ein netzwerkanalytisches Vorgehen aus erhebungstechnischen Gründen typischerweise die eindeutige Identifikation der Akteure – zumindest auf der Stufe der Erhebung von Beziehungsstrukturen.

Ob die genannten Befürchtungen im Einzelfall gerechtfertigt sind oder nicht, soll an dieser Stelle nicht beurteilt werden. In jedem Fall werden existierende Ängste auf Seiten der Netzwerkakteure deren Bereitschaft zur Teilnahme an der Untersuchung nachhaltig reduzieren. Weil gleichzeitig aber eine möglichst vollständige Partizipation aller identifizierten Akteure im Rahmen der empirischen Erhebung für die Durchführung der meisten netzwerkanalytischen Verfahren anzustreben ist, besteht hier ein Dilemma: Einerseits kann die Teilnahmeverweigerung bereits einzelner Akteure die Güte der Ergebnisse erheblich reduzieren, andererseits lässt sich eine Teilnahme weder erzwingen noch erscheint eine wie auch immer erzwungene Teilnahme sinnvoll. Dieses Problem wird dadurch weiter verstärkt, dass einzelne Akteure selbst dann Bestandteil netzwerkanalytischer Datensätze bleiben, wenn sie sich trotz aller Bemühungen selbst gegen eine Teilnahme an der Studie entschieden haben. Dies liegt am relationalen Charakter von Netzwerkdaten und

[2] Die Ausführungen in diesem Kapitel beziehen sich in erster Linie auf intraorganisationale Netzwerkuntersuchungen. Allerdings stellen sich viele Fragen analog auch in Studien zu unternehmensübergreifenden Beziehungsstrukturen.

soll an einem kurzen Beispiel erläutert werden. Weil eine Beziehung immer zwischen zwei Akteuren *i* und *j* verläuft, lassen sich Erkenntnisse zur Position von *i* selbst dann ableiten, wenn *i* selbst keine Angaben zu seinen Beziehungen gemacht hat. Auch in diesem Fall kann die Einbettung von *i* zumindest näherungsweise aus den Angaben seiner Beziehungspartner (also aller anderen Akteure *j*) bestimmt werden.

Den dargestellten Herausforderungen kann mit Hilfe mehrerer Maßnahmen begegnet werden. Hierzu zählt in erster Linie die Anonymisierung der erhobenen Daten im Rahmen der Darstellung und Interpretation von Ergebnissen. Dies gilt selbst dann, wenn die Identifikation der einzelnen Netzwerkakteure durchaus die Ableitung wichtiger Erkenntnisse für Entscheidungsträger ermöglichen würde. Eine Anonymisierung von Daten repräsentiert gewissermaßen die Grundvoraussetzung dafür, dass Unternehmen netzwerkanalytische Untersuchungen durchführen können und sich die Mitarbeiter zur Teilnahme motivieren lassen. Aus diesem Grund wurden auch die Resultate aller Studien, die in den Kap. 3 und 4 vorgestellt wurden, so anonymisiert, dass eine Identifikation individueller Mitarbeiter oder Unternehmen nicht möglich ist. Einschränkend ist allerdings darauf hinzuweisen, dass Unternehmensangehörige insbesondere im Fall der grafischen Darstellung intraorganisationaler Netzwerke mit einer begrenzten Anzahl von Akteuren meistens auch für anonymisierte Ergebnisse Vermutungen bezüglich der Identität einzelner Akteure entwickeln, was angesichts der hohen Vertrautheit dieser Individuen mit der Organisation nicht verwunderlich erscheint. Von den Erfordernissen einer Anonymisierung ausgenommen sind in der Regel Netzwerkuntersuchungen, die auf der Basis öffentlich zugänglicher Sekundärdaten durchgeführt werden, wie beispielsweise die Untersuchung des deutschen Governance-Netzwerks in Kap. 4.4. Weil die Erhebung der Daten keine Kooperation auf Seiten der Unternehmen voraussetzt und weil es dabei um die Untersuchung der Beziehungsstrukturen von Managern geht, die aufgrund ihrer Stellung ohnehin in einem gewissen Rahmen in der Öffentlichkeit stehen, sind derartige Analysen meist unproblematisch.

Aus den genannten Gründen ist mit Blick auf die erfolgreiche Durchführung netzwerkanalytischer Untersuchungen meiner Erfahrung nach eine transparente Informationspolitik gegenüber den Mitarbeitern und Unternehmen bereits im Vorfeld einer Studie mindestens genauso wichtig wie die Anonymisierung der erhobenen Daten. Dabei sollte sichergestellt werden, dass sich die Kommunikationsbemühungen nicht nur auf die Festlegung der Zielsetzungen sowie eine Beschreibung der Möglichkeiten netzwerkanalytischer Untersuchungen gegenüber dem Management eines Unternehmens bzw. dem Auftraggeber einer solchen Studie beschränken. Genauso bedeutsam ist die umfassende Aufklärung all derjenigen, die später an der Untersuchung teilnehmen sollen. Ihnen gegenüber muss der Zweck der Untersuchung ebenso dargelegt werden wie der beabsichtigte Umfang der einzuholenden Informationen und das methodische Vorgehen. In meinen Studien hat sich dabei eine offene und frühzeitige Zusammenarbeit mit Arbeitnehmervertretern bewährt, in deutschen Unternehmen insbesondere mit dem Betriebsrat. Aufgrund der hohen Bedeutung jedes einzelnen Akteurs für die Gesamtstruktur ist eine Durchführung netzwerkanalytischer Untersuchungen gegen den Willen oder trotz der Befürchtungen der Befragten wenig sinnvoll oder sogar praktisch unmöglich. Ist der Betriebsrat vom Nutzen netzwerkanalytischer Strukturuntersuchungen überzeugt und kann er als Partner für deren Durchführung gewonnen werden, erleichtert dies die Kommunikation des Vorhabens gegenüber den Mitarbeitern erheblich.

Allerdings soll an dieser Stelle nicht der Eindruck erweckt werden, dass bei netzwerkanalytischen Untersuchungen per se mit Widerständen auf Seiten der Netzwerkakteure gerechnet werden müsste. Weil in vielen Fällen auch die Mitarbeiter selbst Probleme mit den bestehenden Strukturen verspüren, wenngleich sie diese möglicherweise nicht klar artikulieren können, und weil sich oftmals aus einer langen Reihe an vergeblichen Verbesserungsversuchen ein hohes Maß an Unzufriedenheit unter Mitarbeitern einstellt, lassen sich viele Beispiele finden, in denen die entsprechenden Projekte von Seiten der Mitarbeiter und des Betriebsrats sehr aktiv unterstützt worden sind. Das dauerhafte Empfinden von Problemen und Schwierigkeiten mit bestehenden Strukturen und das Gefühl der Ratlosigkeit mit Blick auf Lösungsmöglichkeiten lassen in vielen Belegschaften den Wunsch entstehen, andere Wege bei der Suche nach Problemlösungen einzuschlagen. Die frühzeitige Einbindung von Betriebsrat, Mitarbeitern und Management stellt eine Integration der verschiedenen Interessen sicher und ermöglicht es, die Bedürfnisse aller Anspruchsgruppen gleichermaßen zu berücksichtigen. Somit lässt sich die Entstehung von Interessenskonflikten zwischen den einzelnen Gruppen vermeiden, was die Durchführung der Untersuchung erleichtert und die Qualität der Resultate nachhaltig verbessert.

5.3 Anwendungsbezogene Implikationen

Die Ausführungen in diesem Buch haben deutlich gemacht, dass sich das Methodenarsenal der sozialen Netzwerkanalyse für die Untersuchung praktisch aller strukturbasierten Fragestellungen innerhalb und zwischen Unternehmen eignet. Mehr noch, weil die Netzwerkanalyse im Gegensatz zu anderen Verfahren in der Lage ist, Beziehungen und Eigenschaften von Akteuren simultan zu berücksichtigen, sollte sie einen festen methodischen Bestandteil im Rahmen intra- und interorganisationaler Strukturanalysen darstellen. Grundlegend lassen sich dabei zwei Anwendungsmöglichkeiten unterscheiden: Erstens, die fallweise Durchführung netzwerkanalytischer Untersuchung als Reaktion auf erkannte, strukturbedingte Schwierigkeiten und zweitens, die proaktive Integration von Netzwerkanalysen in das regelmäßige Monitoring von Strukturen in und zwischen Unternehmen.

Während die in den Kap. 3 und 4 dargestellten Fallstudien in erster Linie die Untersuchung und Lösung akuter struktureller Fragestellungen und Probleme mit Hilfe der Netzwerkanalyse beinhaltet haben, soll in diesem Kapitel der Bedeutung der Netzwerkanalyse im Rahmen eines proaktiven Strukturmonitorings nachgegangen werden. Zwar erscheint vielfach der Wunsch, das Ausmaß und den Umfang empirischer Erhebungen in Unternehmen auf ein absolut notwendiges Minimum zu reduzieren und stattdessen die Mitarbeiter „in Ruhe arbeiten zu lassen" legitim. Allerdings dürfte es mindestens ebenso sinnvoll sein, strukturelle Veränderungen über die Zeit hinweg zu beobachten und mögli-

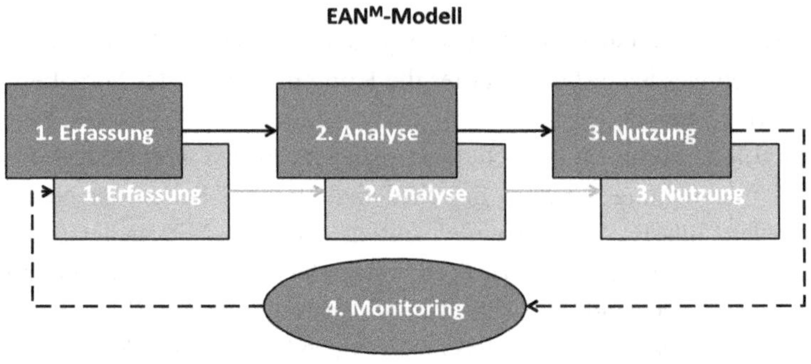

Abb. 5.1 Netzwerkmonitoring nach dem EAN^M-Modell. (Quelle: Rank 2014, S. 78)

chen Fehlentwicklungen so frühzeitig entgegenwirken zu können, dass die erforderlichen Maßnahmen zu deren Korrektur nur ein minimales Ausmaß annehmen. Um nochmals das Beispiel eines Arztbesuchs aufzugreifen, kommt dem netzwerkanalytischen Strukturmonitoring gewissermaßen die Funktion einer Vorsorgeuntersuchung zu, die ebenfalls das Ziel verfolgt, potenziell negative medizinische Veränderungen zu erkennen, bevor eine Erkrankung eintritt. Weil die Erhebung relationaler Beziehungsstrukturen wie dargestellt nur einen vergleichsweise geringen Aufwand für die Befragungsteilnehmer erfordert, bietet sich die Integration eines entsprechenden Themenkomplexes im Rahmen ohnehin regelmäßig durchgeführter Mitarbeiterbefragungen an. Ein solches kontinuierliches Monitoring umfasst in der Regel vier Schritte, die in Abb. 5.1 grafisch dargestellt sind. Wenngleich die ersten drei Schritte Erfassung, Analyse und Nutzung von Netzwerkstrukturen im Rahmen der Fallstudien aus verschiedenen Perspektiven und vor dem Hintergrund unterschiedlicher Anwendungsgebiete behandelt wurden, sollen hier nochmals einige Aspekte aufgegriffen und vertieft thematisiert werden.

5.3.1 Erfassung der Netzwerkstruktur

Mit Blick auf die Erfassung netzwerkartiger Strukturen ist grundlegend zwischen intra- und interorganisationalen Netzwerken zu unterscheiden. Für interorganisationale Netzwerkstrukturen muss zunächst festgelegt werden, welche Beziehungsinhalte im Rahmen der Untersuchung analysiert werden sollen. Dementsprechend ist zu differenzieren, ob sich die zwischen den Unternehmen bestehenden Beziehungen aus Sekundärdaten ableiten lassen oder ob die Erfassung der Struktur die Kooperation der Unternehmen erfordert. Beziehungen wie personelle Entsendungen von Führungskräften in Aufsichtsräte, finanzielle Beteiligungen oder auch strategische Allianzen können häufig auf der Grundlage von Quellen wie Datenbanken oder Geschäftsberichten erhoben werden. Die öffentliche Verfügbarkeit solcher Informationen impliziert die Möglichkeit, Netzwerkstrukturen jederzeit auch ohne Kenntnis oder Einwilligung der entsprechenden Unternehmen zu erheben und zu untersuchen. Dies ist vor allem in solchen Fällen bedeutsam, in denen ein einzelnes Unternehmen Kenntnisse hinsichtlich seiner externen Netzwerkposition erlangen möchte, ohne jedoch auf die Kooperationsbereitschaft der anderen Unternehmen angewiesen zu sein.

Schwieriger gestaltet sich hingegen die Erhebung eher informell geprägter unternehmensübergreifender Beziehungen wie beispielsweise informelle Kooperationen oder persönliche Beziehungen zwischen den Managern unterschiedlicher Unternehmen. Derartige Netzwerke lassen sich nur im Rahmen von Primärerhebungen mit Hilfe von Fragebögen oder Interviews erheben, was ein hohes Maß an Kooperationsbereitschaft unter den zum Netzwerk gehörenden Unternehmen und ihrer Manager voraussetzt. Weil in interorganisationalen Strukturen meist keine übergeordneten Instanzen existieren, die eine solche Erhebung anordnen oder zumindest mit Nachdruck fördern könnten, ist die freiwillige Bereitschaft zur Teilnahme der Unternehmen und Manager eine unabdingbare Voraussetzung für die Durchführung entsprechender Untersuchungen. Allerdings besteht auch im Fall informell geprägter Netzwerke zumindest in einem gewissen Rahmen die Möglichkeit, die Struktur ausschließlich aus der Perspektive eines fokalen Unternehmens zu generieren. Mit Hilfe sogenannter ego-zentrierter Netzwerkansätze (Jansen 2006; Wasserman und Faust 1994) erfolgt die Erfassung aller im Netzwerk bestehenden Beziehungen anhand der Einschätzung von Managern des eigenen Unternehmens. Um die bestehende Beziehungsstruktur dennoch möglichst umfassend zu erheben, bietet es sich an, hierfür auf die Beziehungsangaben möglichst aller Manager zurückzugreifen, die im Rahmen des zu untersuchenden Netzwerks aktiv sind. Ein solches Vorgehen bringt den Vorteil mit sich, dass Erkenntnis bezüglich der Struktur auch ohne Zustimmung oder Mitwirkung anderer Unternehmen gewonnen werden können. Einschränkungen ergeben sich allerdings aufgrund der bereits mehrfach diskutierten lokalen Rationalität von Netzwerkakteuren (vgl. nochmals ausführlich Kap. 2.3). Selbst wenn aus Sicht des einzelnen Unternehmens viel Sorgfalt auf die Erhebung der es umgebenden Netzwerkstruktur verwendet wird, so besteht dennoch das Problem, dass bezüglich indirekter oder weiter entfernter Beziehungen im Netzwerk meist nur vage Kenntnisse bestehen. Ergebnisse, die auf der Basis ego-zentrierter Ansätze gewonnen werden, sollten daher generell mit einem gewissen Vorbehalt betrachtet werden.

Für die Ableitung belastbarer Ergebnisse hinsichtlich der Struktur interorganisationaler Netzwerke mit Hilfe der Erhebung von Beziehungsinformationen unter allen Akteuren des Netzwerks ist es offensichtlich, dass die Generierung einer hohen Teilnahmebereitschaft der Partnerunternehmen und ihrer Manager bzw. Mitarbeiter meistens mit hohen Informationserfordernissen einhergehen und viel Überzeugungsarbeit erfordern wird. Diese Erfahrung habe ich beispielsweise immer wieder im Rahmen der Untersuchung von Unternehmensclustern gemacht, weil dem Clustermanagement in den meisten Fällen eher administrative Aufgaben zukommen, diese Manager aber in der Regel über kein hierarchisches Weisungsrecht gegenüber den Mitgliedsunternehmen verfügen. Somit besteht praktisch keine Möglichkeit, die Durchführung netzwerkanalytischer Untersuchungen auch gegen den Willen der Clusterunternehmen anzuordnen oder durchzuführen. Mehrfach musste ich die Erfahrung machen, dass Studien in Clustern an Bedenken der Mitgliedsunternehmen oder zumindest ihrer fehlenden Kooperationsbereitschaft scheitern können, selbst dann, wenn das Clustermanagement gegenüber der Untersuchung positiv eingestellt war oder diese sogar initiiert hat.

Bei der Untersuchung von Netzwerken innerhalb der Grenzen von Unternehmen, also bei intraorganisationalen Netzwerkstrukturen, ergeben sich einige Unterschiede. Zwar kann auch hier unterschieden werden, ob für die Erhebung von Netzwerkbeziehungen die Generierung von Primärdaten erforderlich ist, oder ob die Beziehungen auf der Basis von Sekundärdaten gewonnen werden können. Allerdings sind auch letztere lediglich in einem nur sehr begrenzten Umfang öffentlich verfügbar (beispielsweise Informationen in Geschäftsberichten oder Informationsbroschüren), so dass in nahezu allen Fällen die Zustimmung des Unternehmens bzw. seines Managements für die Durchführung netzwerkanalytischer Untersuchungen notwendig ist. Allerdings lassen sich viele Strukturanalysen in Abhängigkeit der konkreten Fragestellung auch ohne Zustimmung der betroffenen Mitarbeiter durchführen, weil die Beziehungen auf der Basis bereits vorhandener Daten generiert werden können. Beispielhaft seien hierfür Liefer- und Leistungsbeziehungen zwischen den Tochtergesellschaften eines Konzern oder die Zuordnung von Mitarbeitern zu bestimmten Tätigkeiten anhand der Dokumentation ihrer Arbeitszeit genannt. Solche Informationen lassen sich beispielsweise aus dem Datenbestand des Rechnungswesens oder der Personalabteilung generieren.[3] Während Studien in anderen Ländern auch stärker informell geprägte Beziehungsstrukturen zwischen Mitarbeitern anhand von Sekundärdaten wie beispielsweise E-Mail-Verkehr erstellt haben (Wakkee 2006; Cucchi und Fuhrer 2007; Tashiro et al. 2012), bestehen in Deutschland wegen datenschutzrechtlicher Erwägungen jedoch meist erhebliche Bedenken und Widerstände hinsichtlich der Verwendung solcher Informationen. Aus diesen Gründen dürfte der Wunsch nach einer Untersuchung informell geprägter Beziehungsstrukturen zwischen Mitarbeitern in der Regel mit einer Erhebung von Primärdaten einhergehen.

Im Gegensatz zu Netzwerkstrukturen zwischen Unternehmen existieren intraorganisationale Netzwerke innerhalb eines formal definierten Rahmens, der durch die Aufbauorganisation eines Unternehmens gegeben ist. Der hierarchische Aufbau der Unternehmensorganisation impliziert, dass Entscheidungen von Instanzen für die nachfolgenden (also hierarchisch untergeordneten) Einheiten in der Regel bindend sind. Vor diesem Hintergrund könnte angenommen werden, dass die Durchführung von Strukturuntersuchungen, die auf Methoden der sozialen Netzwerkanalyse aufbauen, in erster Linie das Commitment der Unternehmensleitung benötigen. Dieses könnte dann verbindlich die Erhebung der entsprechenden Daten anordnen. Wenngleich ein solches Vorgehen aus einer rein formalen Betrachtung heraus zumindest theoretisch denkbar erscheint, so dürfte es in der Praxis doch mit erheblichen Problemen verbunden sein. Insbesondere ist die Frage zu stellen, wie verlässlich die Angaben der einzelnen Mitarbeiter hinsichtlich ihrer Beziehungsstruktur sind, wenn sich diese zur Teilnahme an der Untersuchung gezwungen sehen.

---

[3] Ob Mitarbeiter trotz dieser Möglichkeiten informiert werden (sollten), ist letztlich eine Einzelfallentscheidung und dürfte eng mit der Unternehmenskultur einer Organisation zusammenhängen.

Losgelöst von der Frage, ob die Durchführung netzwerkanalytischer Untersuchungen hierarchisch angeordnet werden kann oder nicht, ist der erfolgversprechendste Weg der einer umfassenden und ehrlichen Informationspolitik gegenüber allen Akteuren unabhängig davon, ob die Studie innerhalb der Grenzen eines Unternehmens durchgeführt wird oder Beziehungen zwischen Unternehmen analysiert. Gelingt es, die Zielsetzungen einer solchen Studie all denjenigen transparent zu vermitteln, von denen Beziehungsdaten erhoben werden sollen, so lassen sich positive Effekte hinsichtlich der Reliabilität und Validität der erhobenen Daten und damit hinsichtlich der Qualität der Ergebnisse erwarten. Zu den Elementen einer solchen Informationspolitik gehören neben der Vermittlung der Zielsetzungen insbesondere eine Integration aller betroffenen Anspruchsgruppen (in Unternehmen beispielsweise der Betriebsrat, der Datenschutzbeauftragte oder der Chief Information Officer), der rechtzeitige Beginn der Kommunikationsmaßnahmen, der eine inhaltliche Einflussnahme durch Untersuchungsteilnehmer erlaubt sowie Erläuterungen, wie die zu erwartenden Ergebnisse aussehen und wozu sie verwendet werden sollen.

Generell steigt die Bereitschaft von Mitarbeitern, empirische Untersuchungen aktiv zu unterstützen dann, wenn sie auch persönlich einen Nutzen von den Resultaten erwarten können. Weil die Netzwerkdaten wie dargestellt nicht anonym erhoben werden, besteht diesbezüglich die Möglichkeit der Erstellung individualisierter Ergebnisberichte für die einzelnen Teilnehmer an der Untersuchung. Aus diesen können Akteure beispielsweise ihre eigene Position innerhalb der Beziehungsstrukturen identifizieren und möglicherweise Schlussfolgerungen für ihr individuelles Beziehungsmanagement ziehen. Weil ein solches Vorgehen allerdings meist mit einem beträchtlichen Mehraufwand einhergeht, insbesondere dann, wenn das Netzwerk viele Akteure umfasst, hängt eine entsprechende Zusage sicherlich von den Gegebenheiten des einzelnen Falls ab. Selbst wenn aus ökonomischen Gründen keine individualisierten Ergebnisberichte angeboten werden können, bietet sich dennoch die Zusage einer Berichterstattung der aggregierten Resultate an alle Teilnehmer bereits im Vorfeld der Untersuchung an.

5.3.2 Analyse der Struktur

Auch mit Blick auf die Frage, mit Hilfe welcher Methoden die erhobenen Beziehungsdaten zu analysieren sind, lohnt es sich, einige Aspekte zu bedenken. Grundsätzlich sollte sich die Auswahl der Analyseverfahren in erster Linie an den zu untersuchenden Forschungsfragen orientieren, dies gilt wie bei anderen empirischen Vorhaben auch für Netzwerkanalysen. Sowohl aus der Darstellung der methodischen Grundlagen als auch im Rahmen der verschiedenen in diesem Buch vorgestellten Fallstudien wurde deutlich, dass es „die richtige Untersuchungsmethode“ per se nicht gibt. So hängt die Auswahl des Analyseverfahrens letztlich neben der Art der Fragestellung sowohl von den Erfahrungen des Forschers bzw. Beraters als auch den Präferenzen der Entscheidungsträger (beispielsweise dem Management eines Unternehmens oder dem Kreis der Geschäftsführer aller Mitgliedsunternehmen eines Clusters) ab.

Die Stärken und Grenzen grafischer und analytisch-statistischer Netzwerkverfahren wurden in Kap. 2 ausführlich diskutiert und sollen an dieser Stelle nicht nochmals wiederholt werden. Zu bedenken ist allerdings, dass die Methode der Netzwerkanalyse bislang deutlich weniger Verbreitung gefunden hat als andere Verfahren der empirischen Sozialforschung und daher selbst bei Personen mit einer einschlägigen methodischen Vorbildung häufig weitgehend unbekannt sind. Trotz der Grenzen einer grafischen Darstellung von Netzwerkstrukturen bietet sich deren Einsatz in der Unternehmenspraxis in vielen Fällen schon deshalb an, weil die Abbildung von Strukturen in einem hohen Maß der Intuition von Entscheidungsträgern entgegenkommt. Demgegenüber besteht bei Managern häufig eine gewisse Skepsis gegen ein ausschließlich analytisches Vorgehen, was in vielen Fällen der Unbekanntheit der Verfahren und damit einer fehlenden Erfahrung hinsichtlich des Umgangs mit den Ergebnissen geschuldet ist. Aus diesen Gründen eignet sich für die meisten Studien eine Kombination grafischer und analytischer Verfahren bei der Untersuchung von Netzwerkstrukturen. Mit Hilfe der grafischen Darstellung lassen sich meist erste Erkenntnisse bezüglich der globalen Eigenschaften der Netzwerkstruktur ableiten, die dann durch die Anwendung analytisch-statistischer Methoden detaillierter untersucht werden können.

5.3.3 Nutzung der Erkenntnisse

Bevor sich die aus netzwerkanalytischen Untersuchungen gewonnenen Erkenntnisse nutzen lassen, ist deren zielgruppengerechte Präsentation erforderlich. Dabei ist darauf zu achten, dass sich die Vorgehensweise an den Erfordernissen der jeweiligen Auftraggeber orientiert. Zwar dürfte letztlich auch die Wahl des Analyseverfahrens einen gewissen Einfluss darauf haben, in welcher Form die Ergebnisse kommuniziert werden, in erster Linie sollte sich diese Kommunikation jedoch an Aspekten wie Vorkenntnissen, persönliche Involviertheit von Akteuren oder zeitlichen Erfordernissen ausrichten. Generell bietet sich die Präsentation der Resultate im Rahmen von Workshops mit den Auftraggebern an. Eine solch interaktive Form der Ergebnispräsentation ist einer rein schriftlichen Darstellung der Resultate insbesondere deshalb vorzuziehen, weil sich die aus der Untersuchung ergebenden Implikationen idealerweise gemeinsam mit den Akteuren selbst entwickeln lassen. Wie im Kap. 2.3 ausführlich dargestellt stellt die Bestimmung des Nutzens bzw. der Nützlichkeit von Netzwerkstrukturen ein vielschichtiges Problem dar. Dementsprechend sind Netzwerke selbst dann, wenn sie über bestimmte strukturelle Eigenschaften verfügen, nicht generell gut oder schlecht. Eine solche Beurteilung kann von Außenstehenden kaum geleistet werden, sie erfordert praktisch immer die Einbindung derer, die durch ihre tägliche Arbeit mit der Struktur vertraut sind. So habe ich vielfach die Erfahrung gemacht, dass strukturelle Aspekte, die aus wissenschaftlicher Sicht interessant sind, bei Unternehmen nur wenig Beachtung gefunden haben, wohingegen andere Gesichtspunkte, die durch die akademische Brille betrachtet unauffällig waren, die umfassende Aufmerksamkeit von Managern erzeugt haben.

Letztlich kommt dem Forscher oder Berater vor allem die Aufgabe zu, Entscheidern aus der Unternehmenspraxis die Ergebnisse der netzwerkanalytischen Untersuchung vorzustellen und dabei ihr Augenmerk auf möglicherweise interessante Aspekte zu lenken. Ferner sollte er eine Diskussion der sich aus den Resultaten ergebenden Implikationen ermöglichen und moderieren, ohne inhaltlich zu stark Einfluss zu nehmen. Die Bewertung der gefundenen Ergebnisse orientiert sich immer an der spezifischen Situation des einzelnen Unternehmens bzw. des Unternehmensnetzwerks. Wie groß der Kreis der an einem solchen Workshop teilnehmenden Personen sein sollte, ist ebenfalls eine Einzelfallentscheidung und hängt nicht zuletzt von Aspekten wie Unternehmenskultur oder formalen Entscheidungsstrukturen in Unternehmen und Unternehmensclustern ab. Generell bietet es sich aber aus Gründen der Transparenz an, nicht nur das Management eines Unternehmens oder die Kernmitglieder eines Clusters einzubeziehen, sondern den Personenkreis auf Mitarbeiter unterschiedlicher Hierarchiestufen auszuweiten. Dies hat einerseits den Vorteil, dass wichtige Anspruchsgruppen nicht das Gefühl entwickeln, von den Erkenntnissen einer Untersuchung ausgeschlossen zu werden, weil sich sonst der Verdacht einstellen könnte, die Ergebnisse seien möglicherweise besonders kritisch oder lieferten die Grundlage für folgenschwere Entscheidungen. Ferner stellt die Integration mehrerer unterschiedlicher Parteien in der Regel eine umfassendere Betrachtung sicher und ermöglicht so eine kritischere Diskussion der Resultate, was letztlich im Interesse des Unternehmens bzw. des Netzwerks ist.

5.3.4 Monitoring struktureller Veränderungen

Der letzte Schritt besteht im kontinuierlichen Monitoring von Veränderungen in den Netzwerkstrukturen eines Unternehmens oder eines Unternehmensclusters. Netzwerkstrukturen verändern sich im Zeitverlauf vor allem aus zwei Gründen. Erstens ändert sich die Zusammensetzung von Netzwerken, weil ein Unternehmen neue Mitarbeiter anstellt oder sich neue Unternehmen in bestehenden Clustern ansiedeln. Umgekehrt scheiden Mitarbeiter oder Unternehmen aus bestehenden Strukturen aus. Zweitens initiieren Akteure vielfach neue Beziehungen oder lösen bestehende Beziehungen auf. Mitarbeiter finden neue Kollegen, mit denen sie informell Ressourcen wie Informationen oder Rat austauschen und reduzieren die Kooperation mit ihren bestehenden Partnern. In ähnlicher Weise lösen Unternehmen in interorganisationalen Netzwerken bestehende Beziehungen zu externen Partnern auf, beispielsweise weil ein gemeinsames Projekt abgeschlossen wurde oder weil eine Kooperationsbeziehung nicht zu den erhofften Ergebnissen geführt hat. Daneben bauen Unternehmen Beziehungen zu neuen Partnern auf, weil sie mit diesen neue Projekte starten oder weil neue Partner die anderweitig nicht verfügbaren Ressourcen liefern können.

Aus der Gesamtheit aller einzelnen Veränderungen lassen sich interessante Erkenntnisse hinsichtlich der Entwicklung der Gesamtstruktur eines Netzwerks im Zeitverlauf gewinnen. In den meisten Fällen werden die Veränderungen nicht homogen über die gesamte

Struktur beobachtbar sein. Vielmehr existieren in der Regel Bereiche des Netzwerks, die sich durch eine größere Dynamik auszeichnen und solche, die von einer vergleichsweise hohen Stabilität charakterisiert sind. Während ein hohes Maß an Dynamik und Veränderungen für manche Unternehmensbereiche oder Abteilungen durchaus wünschenswert sind, erscheint im Falle anderer Einheiten möglicherweise ein höheres Maß an Stabilität günstiger. Wenngleich die Netzwerkanalyse wie in den Fallstudien ausführlich diskutiert hervorragend zur Untersuchung und Behandlung einmaliger Fragestellungen und Problemen eignet, sollte sie idealerweise routinemäßig als Instrument eines integrierten Netzwerk- und Strukturcontrollings betrachtet werden. Die wiederkehrende Erhebung, Analyse und Beurteilung netzwerkartiger Strukturen in und zwischen Unternehmen ermöglicht die frühzeitige Identifikation und Untersuchung struktureller Veränderungen im Zeitverlauf. Sollten diese Veränderungen in eine ungewünschte Richtung weisen oder sollte sich das Maß an Dynamik zu stark vom gewünschten Umfang unterscheiden, so kann den identifizierten Fehlentwicklungen frühzeitig und meist mit vergleichsweise begrenzten Maßnahmen entgegengewirkt werden.

Auch aus einer administrativen Perspektive ist die kontinuierliche Beobachtung der Entwicklung von Netzwerkstrukturen mit Vorteilen verbunden. Weil viele Unternehmen ohnehin in regelmäßigen Abständen Daten im Rahmen von Mitarbeiterbefragungen erheben und auch die Mitglieder interorganisationaler Unternehmensnetzwerke oder Unternehmenscluster wiederkehrend zu unterschiedlichen Aspekten befragt werden, ist eine separate Befragung zur Generierung der Beziehungsdaten in vielen Fällen nicht notwendig. Die Integration netzwerkanalytischer Aspekte in regelmäßig stattfindende Erhebungen ermöglicht die wechselseitige Abstimmung der interessierenden Sachverhalte aufeinander. Dementsprechend lassen sich vielfach Informationen, die im Rahmen herkömmlicher Mitarbeiter- oder Mitgliederbefragungen gewonnen werden, auch für strukturelle Analysen verwenden. Umgekehrt kann die Berücksichtigung informeller Netzwerkstrukturen bei der Untersuchung anderer Sachverhalte zusätzliche Erkenntnisse generieren. Beispielhaft seinen hierfür das Thema Mitarbeiterzufriedenheit angeführt, das vielfach Gegenstand regelmäßiger Befragungen in Unternehmen ist. Netzwerkanalytische Erkenntnisse können in diesem Zusammenhang die Ergebnisse schon deshalb komplettieren, weil ein enger Zusammenhang zwischen der Einbindung von Mitarbeitern in organisationale Strukturen und Netzwerke und ihrer tätigkeitsbezogenen Zufriedenheit besteht (Haley-Lock 2007; Hurlbert 1991).

Zudem trägt die regelmäßige Anwendung und Durchführung von Strukturanalysen zu einem Abbau von Vorbehalten und Befürchtungen bei Mitarbeitern und Managern bei. Wenn Netzwerkanalysen zu einem integralen Bestandteil wiederkehrend stattfindender Mitarbeiterbefragungen werden und Mitarbeiter nicht nur um die Durchführung sondern vor allem um die Art und Weise wissen, wie die erhobenen Daten verwendet werden und für welche Fragestellungen und Probleme die gewonnenen Informationen herangezogen werden, reduziert sich der Umfang an Informations- und Überzeugungsarbeit, der bei einmaligen Untersuchungen häufig zu leisten ist. Mehr noch, einzelne Gruppen von Netzwerkangehörigen oder sogar individuelle Mitarbeiter oder Unternehmen haben die

Möglichkeit, inhaltlich Einfluss auf durchzuführende Strukturanalysen zu nehmen bzw. individuelle und sie persönlich interessierende Fragestellungen zu klären.

Literatur

Aalbers, R., Dolfsma, W., & Koppius, O. (2013). Individual connectedness in innovation networks: On the role of individual motivation. *Research Policy, 42*(3), 624–634.

Allen, D. G. (2008). *Retaining talent: A guide to analyzing and managing employee turnover*. Alexandria: SHRM Foundation.

Berkemeyer, R. (2014). Gallup-Studie 2013: Jeder sechste Mitarbeiter hat innerlich gekündigt. Gelsenkirchen.

Cao, L., Hirschi, A., & Deller, J. (2014). Perceived organizational support and intention to stay in host countries among self-initiated expatriates: The role of career satisfaction and networks. *International Journal of Human Resource Management, 25*(14), 2013–2032.

Cascio, W. F. (2012). *Managing human resources: Productivity, quality of work life, profits* (9. Aufl.). Burr Ridge: McGraw-Hill.

Cucchi, A., & Fuhrer, C. (2007). Lifting the veil on organizational structure: A social network analysis of professional e-mail use. *Communications of the Association for Information Systems, 20,* 282–299.

Haley-Lock, A. (2007). Up close and personal: Employee networks and job satisfaction in a human service context. *Social Service Review, 81*(4), 683–707.

Hurlbert, J. S. (1991). Social networks, social circles, and job satisfaction. *Work & Occupations, 18*(4), 415–428.

Jansen, D. (2006). *Einführung in die Netzwerkanalyse: Grundlagen, Methoden, Forschungsbeispiele* (3. Aufl.). Wiesbaden: VS Verlag für Sozialwissenschaften.

Lohaus, D., & Habermann, W. (2002). Kosten des Motivationsrückgangs. *Personal, 54*(12), 22–27.

Moynihan, D. P., & Pandey, S. K. (2008). The ties that bind: Social networks, person-organization value fit, and turnover intention. *Journal of Public Administration Research & Theory, 18*(2), 205–227.

Rank, O. N. (2014). Netzwerke im Change Management nutzen. *Human Resources Manager*, Februar/März 2014, 76–78.

Reinholt, M. I. A., Pedersen, T., & Foss, N. J. (2011). Why a central network position isn't enough: The role of motivation and ability for knowledge sharing in employee networks. *Academy of Management Journal, 54*(6), 1277–1297.

Schenkel, O. (2008). Versteckte Kosten Mitarbeiterfluktuation: Wechsel von Leistungsträgern nicht provozieren. IHK WirtschaftsForum 2008. http://www.frankfurt-main.ihk.de/branchen/wirtschaftsberatung/personalberatung/fachbeitraege/versteckte-kosten/. Zugegriffen: 20. Nov. 2014.

Tashiro, H., Lau, A., Mori, J., Fujii, N., & Kajikawa, Y. (2012). E-mail networks and leadership performance. *Journal of the American Society for Information Science & Technology, 63*(3), 600–606.

Wakkee, I. (2006). Mapping network development of international new ventures with the use of company e-mails. *Journal of International Entrepreneurship, 4*(4), 191–208.

Wasserman, S., & Faust, K. (1994). *Social network analysis: Methods and applications*. Cambridge: Cambridge University Press.

Wolf, G. (2014). Mitarbeiterbindung als Ertragstreiber. Manager Wiki, Düsseldorf, 29–07.2014, http://www.manager-wiki.com/strategieumsetzung/100-mitarbeiterbindung-als-ertragstreiber. Zugegriffen: 20. Nov. 2014.

Schlussbemerkungen und Fazit

6

Zusammenfassung

Das abschließende Kapitel fasst die wesentlichen Erkenntnisse zusammen, die sich aus den konzeptionellen Ausführungen einerseits sowie aus den acht Fallstudien andererseits gewinnen lassen. Darüber hinaus werden einige administrative Aspekte angesprochen, welche die Durchführung netzwerkanalytischer Untersuchungen in der Unternehmenspraxis erleichtert. Insbesondere werden Maßnahmen diskutiert, mit deren Hilfe die Unterstützung der betroffenen Mitarbeiter und Unternehmensbereiche gewonnen werden kann.

Netzwerkstrukturen existieren sowohl innerhalb von Unternehmen als auch zwischen Organisationen in vielen Facetten und aus verschiedenen Gründen. Die Vielzahl der unterschiedlichen Beziehungsarten und die Tatsache, dass solche Beziehungen typischerweise auf verschiedenen Ebenen bestehen, verdeutlicht den Umfang der sich daraus ergebenden strukturellen Komplexität. Eine möglichst detaillierte Kenntnis der Struktureigenschaften dieser Netzwerke ist aber deshalb entscheidend, weil von Netzwerkstrukturen zahlreiche Folgen für die Tätigkeit von Unternehmen ausgehen, die in einzelnen Fällen sogar den Unternehmensfortbestand beeinflussen können. Wenngleich die Auswirkungen von Netzwerken in und zwischen Unternehmen sicherlich nicht immer von existenziellem Ausmaß sind, so haben insbesondere die in diesem Buch besprochenen Fallstudien gezeigt, dass sich eine systematische Auseinandersetzung mit Netzwerkstrukturen für Unternehmen generell lohnt.

Trotz dieser Tatsache sind netzwerkbasierte Strukturanalysen in der Unternehmenspraxis ein noch immer relativ selten angewendetes Instrument der Unternehmensführung, wofür es verschiedene Gründe gibt. Aufgrund der bislang begrenzten Verbreitung der Methode wissen viele Manager und Entscheidungsträger einerseits nicht oder nur bedingt um die Möglichkeiten und Potenziale, die mit der netzwerkanalytischen Untersuchung von Strukturen in und zwischen Unternehmen einhergehen. Andererseits scheuen Unternehmenspraktiker häufig den mit der Durchführung netzwerkanalytischer Untersuchungen einhergehenden vermeintlich hohen zeitlichen und finanziellen Aufwand.

O. N. Rank, *Unternehmensnetzwerke,* DOI 10.1007/978-3-658-09316-7_6

Die Ausführungen dieses Buchs haben versucht, solchen Bedenken entgegenzuwirken. Aus der Bandbreite der vorgestellten Fallstudien wurde das weite Anwendungsfeld von Netzwerkanalysen sichtbar. Gleichzeitig haben die Fälle verdeutlicht, dass die Durchführungen struktureller Untersuchungen, die auf das Methodenarsenal der Netzwerkanalyse zurückgreifen, nicht notwendigerweise ein besonders umfangreiches Engagement von Unternehmen und seinen Mitarbeitern erfordern. Tatsächlich ist der mit der Anwendung netzwerkanalytischer Verfahren einhergehende Aufwand meist nicht größer als bei anderen empirischen Untersuchungsmethoden.

Die mit der Durchführung von Netzwerkanalysen verbundenen Anstrengungen lassen sich weiterhin dadurch minimieren, dass entsprechende Strukturanalysen mit anderen Mitarbeiterbefragungen kombiniert werden. Eine solche Kombination verschiedener empirischer und methodischer Ansätze ist mit mehreren Vorteilen verbunden: Erstens entstehen keine oder nur sehr geringe zeitliche und administrative Mehrbelastungen, weil Erhebungsinstrumente wie Fragebögen oder Onlinebefragungen nur einmal administriert und von den Befragungsteilnehmern ausgefüllt werden müssen. Zweitens lassen sich durch eine Kombination netzwerkanalytischer Strukturdaten einerseits und psychometrischer Eigenschaften und Einstellungen von Mitarbeitern andererseits weitere Erkenntnisse ableiten, die bei isolierter Anwendung einer einzelnen Methode meist nicht gewonnen werden können. Schließlich führt die regelmäßige Durchführung netzwerkanalytischer Strukturuntersuchungen zu einer Erhöhung von deren Bekanntheit und damit verbunden zu einem Abbau an Vorbehalten gegenüber ihrer Anwendung. Nehmen Mitarbeiter regelmäßig an Netzwerkanalysen teil und werden sie in einer offenen und transparenten Weise über deren Ergebnisse und die daraus abgeleiteten Implikationen informiert, erkennen auch sie den Nutzen struktureller Untersuchungen für sich und ihr Unternehmen. Eine solche Erkenntnis stellt die wichtigste Voraussetzung für eine aktive Unterstützung von netzwerkanalytischen Strukturuntersuchungen durch die betreffenden Akteure dar, die wie in Kap. 5 ausgeführt von essentieller Bedeutung ist.

Trotz der zahlreichen Vorteile, die sich aus der Anwendung von Netzwerkanalysen für die Untersuchung von Strukturen in und zwischen Unternehmen ergeben, wäre es überoptimistisch, Netzwerkanalysen als „Wunderwaffe" oder „Allheilmittel" der Unternehmensführung zu betrachten. Zweifellos bieten netzwerkanalytische Verfahren Einblicke in Unternehmensstrukturen, die durch die Anwendung anderer Instrumente nur bedingt gewonnen werden können. Allerdings ist vor der Durchführung netzwerkanalytischer Strukturuntersuchungen wie bei anderen Studien auch immer der Aufwand gegen den zu erwartenden Nutzen abzuwägen. Insbesondere eine zu häufige Durchführung empirischer Erhebungen, unabhängig davon, ob sie netzwerkanalytischer Natur sind oder nicht, führt in Unternehmen oft deshalb zu Problemen, weil Mitarbeiter das Gefühl entwickeln, aufgrund der immer wiederkehrenden Teilnahme an Untersuchungen zu wenig Zeit für ihre eigentlichen Aufgaben zur Verfügung zu haben. Dabei haben subjektive Erwartungen und Einschätzungen des zu befürchtenden Zeitaufwands meist eine wesentlich größere Bedeutung als der tatsächliche Umfang an Arbeitszeit, der zum Ausfüllen der entsprechenden Fragebögen letztlich notwendig ist.

Ebenfalls ist entscheidend, den Umfang und die Ausgestaltung des netzwerkanalytischen Vorgehens auf die konkreten Bedürfnisse des einzelnen Unternehmens bzw. des Unternehmensclusters anzupassen. Die Vielfalt der Fragestellungen sowie die Heterogenität der Anwendungsmöglichkeiten haben deutlich gemacht, dass es keine standardisierte Vorgehensweise für die Durchführung von Netzwerkanalysen geben kann. Wenngleich jedes einzelne Projekt immer von den Erfahrungen vorangegangener Untersuchungen profitieren wird und in vielen Fällen die mehrfache Anwendung vergleichbarer Untersuchungsansätze für die Ableitung von Erkenntnissen über die Entwicklung der Struktur im Zeitverlauf wünschenswert sein dürfte, so wird sich in den meisten Fällen ein gewisser Anpassungsbedarf ergeben. Dieser wird zum einen durch eine Veränderung der interessierenden Aspekte der Vernetzung über die Zeit hervorgerufen werden, zum anderen ergibt er sich vor dem Hintergrund spezifischer Fragestellungen einzelner Unternehmen oder Unternehmenscluster.

Die Ausführungen dieses Buches sollen Entscheider in Unternehmen ermutigen, die sich durch die Netzwerkanalyse bietenden Möglichkeiten der Strukturuntersuchung zu nutzen. Angesichts der zahlreichen Vorteile von Netzwerkanalysen lohnt sich deren Anwendung auch dann, wenn zunächst Widerstände in Unternehmen überwunden werden müssen. Häufig lässt sich die Akzeptanz netzwerkanalytischer Studien auch nach anfänglicher Skepsis auf Seiten der Netzwerkakteure dadurch steigern, dass die Untersuchung zunächst auf einen kleineren Teil der Struktur begrenzt bleibt. Mit Hilfe von im Umfang begrenzten Pilotstudien kann Mitarbeitern und Managern zunächst der Nutzen verdeutlicht werden, bevor umfangreichere Erhebungen und Analysen ins Auge gefasst werden. In mehreren der dargestellten Fallstudien wurde sowohl von Seiten des Managements als auch durch einzelne Mitarbeiter der Wunsch geäußert, die Projekte fortzuführen oder vergleichbare Strukturuntersuchungen auch in anderen Unternehmensbereichen durchzuführen. Mehrfach ergaben sich nach Abschluss der wissenschaftlichen Studien unternehmenspraktische Fragestellungen aus den gewonnenen Ergebnissen, die zu einer Weiterführung der Netzwerkanalysen führten und in einigen Unternehmen netzwerkanalytische Strukturuntersuchungen zu einem festen Bestandteil empirischer Erhebungen machte. Weil die Einsatzmöglichkeiten von Netzwerkanalysen potenziell für alle Unternehmen und Unternehmenscluster relevant und interessant sind, sollten Manager und Entscheidungsträger deren Einsatz für ihre eigene Organisation sorgfältig prüfen.